태양전지평가 및 분석론

도서출판 그린

머리말

기후 변화와 에너지 자원 고갈이라는 에너지 위기의 두 측면은 인류문명의 심각한 위협 요소로 부각되었다. 20세기에 세계 에너지의 대부분을 공급했던 에너지 자원 중 석유, 석탄, 천연가스의 경우 경제적으로 채굴 가능한 매장량은 각각 40년, 230년, 65년 정도 사용할 것 밖에 남아 있지 않은 것으로 추정되고 있다. 그 결과 에너지는 21세기의 가장 큰 국가 경쟁력의 요소가 되고 있으며, 에너지 수급에 대한 안정적인 대책을 가지고 있지 않은 국가는 지속적인 발전을 기대하기 어렵게 되었다. 태양은 우리 인류에게 적어도 앞으로 50억년 이상은 무료로 에너지를 사용할 수 있게 할 에너지 원천이다. 태양광 발전의 실용화는 이미 유럽 선진국과 미국, 중국, 일본, 한국에서 현재 활발하게 전개되고 있으며, 태양광 발전 시스템 및 설치량이 해마다 늘고 있는 추세이다. 이는 태양전지의 변환효율과 발전 단가에 큰 영향을 주고 있으며, 향후 2~3년 이내에 그리드 패널티 도달의 가능성도 예견되고 있다.

이러한 중요성 때문에 근래에 국내에서도 태양전지에 대한 이해를 돕는 책이 상당 수 출판 되었다. 그러나 태양전지 입문 서적 수준이고, 다양한 소재의 태양전지와 모듈 분석 및 규명에 관한 진보된 서적은 부족한 실정이다. 현 교재는 결정질 실리콘 태양전지와 모듈, 박막 실리콘 태양전지와 모듈의 광학적, 전기적, 물질적 특성 분석 및 평가를 다루었다. 또한 저가형 태양전지인 고분자, 유기 태양전지 규명 및 분석을 기술하였고, 마지막으로 집광형 태양전지 분석 및 평가법을 기술했다.

이 책의 내용 구성을 보면, 태양전지 기초 원리에서 분석까지 체계적인 집필을 위해 오랜 집필 시간을 가졌으며 이준신 교수가 1, 2, 3장, 최병덕 교수가 4, 5장, 강기환 박사가 6, 10장, 박진주 박사가 7장, 박원규 박사가 8장, 전용석 교수가 9장을 나누어서 집필하였다. 이 모든 과정을 기획하고 총괄하여 이준신 교수가 취합 정리하였으며, 최종 수정은 이윤정 교수와 박진주 박사가 맡아 진행하였다. 수정 제 1장에서는 태양에너지 및 태양전지 특성 변수와 분석을 다루었다. 제 2장에서는 태양전지 소자 특성 평가분석과 제 3장에서는 태양전지 공정별 특성 평가 및 분석법을 다루었다. 제 4장에서는 전기적 물성 분석 및 평가법, 제 5장에서는 소재 분석 및 물성 평가법, 제 6장에서는 결정질 태양전지모듈 분석 및 평가법, 제 7장에서는 박막태양전지 분석 및 평가, 제 8장에서는 Ⅲ-Ⅴ 집광형 태양전지 분석 및 평가 방법, 제 9장에서는 유기태양전지 특성 평가, 유기, 염료감응, 유무기 하이브리드, 제 10장에서는 태양광시스템 평가 및 분석법을 다루었다.

본 저서가 태양전지 분야에 공부하는 학생들과 산업계에 종사하는 분들에게 유익한 교재가 되기를 바라며, 아울러 본 교재개발은 **2012년도 산업통상자원부의 재원으로 한국에너지기술평가원(KETEP)의 지원을 받은 인력양성사업의 결과물** (No. 20144030200580)이기도 하다.

저술 작업과 준비에 도움을 주신 이준신 교수 실험실 대학원생들에게 감사를 표하며, 이 책을 출판할 수 있도록 도와준 모든 분들에게 감사드립니다. 끝으로 그동안 어려운 가운데서도 태양전지 개발에 열정을 가지고 노력하신 국내 과학자와 함께 출판의 기쁨을 나누고 싶습니다.

2016년
저자 씀

차 례

제1장 태양전지의 원리와 분석

제2장
태양전지 특성 평가 분석법

제3장 태양전지 공정분석법

제4장 전기적 물성 분석 및 평가법

제5장 소재분석 및 물성 평가법

제6장 결정질 태양전지모듈 분석 및 평가법

제7장 박막 태양전지 분석 및 평가

제8장 III-V 집광형 태양전지 분석 및 평가

제9장 유기태양전지 특성 평가, 유기, 염료감응, 유무기 하이브리드

제10장 태양광발전시스템 평가 및 PCS 인증 평가

제 1 장

태양전지의 원리와 분석

제1장

태양전지의 원리와 분석

태양전지는 햇빛을 직접적으로 전기로 변환하는 소자이다. 오늘날 전통적인 화석 연료 발전의 중요한 새로운 대체재로서 급속히 성장하고 있고, 그 중요성이 증대되고 있다. 여타의 다른 발전기술과 비교해 1950년대에 최초로 주장된 실용적인 광전지 기기로써 상대적으로 새로운 것이다. 광전지의 연구개발은 1960년대 인공위성용으로 우주산업에서 최초로 각광을 받았다. 1970년대 세계적인 Oil 위기는 대체 에너지원으로써 광전지의 연구를 촉진시켰다. 이 장에서는 먼저 태양전지 (광전지)의 작동원리를 알아보고, 태양광의 특성 및 모의 광원 그리고 태양전지의 변수에 대해서 알아본다.

1.1 태양전지의 작동 원리

1.1.1 전류 생성

태양전지 내에서 광 전류 생성은 입사광 흡수에 의한 전자–정공 쌍 (electron hole pair, EHP) 생성에 의해서 이다. 입사광의 에너지가 반도체의 대역폭 (energy band gap: E_g)보다 큰 경우 전자–정공쌍이 생성된다. 그러나 이들 전자 (p–형 물질 내)와 정공 (n–형 물질 내)은 준안정상태에 있으므로 재결합하기 전에 p–n 접합에 의한 이들 캐리어의 분리와 수집이 이루어진다. 캐리어들은 p–n 접합에 존재하는 내부전계 (built–in potential)의 영향으로 서로 분리되고, 전극으로 수집되어 외부에 전류를 공급한다. 외부 전선을 단락 시키면 회로를 통해서 전류가 흐르고, 이 전류를 단락전류 (short circuit current, I_{sc})라고 한다. 태양전지를 제작할 때 대개 p–형 재료를 광흡수체로 사용하는데, 이것은 전자의 이동도가 크기 때문에 p–형에서 생성된 전자가 접합까지 확산한 뒤 내부 전계에 의해서 n-형으로 이동해 가는 비율이 높기 때문에 전류 생성량이 많아진다.

여기서 단락전류란 태양전지 전극단자가 단락되면 전압은 0으로 전류-전압곡선 (I-V curve) 상에서 **전압 값 0에서 전류를 의미하며**, 단위는 암페어(A)이다. 태양전지의 단락전류를 태양전지 면적으로 나누어 주면 단위 면적당 전류인 **단락전류밀도** J_{sc}를 얻고, 단위는 단위 면적당 암페어 (A/cm^2)이다. 단락전류밀도를 사용하면 서로 다른 태양전지 특성비교에 용이하다.

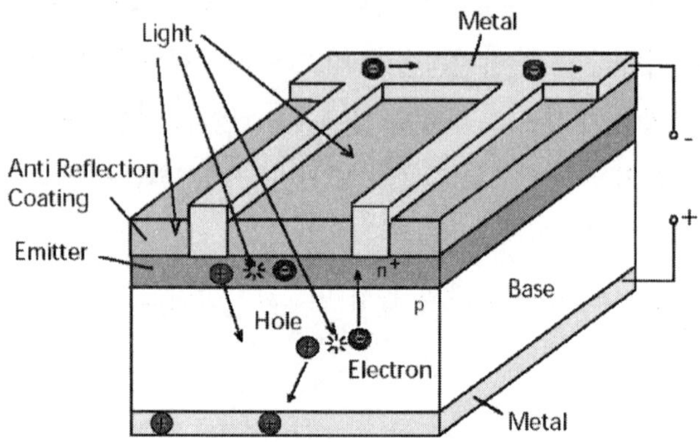

[그림 1-1] 광전류 생성 과정

1.1.2 전압 생성

빛에 의해 생성된 캐리어의 수집 그 자체만으로는 전력을 생산할 수 없다. 전력을 생산하기 위해서는 전류뿐만 아니라 전압도 발생되어야 한다. 태양전지 내에서 광기전력 효과 (photovoltaic effect)로 전압이 발생된다. 광기전력 효과란 태양전지에 빛을 조사시킬 때 energy band gap보다 큰 에너지를 가진 입사 광자에 의해서 전자-정공 쌍이 생성되고, 접합 양단에 전기극성이 다른 전자 (electron) 와 정공 (hole)이 서로 다른 쪽에 몰려 있기 때문에 발생하는 전기에너지 높이 차이만큼의 전압 (광기전력)이 발생하는 현상이다. 태양전지 출력전압의 극성은 소자의 순방향 바이어스와 같은 방향이며, 광전류는 암 (dark)시 태양전지를 통해 흐르는 순방향 전류와 반대방향이다. p-n 접합의 양단을 개방하면 전자는 n층으로, 정공은 p층으로 유입됨으로서 V_{oc} 만큼의 전압차이가 생긴다. 이 값은 외부로부터 관측될 수 있으며, 이를 개방전압 (open circuit voltage, V_{oc})이라 한다.

여기서 개방전압이란 태양전지 **전극단자를 개방** (open)하여 측정된 전압을 의미한다. 태양전지 진극단자가 개방되면 흐르는 전류가 없으므로 전류-전압 곡선 상에서 **전류 값 0에서 전압을 의미하며**, 단위는 볼트 (V), 밀리볼트 (mV)이다.

1.1.3 에너지 밴드 다이어그램

태양광이 조사되어 광 에너지가 변환되는 과정을 고찰해 보면 에너지 hν를 가진 태양광이 p-형 반도체 (그림에서 좌측 절반)에 입사되면 가전자대 (valance band) 전자가 여기 되어 전도대 (conduction band) 전자가 발생한다. 이들 전자는 확산 (퍼져나감)하는 도중 일부는 물질내의 결함에서 포획 (trap)되거나 정공 (hole)과 재결합 (recombination)하여 소멸되고, 나머지 접합에 도달한 전자는 에너지가 낮은 n-형 반도체 (그림에서 우측 절반)로 이동하게 된다. n-형은 전자가 아주 많은(다수 캐리어를 갖는) 물질이기 때문에 모두 재결합되지 않고 전극에서 외부 회로로 전자가 유출되어 전류가 흐른다. 유출된 전자는 일을 하고 다시 폐회로를 통해서 반대편 p-형 전극 ①로 되돌아간다. 이때 전자가 공급할 수 있는 위치에너지는 공핍층 (depletion layer)의 전위차 (qV_{bi})와 전도대와 페르미 준위 사이의 에너지 차이만큼의 에너지 [$E=qV_{bi}-(E_C-E_F)$]를 [그림 1-2]와 같이 잃게 된다. 전력은 단위 시간당 얼마나 많은 전자가 흐르는지 (전류)와 얼마나 큰 에너지차이 (전위차, 전압)를 가지는 가에 따라서 출력전력이 변한다. n-형 반도체에 생성된 정공은 전자와 반대 개념의 거동을 한다.

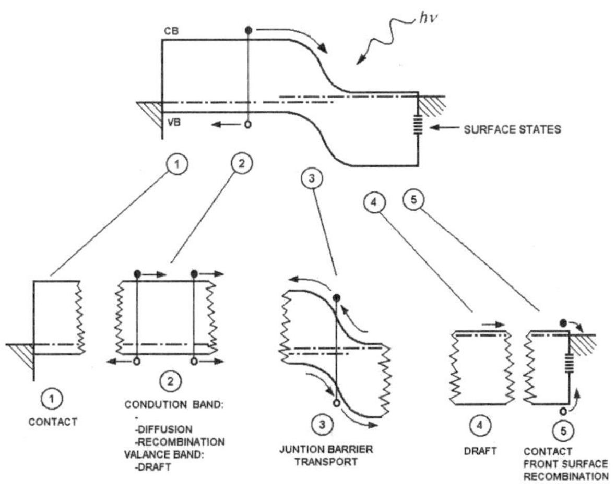

[그림 1-2] 태양전지의 에너지 밴드 다이어그램

간단히 설명하면, 좌측에 p-형에서 생성된 전자는 높은 위치에너지에서 반대편 우측에 낮은 위치에너지 n-형으로 이동 분리, 수집되고, 이 때 전자 (전류)는 위치에너지가 높은데서 낮은 곳으로 이동하며 에너지 차이 (전압)만큼의 일 (전력)을 할 수 있는 것이다.

1.2 태양광 특성 및 모의 광원

1.2.1 태양광 특성 및 모의 광원

기준 태양광이 중요한 이유는 자연 태양광은 지리적인 위치, 날씨 (대기조건), 계절, 일시 등에 의해서 입사각, 조도나 분광 방사 조도가 변화하기 때문에 태양전지의 측정용 광원으로서 쓰는 것은 어렵다. 태양전지의 평가에는 태양광을 모사한 인공광원 (solar simulator)이 사용되고 있다.

1.2.1.1 AM (Air Mass)

태양 광선이 지구 대기를 지나오는 경로의 길이로서, 임의의 해수면상 관측점으로 햇빛이 지나가는 경로의 길이를 관측점 바로 위에 태양이 있을 때 햇빛이 지나오는 거리의 비율로 나타낸 것이다. 태양광의 다양한 파장이 지구에 도달할 때 공기입자, 수분, 먼지, 오존층 등을 통과해서 지표면에 도달한다. 주로 적외선 영역은 수분-수증기에 의해 흡수가 일어나고, 자외선 영역은 오존에 의해 흡수가 발생하고, 공기 중의 먼지와 에어로졸에 의해 산란된다. 태양에서 지구까지의 평균거리에서의 자유공간에서 태양복사 강도는 1353 W/m^{2}의 값을 갖는 태양상수로 AM0로 정의한다. 다음은 각 AM의 상태이다.

- **AM0 스펙트럼 상태** : 인공위성 또는 우주 공간상의 우주 비행체의 환경상태.
- **AM1 스펙트럼 상태** : 태양이 천정에 있을 때의 태양광선을 나타내는 것. 태양복사 강도는 약 925 W/m^2.
- **AM1.5 스펙트럼 상태** : 수평선과 45°로 태양투과. 복사강도는 844 W/m^2
- **AM2 스펙트럼 상태** : 입사각 θ=60°에서 태양 투과. 약 691 W/m^{2}의 복사강도.

전 세계적으로 통일하여 사용하는 복사강도 기준은 AM1.5G 스펙트럼으로써 태양 복사강도는 1,000 W/m^{2}이다. 산업계와 학계에서 일반적으로 AM1.5G를 AM1.5로 표기한다.

AM의 수식적 정의는 다음과 같다.

$$AM = \frac{b}{b_0}\left(\frac{1}{\cos\theta}\right) = \frac{b}{b_0}(\sec\theta) \tag{1.1}$$

b_0: 표준기압, b: 측정시의 기압, θ: 태양광의 입사각

지상 전력용의 시험용 태양광 기준은 AM1.5 스펙트럼으로 [그림 1-3]에 도시되어 있으며 대기입자 흡수에 의한 빛의 세기가 갑작스럽게 감소하여 마치 톱니처럼 보이는 스펙트럼이다. 문제는 어떻게 이와 동일한 인공광원을 만들어 태양전지 성능평가에 사용하는가이다.

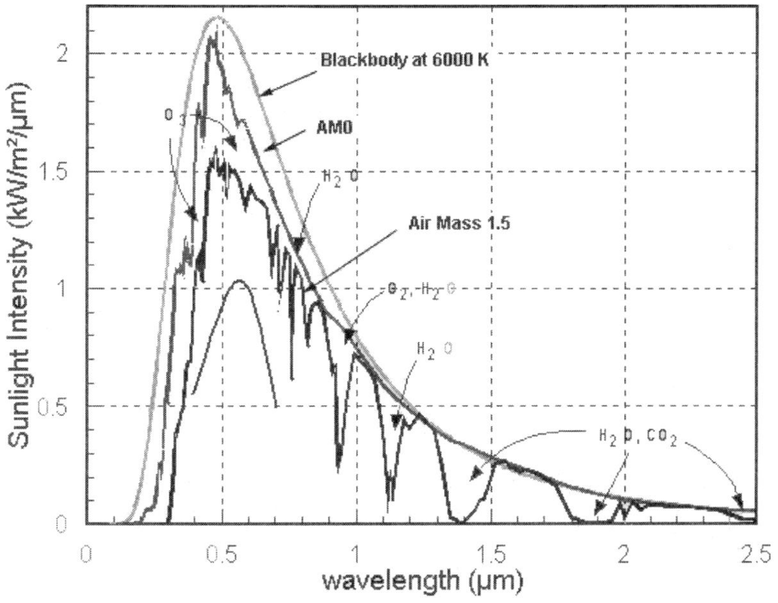

[그림 1-3] 태양의 파장별 세기 스펙트럼

1.2.1.2 태양전지 평가용 스펙트럼

태양전지 평가용 스펙트럼을 확보하기 위해서는 정밀한 태양광 스펙트럼을 낼 수 있는 제논 (Xenon) 광원이 필요하다. 여타의 광원은 태양에서 발생하는 스펙트럼과는 파장별로 다른 빛의 강도를 가지므로 제논램프 광원이 적절하다. 제논 램프를 이용한 광에너지 스펙트럼 분포도와 표준 AM1.5G 스펙트럼 비교하였을 때에 700 nm 이상에서 스파이크 형태의 오차가 있다. 이를 개선하기 위해서 2개 제논램프를 이용하고 또 보다 정밀한 스펙트럼 달성을 위해서 AM1.5G 필터를 별도로 추가해야만 한다. 측정용 광원 또는 인공광원 (solar simulator)은 기준 태양광과 스펙트럼 방사 세기가 같고, 또한 방사 세기가 가변인 것이 이상적이다. 현재 가장 많은 검토가 진행되고 있는 종류는 제논 (Xe) 단거리 아크 램프 (short arc lamp)이고, 또한 원거리 램프 (long arc lamp)인 펄스·제논램프, 메탈 할라이드 램프, 텅스텐 할로겐 램프 (tungsten halogen lamp) 등이 있다. 모든 광원은 광학계와 스펙트럼 보정 필터를 조합하여, [그림 1-3]에 제시된 지상 태양광의 기준 스펙트럼과 적절히 일치시킨 장치가 있어야 한다. 인공광원의 성능은 100 nm의 파장마다 나눠 나타낸 경우에 있어서 기준 스펙트럼으로부터의 '차이'에 의해 A, B, C 등급으로 분류된다.

〈표 1-1〉 기준 스펙트럼으로부터의 차이에 따른 인공광원의 등급

성 능	등 급		
	Class A	Class B	Class C
기준 스펙트럼과의 차이	±25%	±40%	±60%
조사강도 면적 균일성	±2%	±5%	±10%
조사강도 안정성	±2%	±5%	±10%

인공광원의 등급이 A급이라 하더라도 스펙트럼의 분포도 오차가 설비별로 25%까지 인정하고 있어 태양전지 성능이 측정기관별로 약간씩 오차가 있을 수 있다. 스펙트럼 변경에 의해 **곡선인자** (FF, fill factor), **개방전압** (V_{oc}, open circuit voltage) **등이 변할 수 있**다.

태양전지 성능 평가에 어려움은 태양전지의 단락전류 I_{sc}의 값을 정하는데 있다. 거기서 보다 간단히 입사광 교정을 하는 방법으로서, 기준태양전지 법이 잘 쓰인다. 미리 I_{sc}를 값을 알고 있는 기준태양전지 (reference cell)를 사용하여, 인공광원의

조사 강도를 기준태양전지의 단락전류가 값 I_{sc}가 되는 것 같이 조정하여, 태양전지의 특성을 측정하는 방법이다. 일반 제조라인에서 사용하는 CZ p-Si 태양전지는 boron과 oxygen 작용에 기인한 초기광노화 특성을 가지고 있기 때문에, 특성이 시간 경과에 따라서 변화가 거의 없는 Ga이 도핑된 태양전지를 선택하여 정기적으로 교정함이 바람직하다.

1.3 태양전지의 변수

1.3.1 전류-전압 특성 곡선

전류 전압 곡선을 이해하기 위해 태양전지를 넓은 면적의 다이오드로 볼 수 있다. 태양전지의 전압-전류 특성 곡선은 암 (dark) 상태에서의 다이오드 전류-전압 곡선에 광 생성 전류를 중첩시키면 된다. 즉, 암 상태에서의 다이오드 전압-전류 곡선을 아래쪽으로 광 생성 전류 I_L만큼 이동시키면 된다. 이때 다이오드 방정식은 다음과 같이 주어진다.

$$I = I_d - I_L = I_0[e^{qV/nkT} - 1] - I_L \tag{1.2}$$

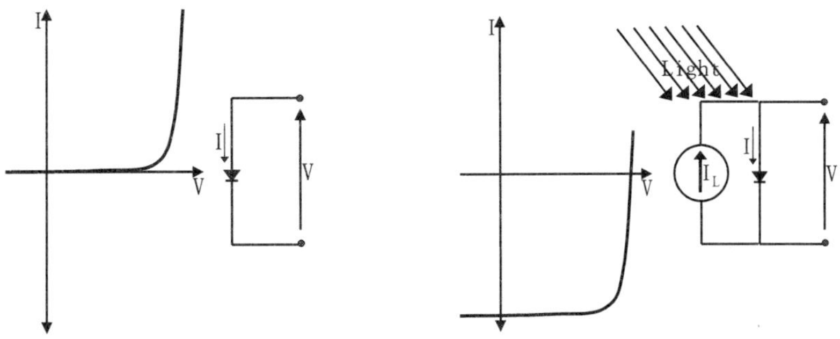

(a) 암 상태　　(b) 광 상태

[그림 1-4] 태양전지의 전압-전류 곡선

1.3.1.1 단락전류 (short circuit current, I_{sc})

앞서 말한 바와 같이 단락 전류는 태양전지 양단의 전압이 0일 때 (태양전지가 단락되었을 경우) 흐르는 전류를 의미한다. 단락전류는 광에 의해 발생된 캐리어의 생성과 수집에 기인하므로 이상적인 태양전지의 경우 단락전류 (I_{sc})와 광생성 전류 (I_L)는 동일하다. 그러므로 단락전류는 태양전지로부터 끌어낼 수 있는 최대 전류이다. 태양전지 특성은 [그림 1-4]에 다이오드 곡선을 위로 뒤집어서 편리상 1사분면에 I-V 곡선을 보이는 것이 일반적이다 [그림 1-5, 左]. [그림 1-5, 右]는 전류-전압 곡선 상에서의 단락전류 I_{sc}를 나타낸 것이다.

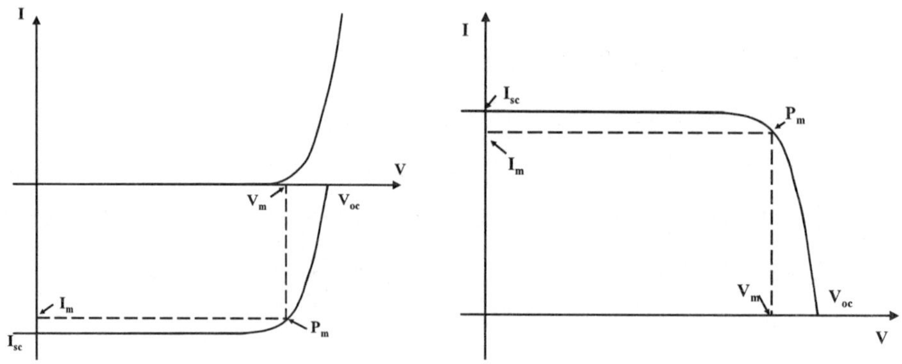

[그림 1-5] 태양전지 전류-전압 곡선에서의 단락전류

태양전지에 광을 조사할 때의 단락전류는 다음 식으로 표현된다.

$$I_{sc} = \int_0^\infty A \cdot J_{sc}(\lambda)d\lambda \simeq \int_{0.3\mu m}^{\lambda o} A \cdot J_{sc}(\lambda)d\lambda$$

$$= \int_{0.3\mu m}^{\lambda o} (1 - R(\lambda))qF(\lambda)\eta_{co11}(\lambda)d\lambda \text{ --- (1.3)}$$

λ: 입사광의 파장

R(λ:): 표면에서의 반사율

F(λ:): 태양스펙트럼 내에서 파장이 λ ~ λ+dλ 인 범위의 광자 수이다. F(λ)의 값은 태양의 천청 각에 크게 의존하는 값이다.

η_{coll} : 빛 에너지에 의해서 생성된 전자, 정공 수집율

영향요소는 다음 같은 요소들에 의해 영향을 받는다.

- 태양진지의 면적 (A)
- 입사광자 수 (예를 들어 입사광원의 출력)
- 입사광 스펙트럼 (파장의 범위별 세기)
- 태양전지의 광학적 특성 (빛의 흡수 및 반사)
- 태양전지의 수집확률 (표면 passivation과 소수 캐리어 수명이 지배 변수)

실리콘 태양전지의 경우 AM1.5에서 얻을 수 있는 이론적 최대 전류는 약 46 mA/cm^{2}이다. 실험실에서 제작된 전지는 42 mA/cm^2 이상의 단락전류밀도를 나타내기도 하며, 상업적으로 판매되는 전지의 경우 28~38 mA/cm^{2}의 값을 갖는다.

1.3.1.2 개방전압 (open circuit voltage)

[그림 1-5]에서 전류가 영일 때 태양전지 양단에 나타나는 전압이다. 다이오드 수식에서 $I=0$(개방)로 하고 $I_L = I_{sc}$라 하면 개방전압은 다음과 같다.

$$V_{oc} = \frac{nkT}{q} ln[(\frac{I_{sc}}{I_0}) + 1] \quad (1.4)$$

직렬저항 (R_s), 병렬저항 (R_{sh})의 영향이 무시될 때 단락전류는 입사광 세기에 비례하는 값이고, $I_{sc} \gg I_o$인 범위에서 V_{oc}는 입사강도의 로그함수로 비례한다. I_{sc}는 R_s와 R_{sh}가 무시될 때 입사광의 세기에 비례하므로 $I_{sc} \gg I_o$인 범위에서 V_{oc}는 입사광의 세기에 비례한다. 그러나 실제 입사광 세기의 범위에서 V_{oc}의 I_{sc} 의존성은 작기 때문에 V_{oc}는 거의 변하지 않는다. 또한 에너지 밴드 갭 (E_g)이 커지면 I_o은 상당히 감소하므로, V_{oc}는 증가한다. 누설전류가 작을수록 밴드갭이 클수록 개방전압은 증가한다. 그러나 광 조사에 의해 생성되는 전류 (photo-generated current)는 밴드 갭이 커질수록 흡수되는 태양광 스펙트럼 영역이 줄어들므로 감소한다. 따라서 최대 효율을 얻을 수 있는 밴드 갭은 1.4 ~ 1.5 eV이다.

❑ 직렬저항 (Series resistance, R_s)

태양전지 상부와 하부 전극 사이에 직렬 (series)로 작용하는 저항.

직렬저항 단위는 오옴 (Ω)이고, 태양전지 면적을 곱하여 Ω-cm²를 사용하면 면적에 관계없이 태양전지 특성을 서로 비교할 수 있다 (태양전지 R_s 목표는 〈 1 Ω-cm²). 상부 금속선 저항, 금속과 반도체 접합부 저항, 상부금속 사이에 n-형 도핑층 (에미터) 저항, p-형 반도체 (베이스)의 저항, 베이스와 후면 금속 접합부 저항, 후면 금속 저항을 모두 합하면 직렬저항 측정값이다. 직렬저항은 아주 미소한 값으로 **다이오드 전압이 0.55 V 이상의 영역에서 주로 영향**을 미쳐 실제 전류값은 이론값보다 하락한다. 에미터 도핑 (emitter doping)에 적합한 금속선 간격, 접촉저항 성분을 축소하기 위한 적당한 소성온도, 전면금속 두께와 직진성, 후면금속 두께 등이 중요 인자이다.

❑ **병렬저항** (Shunt resistance, R_{sh})

태양전지 물질이 다른 접합부근에 전기를 못 흐르게 하는 장벽 저항. (전자와 홀이 만나서 소멸하고 공간상에 이온만 남아서 전기적 위치 에너지 차이 생성, 즉 내부에 전압차이 형성).

이 장벽은 **외부전압이 0.1 V 이하로 작은 경우**에는 전기를 전혀 못 흐르게 할 정도로 높은 저항을 가진다. 이 저항 성분이 **병렬저항** 성분이다. 태양전지에 접합 장벽은 전압이 0.55 V 이상의 순방향으로 증가하면 급격히 감소하고 직렬저항이 주된 저항 성분이 된다. 태양전지의 전류-전압 특성에서 전압이 0.1 V 이하일 때는 병렬저항 값이 크기 때문에 직렬저항 성분은 무시된다. 병렬저항은 다이오드에 병렬적으로 작용하기 때문에 부르는 이름이고, 마치 철길을 다른 길로 옮길 수 있는 것처럼 병렬저항은 전기를 차단했다 잘 흘릴 수 있는 **분로저항** (shunt resistance)과 같은 것이다. 병렬저항 단위는 오옴 (Ω)이고, 태양전지 면적을 곱하여 Ω-cm²를 사용하면 면적에 관계없이 태양전지 특성을 서로 비교할 수 있다 (태양전지 병렬저항 목표는 〉 1 kΩ-cm²). 병렬저항은 주로 접합의 불순물 농도와 접합 깊이가 깊을수록 큰 병렬저항을 가진다. 병렬저항이 작은 경우는 누설전류가 큰 경우이며 FF를 높이는 데에 한계가 있고, 변환효율은 낮아지며, 특히 일몰 시간이나, 구름이 많이 끼어 태양 빛의 세기가 낮아지면 개방전압에 급격한 감소가 발생하여 PCS에서 전력생산을 차단할 수도 있다.

직렬 저항과 병렬 저항에 대해서는 추후 다시 논할 것이다.

1.3.1.3 곡선인자 (Fill Factor, FF)

개방전압과 단락전류의 곱에 대한 출력의 비.

[그림 1-6]의 전류-전압 곡선에서 채울 수 있는 **최대 직사각형의 면적에 해당**한다. 곡선인자는 최대 동작전류 I_{max} 와 최대 동작전압 V_{max}가 I_{sc} 와 V_{oc}에 가까운 정도를 나타내며, I_{sc}, V_{oc}와 더불어 전지의 효율에 직접적인 영향을 미치는 중요한 파라미터이다. FF는 태양전지 제조과정에 가장 민감한 태양전지 변수이다. 다음은 FF의 수식적 정의이다.

$$FF = \frac{I_m \cdot V_m}{I_{sc} \cdot V_{oc}} \tag{1.5}$$

곡선인자의 값이 0과 1사이의 값이나 100을 곱하여 퍼센트, %,로 값을 나타내기도 한다.

곡선인자에 영향을 주는 다른 요인으로는

(1) 이상적인 다이오드 특성으로부터 벗어나는 정도를 나타내는 n 값 (Ideality Factor)

(2) 태양전지의 직렬저항, 병렬저항 등이 있다.

개방전압이 클수록, 또는 다이오드 이상계수 값 n 값이 작을수록 FF는 증가한다. 보통의 Si 태양전지에서 V_{oc}는 0.6 V, n=1.0~1.5, FF=0.7~0.8이고, GaAs 태양전지에서는 V_{oc}가 0.95 V, n=1.0~2.0, FF=0.78~0.85 이다.

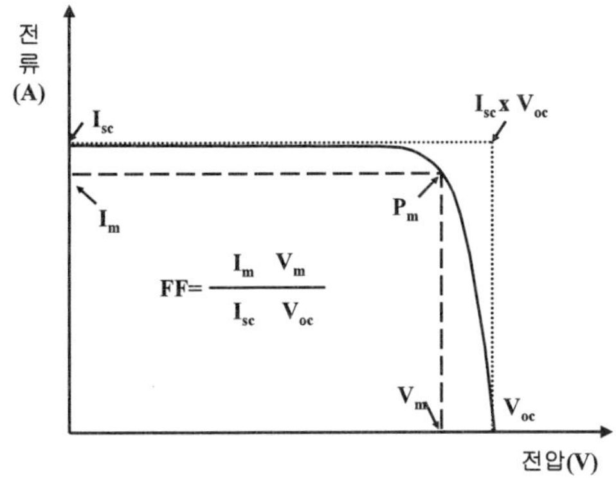

[그림 1-6] 태양전지 전류-전압 곡선에서의 곡선인자, 최대전력

1.3.1.4 변환효율 (Efficiency, η)

태양전지의 성능을 나타내는 가장 중요한 인자.

태양으로부터 입사된 에너지에 대한 출력 에너지의 비로 정의.

효율은 입사되는 태양광 스펙트럼이나 세기 및 전지의 온도에 영향을 받기도 하므로 태양전지의 변환효율은 정밀하게 조절된 조건에서 측정되어야 한다. 지상에서 사용되는 태양전지의 경우 효율은 25℃, AM1.5 조건에서 측정되며, 우주용인 경우 AM1.0 조건에서 측정된다. 태양전지에 연결된 부하저항의 크기를 조정함으로서 최적 동작 점에서 최대의 출력 (전류와 전압 곱이 최대인 값) $P_{\max}$가 얻어지게 된다.

$$P_{\max} = V_m \cdot I_m \tag{1.6}$$

$P_{\max}$가 커지기 위해서는 특성곡선에서 $I_{\max}$과 $V_{\max}$이 I_{sc}와 V_{oc}에 가까워야 한다. 태양전지의 변환효율은 입사전력에 대해 출력에 나타나는 최대 전력에너지의 비로서 정의한다.

$$\eta(\%) = \frac{P_m}{P_{input}} = \frac{J_m \cdot V_m}{P_{input}} = \frac{V_{oc} \cdot J_{sc} \cdot FF(\%)}{P_{input}} \tag{1.7}$$

태양전지의 출력에서 단락전류 밀도 (J_{sc}) 대신에 단락전류 (I_{sc})를 사용하는 경우에는 분모에 태양전지 면적 (A)으로 나누어서 효율을 계산한다. 금속이 차지하는 면적을 제외한 순수하게 에너지변환에 사용된 태양전지 면적을 적용하면 진성변환효율로 표기한다. 금속이 10% 면적이면 A에 태양전지 면적의 90%만 적용한다.

$$\eta(\%) = \frac{P_{\max}}{A \cdot P_{input}} \times 100(\%) = \frac{V_{oc} \cdot I_{sc} \cdot FF(\%)}{A \cdot P_{input}} \tag{1.8}$$

1.3.2 태양전지 등가 회로

빛이 조사될 때 태양전지의 등가회로는 [그림 1-7]과 같이 나타낼 수 있다. 태양전지는 광 발전 I_{sc}의 정 전류원과 다이오드로 구성되고 흐르는 전류 방향이 반대이다. 또한 물질 자체 저항성분인 직렬저항 R_s와 pn 접합부에서 병렬저항 R_{sh}가 존재하게 된다.

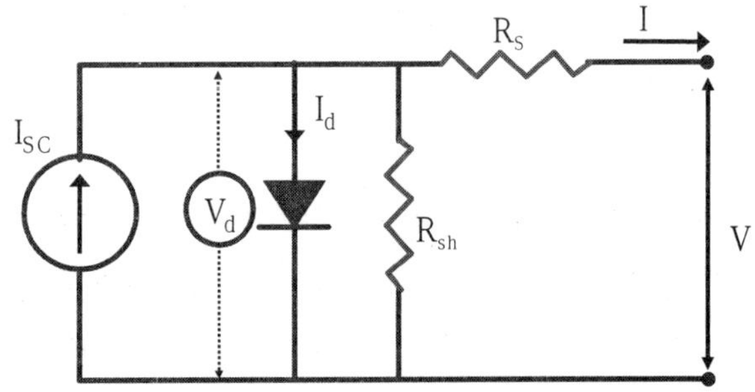

[그림 1-7] 태양전지의 등가회로

태양전지에서는 병렬저항과 직렬저항이 존재하므로 [그림 1-7]의 등가회로에서 나타난 바와 같이 출력 전류식은 식 (1.9)과 같이 수정된다.

$$I = I_{sc} - I_0\left[\exp\frac{q(V - R_s I)}{nkT} - 1\right] - \frac{(V - R_s I)}{R_{sh}} \tag{1.9}$$

동일한 태양전지에서도 입사광의 세기가 약해서 I_{sc}가 작으면, 다이오드 전류 I_d와 누설전류 V_d/R_{sh}가 같은 정도가 되며, R_s 보다 R_{sh}의 영향이 크게 된다.

$$I = I_{sc} - I_0\left[\exp\left(\frac{qV}{nkT}\right) - 1\right] - \frac{V}{R_{sh}} \tag{1.10}$$

반대로, 입사광의 세기가 크면 $I_d \gg V_d/R_{sh}$로 되어 R_{sh}의 영향은 나타나지 않고, R_s의 영향이 크게 된다. 특히 입사광이 증폭되는 집광형 태양전지의 경우는 전류 감소가 심해진다.

$$I = I_{sc} - I_0\left[\exp\left(q\frac{V - R_s I}{nkT}\right) - 1\right] \tag{1.11}$$

1.3.2.1 직렬저항 (Series Resistance)

직렬저항의 3가지 원인

(1) 태양전지의 도핑층, 기판물질을 통한 전류 흐름으로 수직 저항성분,

(2) 금속전극과 도핑층, 기판물질 사이의 접촉저항,

(3) 전면 및 후면 금속 전극의 저항.

비록 큰 직렬저항에 의해 태양전지의 단락전류가 감소하기는 하지만 직렬저항에 의해 주로 영향 받는 파라미터는 FF이다. 한편, 직렬저항은 태양전지의 개방전압에 큰 영향을 미치지 않지만 개방전압 부근에서 전류-전압곡선은 직렬저항에 의해 크게 영향을 받아 FF에 중요한 영향을 미친다.

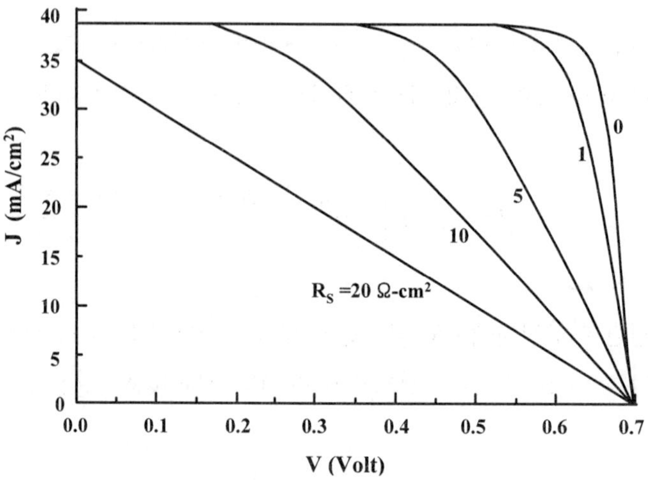

[그림 1-8] 직렬저항 R_s와 전류-전압 특성

직렬저항의 영향을 다음 표에 다양한 상용 태양전지별로 구체적인 목표 수치를 요약하였다.

태양전지 재료	직렬저항 (Ω-cm^2)	면적 (cm^2)	직렬저항 (mΩ)
단결정 실리콘 (125mm, 직경=150mm)	〈 0.5	148.58	〈 3.36
	〈 1		〈 6.7
	1.5		10.1
	2		13.5
	3		20.2
	5		33.6
	10		67.3
	20		134.6

태양전지 재료	직렬저항 (Ω-cm^2)	면적 (cm^2)	직렬저항 (mΩ)
단결정 실리콘 (125mm, 직경=165mm)	〈 1	154.83	〈 6.4
	5		32.3
	10		64.6
	20		129.2
다결정 실리콘 (125mm)	〈 1	156.23	〈 6.4
	5		32.0
	10		64.0
	20		128.0
다결정 실리콘 (156mm)	〈 1	243.34	〈 4.1
	5		20.5
	10		41.1
	20		82.1

직렬저항의 영향을 없애기 위해서는 R_s=1 $\Omega-cm^2$ 또는 그 이하로 R_s=0.5 $\Omega-cm^2$ 되게 설계한다. 통상의 단결정 (125 mm, d=150 mm) 태양전지에서 R_s는 3 mΩ에서 7 mΩ 사이의 값 또는 10 mΩ만 되어도 개방전압과 단락전류에는 문제가 없지만 곡선인자 FF (74% 이하)에 하락을 가져와 효율향상에는 문제가 된다. 다결정 태양전지의 결정입계에 저항성분과 대전류가 흐르는 집광형 태양전지에서는 R_s가 크게 문제가 되므로 더욱 세밀하게 공정을 해야 한다.

[그림 1-9]와 같이 조사강도를 여러 가지로 변화시켜 전류-전압 특성을 측정하면 R_s를 직접 계산할 수 있다. 어떤 조사강도에서의 R_s 및 I_{sc1}에서 ΔI만큼 낮은 바이어스 점의 전압을 V_1이라 한다. 다음에 조사강도를 변화시켜 같은 방법으로 I_{sc2}에서 ΔI만큼 낮은 점의 전압을 V_2라 하면

$$R_s = \frac{|V_2 - V_1|}{|I_{sc2} - I_{sc1}|} \quad (1.12)$$

이 된다.

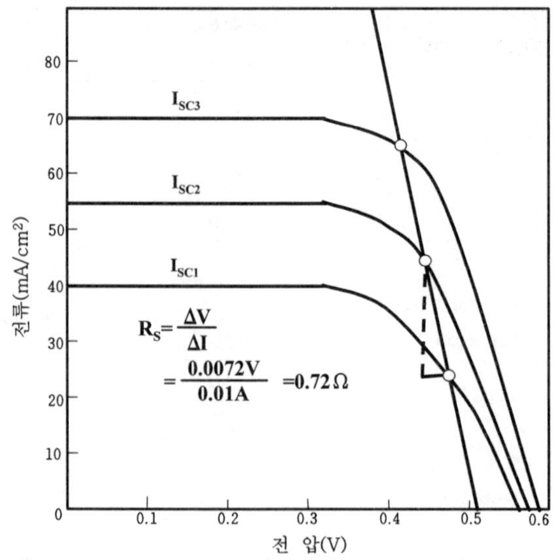

[그림 1-9] 광조사시의 I-V 특성에서 직렬 저항을 측정하는 방법

1.3.2.2 병렬저항 (Shunt Resistance)

이상적인 다이오드의 경우 큰 값을 가져야하나, 태양전지 제조 공정에 따라서는 일정한 저항으로 표시되는 누설저항을 나타낸다. 이는 태양전지의 측면 테두리를 따라 형성되는 표면 누설, 접합의 오염, 금속성 불순물, 결정결함 (defect)에 의한 누설전류에 기인하거나 다결정 실리콘의 경우에는 전위, 결정입계 (grain boundary)를 따라서 형성되는 확산 스파이크 (diffusion spike), 미세 균열 (microcrack), 결정립 사이의 단차, 적층결함 같은 결정결함을 따라서 형성되는 미세한 누설원인들에 의해 나타난다. 낮은 병렬저항은 누설전류로 인해 태양전지의 pn 접합을 가로질러 흐르는 광생성 전류 및 전압을 감소시킨다. 병렬저항은 태양전지에 입사되는 빛의 세기가 약한 경우 더욱 큰 영향을 미친다. FF에 미치는 병렬저항의 영향은 앞서 직렬저항의 경우와 유사한 방법으로 계산될 수 있다.

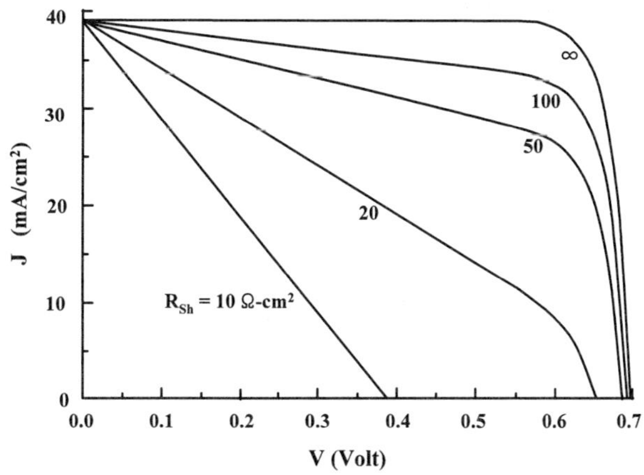

[그림 1-10] 직렬저항 R_{sh}와 전류-전압 특성

병렬저항의 영향을 없애기 위해서는 R_{sh}=1 kΩ-cm^2 또는 그 이상이 되게 설계한다. 통상의 단결정 (125 mm, d=150 mm) 태양전지에서 R_{sh}는 10Ω 이상이며, R_{sh}가 5Ω만 되어도 개방전압이 10 mV 하락하고 FF (74% 이하)가 크게 저하되어 효율 향상에 문제가 된다. R_{sh}가 어느 정도까지 낮아도 개방전압과 단락전류에 문제가 없는 것으로 판단 될 수 있으므로 FF를 감시하는 것이 바람직하다. 단결정 실리콘 태양전지 경우로 설비에서 측정되는 병렬저항의 값을 표에 요약하였다. 병렬저항이 문제가 되면 태양전지 어디인가에 누설전류가 흐르고 있으므로, shunt 미터를 사용하여 누설이 흐르는 부분을 찾아 공정에서 조치해야 한다. 누설전류가 흐르는 부위로 발열이 발생하여 누설부위가 적외선 카메라, 액정 등에 밝게 보일 수 있어 누설부위를 검침하고, 암상태에서 전류-전압 특성을 분석하여 누설가능 원인을 보완하여야 한다.

태양전지 재료	병렬저항(Ω-cm^2)	면적(cm^2)	병렬저항(Ω)
단결정 실리콘 (125mm, 직경=150mm)	〉 5,000	148.58	〉 33.65
	〉 1,000		〉 6.7
	800		5.38
	500		3.36
	100		0.67
	50		0.33
	20		0.13
	10		0.07

1.3.3 암상태의 태양전지 전류-전압 특성

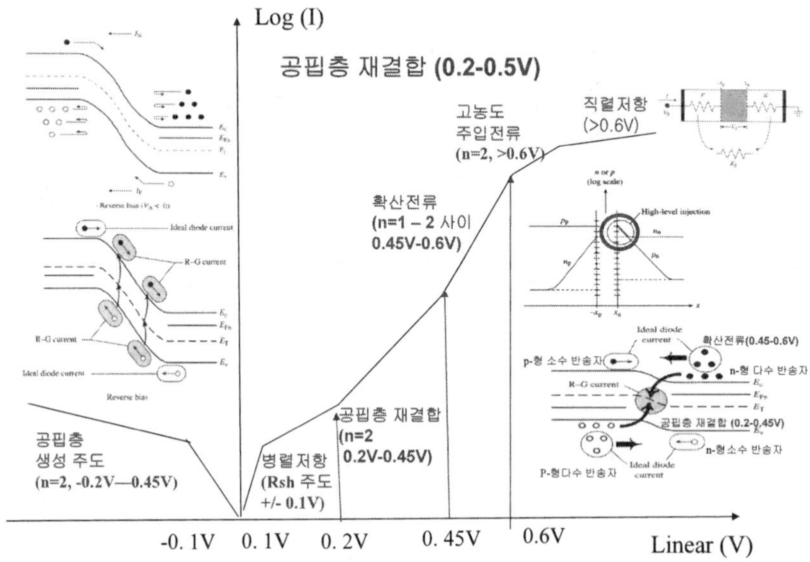

[그림 1-11] 암 (Dark)상태 실리콘 태양전지 전류-전압특성의 주요 주도성분 요약

[그림 1-11]은 태양전지의 암 (dark)상태에서 log I-V의 특성곡선이다.

역바이어스 -0.2 V에서 -0.45 V까지는 pn접합 영역에서 전하생성이 전류증가를 주도하고, -0.1 V~0.1 V사이에서는 병렬저항 성분이 전류값을 주도한다. 이들 두 값은 선형 전류-전압 그래프 상에서도 쉽게 구분이 가능하여 태양전지의 성능 판별에 용이하나, pn접합 영역 재결합성분에 의한 전류증가는 +0.2 V에서 +0.45 V 영역에서 나타나며 로그 전류와 선형 전압 특성곡선에서 쉽게 구분가능 하다. 실제 이상적인 태양전지 방정식과 일치하는 부분은 확산전류가 주도하는 +0.45 V에서 +0.55 V 구간이다. 직렬저항의 영향이 나타나는 부분은 +0.55 V 이상의 영역에서 시작 된다.

[그림 1-12]은 태양전지의 암상태 분석을 위한 2-diode 모델 log I-V의 특성곡선이다 (실선은 2-diode 이론값 곡선, 점선은 실제 태양전지 특성). I_{o1}은 다이오드 1개 모델에서 일치하는 확산전류가 주도하는 +0.45 V에서 +0.55 V 구간이다.

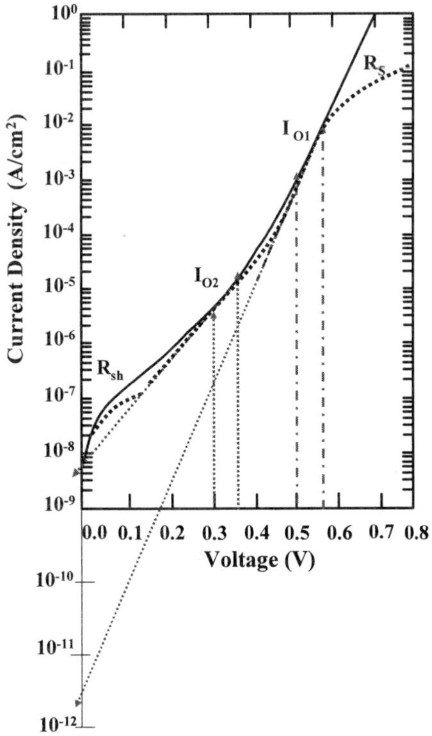

[그림 1-12] 암상태 실리콘 태양전지 전류-전압특성 (다이오드 2개 모델)

I_{o1} 누설전류는 +0.45 V~+0.55 V 기울기를 Y-축에 접할 때까지 내려 그어서 구한 값 2×10^{-12} A 이다. I_{o2} 영역은 기존 1개의 다이오드 모델로 예측이 어려워 기존 모델에 한 개의 다이오드를 추가한 것이다. I_{o2} 영역은 pn접합 영역 재결합 성분에 의한 전류증가는 +0.2 V에서 +0.45 V 영역에서 실험값과 일치하는 곡선을 보인다. I_{o2} 누설전류는 +0.3 V~+0.35 V 기울기를 Y-축이 접할 때까지 내려 그어서 구한 값 7×10^{-9}A 이다.

1.3.3.1 누설전류와 곡선인자 관계

이상적인 다이오드의 경우 큰 값의 병렬저항을 가지며, 누설전류가 작아야 한다. 그러나 태양전지 제조 공정중의 오염과 결정결함으로 인한 누설전류는 태양전지의 곡선인자 FF에 아주 중요한 역할을 한다. [그림 1-13]에 2-diode 모델의 누설전류에 따른 태양전지에서 달성 가능한 곡선인자 FF 값을 그래프로 도시하였다. I_{o1} 누설전류와 I_{o2} 누설전류는 [그림 1-12]에서처럼 특정 전압 구간에서 곡선 기울기에 따라 Y-축으로 외삽하여 값을 구한다. 곡선인자가 77% 이하이면 공정과 사용물질을 점검하여 개선해야 한다.

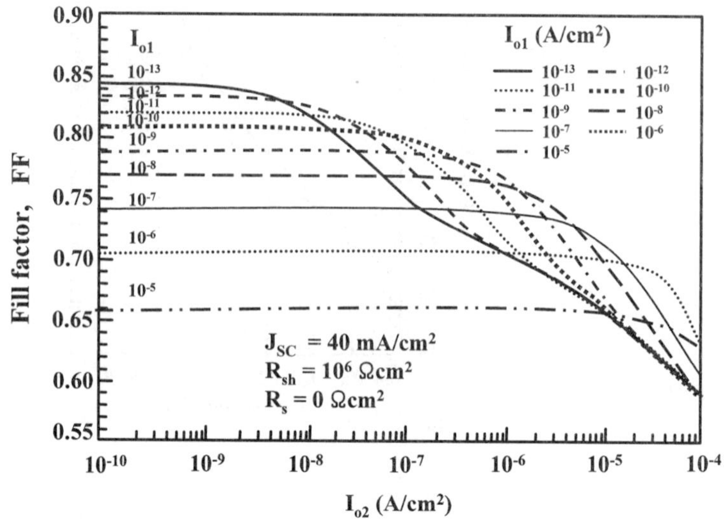

[그림 1-13] 다이오드 2개 모델의 누설전류에 따른 태양전지 달성 가능 곡선인자 FF 값

1.3.4 수집확률 (Collection Probability)

태양전지의 특정 영역 내에서 흡수된 광에 의해 생성된 캐리어가 p-n 접합에 의해 수집될 확률.

수집확률은 광생성 캐리어가 캐리어의 확산거리에 비교하여 이동해야 할 거리가 커질수록 감소한다. 또한 수집확률은 전지의 표면 특성에 의해서도 변화된다. 공핍층 내에서 전자-정공 쌍은 전계에 의해 빠르게 휩쓸려 내려가 수집되므로 이 영역에서의 수집확률은 1이다. 접합으로 멀리 떨어진 경우 수집확률은 줄어든다. 만일 접합으로부터 확산거리 이상 떨어진 곳에서 캐리어가 생성된 경우 이 캐리어의 수집확률은 아주 작다. 유사하게, 접합에서보다 높은 재결합률을 갖는 표면 같은 영역 근처에서 생성된 캐리어는 재결합하여 소멸할 것이며, 그 결과 수집확률은 감소한다. [그림 1-14]은 수집확률에 미치는 표면 패시베이션 (surface passivation)과 확산거리의 영향을 나타낸 것이다.

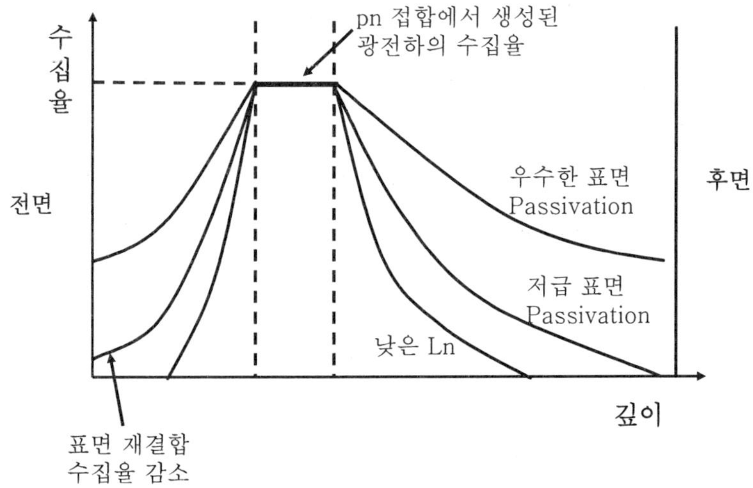

[그림 1-14] 수집확률과 표면 패시베이션 및 확산거리와의 관계

1.3.5 생성률 (Generation Rate)

[그림 1-15]는 AM1.5 조건에서 실리콘 표면 (거리=0 μm)에서부터 깊이 이동하면서 실리콘 두께 증가에 따른 전자-정공쌍 생성률을 나타낸 것이다. 그림에서 알 수 있듯이 태양전지의 표면에서 가장 높은 생성률을 가진다. 따라서 태양전지는 표면 특성에 매우 민감함을 이 그림으로부터 알 수 있다.

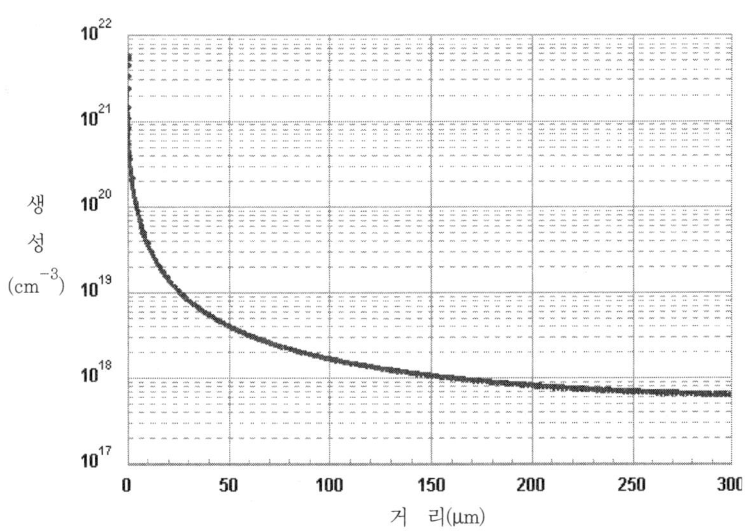

[그림 1-15] AM1.5 조건에서 실리콘 태양전지 내의 캐리어 생성률

1.3.6 양자 효율 (Quantum Efficiency)

태양전지에 입사되는 광자 수에 대한 태양전지에 의해 수집되는 캐리어 수의 비.

입사되는 광자의 파장 또는 에너지의 함수로서 주어진다. 만약 일정 파장의 모든 광자가 흡수되고, 그 결과 소수 캐리어가 수집된다면 특정 파장에서의 양자효율은 1 이다. 밴드갭 (band gap)보다 작은 에너지를 갖는 광자에 대한 양자효율은 0 이다.

$$\text{양자 효율} = \frac{\text{단락 전류/전자의 전하}}{\text{단위 시간당 입사된 광자의 수}} \tag{1.13}$$

[그림 1-16]은 이상적인 태양전지에 대한 양자효율 곡선을 나타낸 것이다. AM1.5 조건에서 300 nm보다 짧은 파장에서의 태양광의 빛 세기는 매우 약하므로 보통 이 이하의 파장에서 양자효율은 측정하지 않는다.

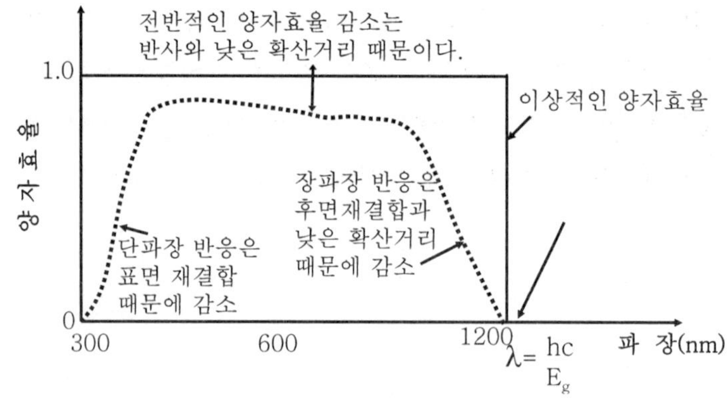

[그림 1-16] 실리콘 태양전지의 양자효율

이상적으로 양자효율은 그림에서 보듯이 직각 형태이지만, 대부분의 태양전지의 경우 재결합 효과로 인해 양자효율은 감소한다. 양자효율은 수집효율과 같은 메커니즘에 의해 영향을 받는다. 예를 들어, 전면 패시베이션 (front surface passivation)은 표면 근처에서 생성된 캐리어에 영향을 미친다. 또한 태양광 스펙트럼 중 단파장 영역의 빛 (blue light)은 표면에 매우 가까운 곳에서 흡수되므로 전면 재결합은 양자효율 스펙트럼에서 주로 단파장 영역 쪽에서 큰 영향을 미친다. 유사하게, 장파장 영역의 빛은 태양전지의 내부에서 흡수되며, 캐리어의 낮은 확산거리 (diffusion length)는 태양전지 내에서의 수집확률에 영향을 미친다. 그 결과 양자효율 스펙트럼에서 장파장 영역 쪽의 효율이 감소한다.

실리콘 태양전지의 외부 양자효율 (external quantum efficiency)은 투과(transmission)와 반사 (reflection)와 같은 광학적 손실에 영향을 받는다. 그러나 종종 반사되거나 투과된 빛에 의해 손실된 부분을 제외하고 남은 빛에 대한 양자효율을 구하는 것이 유용한 경우도 있다.

내부 양자효율 (internal quantum efficiency)은 전지로부터 반사 또는 투과되지 않은 광자가 수집 가능한 캐리어를 생성할 효율을 의미한다. 내부 양자효율은 전지의 반사나 투과를 측정함으로써 외부 양자효율로부터 계산할 수 있다.

1.3.7 분광 반응 (Spectral Response)

태양광원이 지구 표면에 도달하는 **파장 범위는 300 nm~3,000 nm까지** 정도의 스펙트럼을 가진다. 분광반응은 태양전지가 특정 파장의 단위 조사강도에 의하여 생성되는 단락전류밀도의 비율 (A/W)을 나타낸다. 즉, 스펙트럼반응은 제조된 태양전지가 어느 파장에서 발전을 얼마만큼 하는지를 나타내고 단위는 A/W이다. **절대스펙트럼반응** (absolute spectral response, $SR(\lambda)_{abs}$)은 파장에너지 Watt가 입사하였을 때에 태양전지에서 생산한 전류 A의 비율자체를 나타낸다. 실리콘의 경우 약 900 nm 파장 부근에서 가장 높은 절대스펙트럼반응을 보인다. **상대스펙트럼반응** (relative spectral response, $SR(\lambda)_{rel}$)은 절대스펙트럼으로 측정한 기준 태양전지와 반응을 비교한 스펙트럼 특성이다

개념적으로 양자효율과 유사하다. 양자효율은 입사되는 광자 수에 대해 태양전지 내에서 생성되는 전자 수의 비를 의미하는 반면, 스펙트럼반응도(분광반응도)는 입사되는 전력에 대해 태양전지에 의해 생성되는 전류비이다. [그림 1-17]은 절대스펙트럼반응도 곡선을 나타낸 것이다.

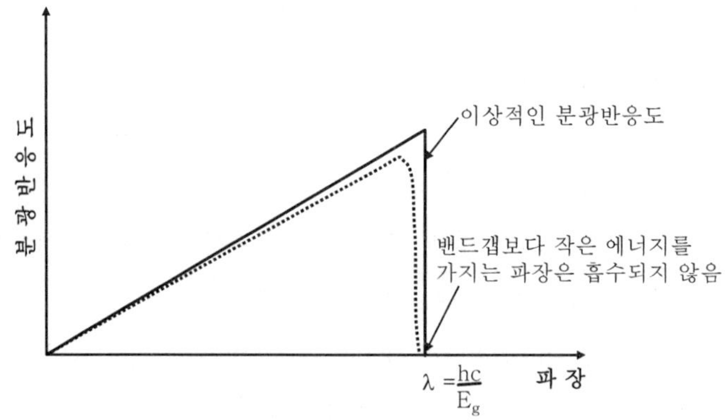

[그림 1-17] 태양전지의 절대스펙트럼반응도 (분광반응도, SR)

1.3.7.1 절대스펙트럼반응 (절대분광반응, absolute spectral response)

파장에너지 Watt가 입사하였을 때에 태양전지에서 생산한 전류 A의 비율.

실리콘의 경우 약 900 nm 파장에서 가장 높은 절대스펙트럼반응을 보이다. 1200 nm에서는 반응도가 0 으로 떨어진다. 이상적인 스펙트럼반응도의 경우 반도체의 금지대 폭보다 작은 에너지를 갖는 광자는 반도체 내에서 흡수될 수 없기 때문에 장파장에서 반응도가 사라진다. 또한 직각 모양의 양자효율 곡선과는 달리 분광반응도는 단파장에서 감소한다. 이들 파장에서 각 광자는 상대적으로 장파장에서 보다 큰 에너지를 가지므로 동일한 전력에 대해 광자의 수가 줄어든다. 또한 밴드갭 이상의 에너지 성분은 태양전지에 의해 흡수되지 못하고 열로 소비된다. 그 결과 단파장에서의 분광반응도는 감소하게 된다.

1.3.7.2 상대스펙트럼반응 (relative spectral response)

절대스펙트럼으로 측정한 기준 태양전지와 반응을 비교한 스펙트럼 특성.

상대스펙트럼 특성을 측정하여 제조된 태양전지의 표면, 접합부 영역, 실리콘 기판, 후면금속 접촉 부위에 성능을 서로 비교하여 공정개선에 활용이 가능하다.

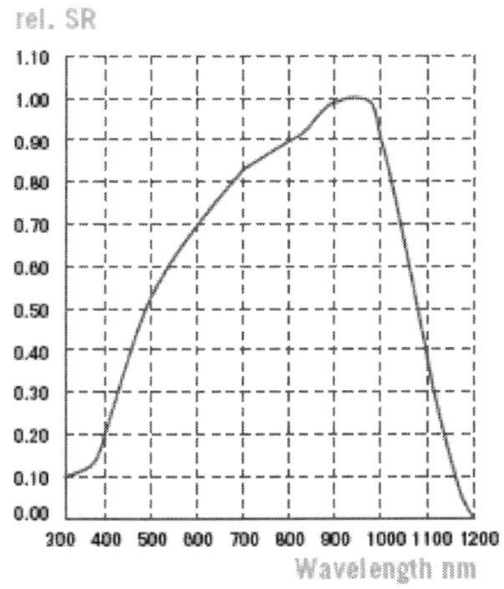

[그림 1-18] 실리콘 태양전지의 상대스펙트럼반응도 $= (1.33\times10^{21})(10^{-7}) = 1.33\times10^{14}\text{cm}^{-3}$

1.4 태양전지 변수의 측정

태양전지의 각각의 파라미터의 측정과 측정한 파라미터들의 관계를 분석하는 것은 태양전지의 특성평가분석의 핵심적인 요소이다. 이러한 각각의 파라미터의 측정과 파라미터 사이의 관계가 좀 더 자세하게 측정될수록 태양전지의 특성을 더 잘 분석하고 효율을 높일 수 있게 된다. 태양전지의 특성을 분석하여 높은 효율을 올리는 것뿐만 아니라 가격절감을 위한 기술개발을 위해서도 철저한 특성분석이 필요하다. 가격절감을 위한 기술과 고효율을 위한 기술의 개발을 위해 이 절에서는 태양전지의 분석 방법 및 특성 평가에 대하여 서술하고 있다.

태양전지의 효율은 AM1.5에서 측정된다. 태양전지 시뮬레이터를 사용하여 적합한 AM1.5를 만든다. 이러한 도식도를 [그림 1-19]에서 보여 주고 있다. 빛의 소스는 백색과 스펙트럼을 가지는 제논램프를 사용한다. 빛의 세기 (intensity)를 조절하기 위하여 표준 태양전지를 사용하고 또한 AM1.5를 만들기 위해 특별한 필터를 사용한다. 표준 태양전지의 단락전류는 확산 길이나 표면 재결합의 영향으로 인가된 전압에 따라 달라져서는 안 된다. 단지 빛의 세기에 따라 단락전류가 비례하여 한다. 측정의 정밀도를 높이기 위해서는 공급전원이 안정적으로 공급되어서 빛의 세기의 변화를 줄여야 한다. 또한 테스트를 위한 표준전지로부터 데이터와 빛의 세기가 동시에 측정이 될 때 더 높은 측정 정밀도를 가질 수 있다. 전류 전압의 측정은 전기저항을 이용하여 0에서부터 단락전류까지 전류를 측정한다. 측정된 전류와 전압을 이용하여 다음의 파라미터를 계산할 수 있다.

개방전압 V_{oc}

단락전류 I_{sc}

최대 전력에서의 전류 I_m와 전압 V_m

충실도 FF

효율 η

태양전지의 파라미터는 사용자의 요구에 따라서 제작되어야 한다. 실제적인 분석은 에미터와 베이스 안에서의 전류와 캐리어의 확산 길이, 태양전지 전·후면에서의 재결합 속도와 직렬저항, 병렬저항 등의 요소들이 서로 관련되어 있으며 이러한 분석과 함께 병행된다.

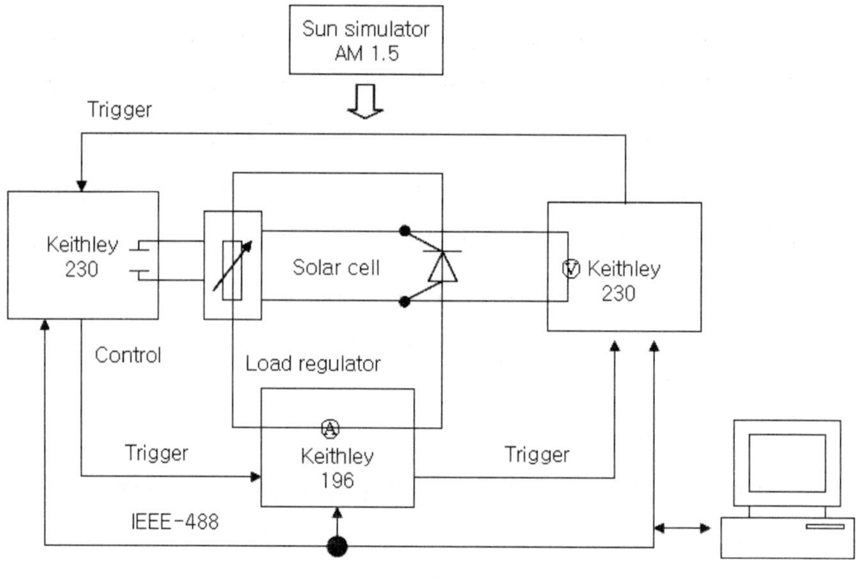

[그림 1-19] 태양전지 시뮬레이터의 도식도

일반적으로 다이오드의 특성을 가지는 태양전지의 전압-전류 특성은 [그림 1-19]의 시스템을 이용하여 측정할 수 있다. 전형적인 전압-전류 특성은 [그림 1-20]과 같다. 전압-전류 특성은 2개의 다이오드의 모델로 표현 할 수 있다. 식 (1.14)은 이와 같은 특성을 보여 주고 있다.

$$I(V) = I_{01}(\exp\frac{V-IR_s}{n_1 V_T} - 1) + I_{02}(\exp\frac{V-IR_s}{n_2 V_T} - 1) + \frac{V-IR_s}{R_p} \tag{1.14}$$

0 V에서 0.15 V까지의 전류특성을 분석하면 주로 병렬저항에 의한 성분이 지배적이고 식 (1.14)의 첫 번째와 두 번째 항은 거의 무시할 수 있다. 0.2 V에서 0.4 V에서는 다이오드 모델의 두 번째 항이 지배적이며 0.4 V에서 0.6 V까지의 전류특성을 분석하면 다이오드 모델의 첫 번째 항이 지배적이다. 0.6 V 이상에서는 직렬저항이 지배적임을 알 수 있다.

직렬저항은 빛 조사 시 전압-전류 특성과 암 전압-전류 특성을 이용하여 구할 수 있다. 암 전압-전류 측정 시 직렬저항에 의한 부가적인 전압 강하가 일어나기 때문에 단락전류 값과 같은 전류 값을 얻기 위하여 개방전압 보다 더 높은 전압이 필요하다. 식 (1.16)는 이러한 직렬저항 값을 나타내고 있다.

$$V_a - V_{oc} = R_s I_{sc} \tag{1.15}$$

$$R_s = \frac{V_a - V_{oc}}{I_{sc}} \tag{1.16}$$

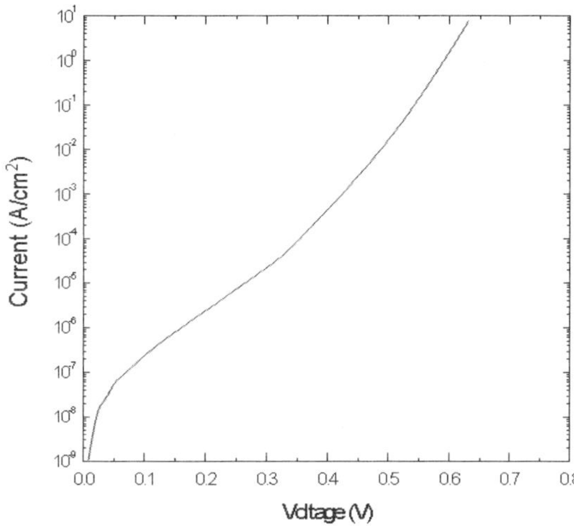

[그림 1-20] 암 전류-전압에서의 전형적인 곡선

빛 조사세기 및 온도가 각기 다른 기후에서 알맞은 태양전지 특성을 갖추기 위해 암 전류-전압 특성 분석하여 태양전지의 파라미터를 계산한다. 빛 조사 시 전류-전압 특성과 암 전류-전압 특성을 비교 하여 환경에 적합한 태양전지 제작을 위하여 파라미터를 추출할 수 있다.

태양전지의 효율이 온도와 빛의 복사에 어떻게 관련되는지 아는 것은 매우 중요하기 때문에 다음 절에서는 온도와 빛의 세기에 따른 효율의 변화를 계산할 것이다.

단락전류는 빛의 세기에 비례한다. 식 (1.17)는 V_{oc}에 대한 식을 보여 주고 있다.

$$V_{oc} \simeq \frac{kT}{q} \ln\left(\frac{I_{sc}}{I_o}\right) \tag{1.17}$$

효율에 관하여는 식 (1.18)에서 보여 주고 있다.

$$\eta = I_{sc}\frac{kT}{q} \ln\left(\frac{I_{sc}}{I_o}\right) FF/P_{light} \tag{1.18}$$

P_{light}는 입력 빛을 의미한다.

$$\frac{\Delta \eta}{\eta} = \frac{\ln n}{\ln(I_{sc}/I_o)} \tag{1.19}$$

식 (1.19)에서 n은 빛의 세기에 대한 공기상수항이다. 하나의 태양에 대하여 n = 1이면 1/2의 태양에 대하여는 n = 0.5가 된다.

$$\frac{\Delta \eta}{\eta} = \frac{kT}{q}\frac{\ln n}{V_{oc}} \tag{1.20}$$

$$\frac{\frac{kT}{q}}{V_{oc}} \approx 0.04 \tag{1.21}$$

$$\frac{\Delta \eta}{\eta}[\%] \approx 4 \times \ln n \tag{1.22}$$

개방전압에 관하여 효율의 변화는 식 (1.20)에 나타나 있다. 또한 실리콘 태양전지의 효율은 빛의 세기가 반으로 줄어들면 대략 3%의 효율의 감소를 보이고 있다.

단락전류와 충실도가 일정하다고 가정할 때 개방전압의 변화는 효율의 변화와 비례한다.

$$V_{oc} \simeq \frac{kT}{q}\ln(I_{sc}/I_o) \tag{1.23}$$

여기에서

$$I_o = A\left(\frac{qD_n n_i^2}{L_n N_A} + \frac{qD_p n_i^2}{L_p N_D}\right) \tag{1.24}$$

확산계수와 확산거리의 온도에 대한 변화는 무시 할 수 있다. I_o는 n_i의 변화에 비례함을 알 수 있다.

$$n_i^2 = const.\exp(-E_g/kT) \tag{1.25}$$

$$I_0 = B\exp(-E_g/kT) \tag{1.26}$$

여기에서 B는 여러 상수들을 하나로 나타낸 것이다.

여기에서 $V_{oc} \approx (kT/q) \times \ln(I_{sc}/I_o)$ 이므로 V_{oc}는 다음과 같이 나타낼 수 있다.

$$V_{oc} = \frac{kT}{q}\left(\ln\frac{I_{sc}}{B}\right) + \frac{E_g}{q} \tag{1.27}$$

온도 변화에 따른 밴드갭의 변화를 무시한다면 개방전압에 대하여 다음과 같이 나타낼 수 있다.

$$\frac{d(V_{oc})}{dT} = \frac{1}{T}\left(V_{oc} - \frac{E_g}{q}\right) \tag{1.28}$$

실리콘의 밴드갭을 대입하면

$$\frac{d(V_{oc})}{dT} = \frac{1}{T}(V_{oc} - 1.1) \tag{1.29}$$

여기에서 V_{oc}를 상온에서 0.6 V로 가정할 수 있다.

$$\frac{d(V_{oc})}{dT} \approx -1.7mV/grd \tag{1.30}$$

즉 개방전압의 상대적 변화에 따른 효율의 변화는 1°C씩 온도가 변화됨에 따라 0.3%의 효율의 변화를 가져온다.

분광반응은 각각의 다른 파장의 빛에 따라서 수집된 전하들에 의해 결정된다. [그림 1-21]은 태양전지의 분광반응을 측정하기 위한 측정 시스템을 보여 주고 있다. 각각의 다른 파장의 빛이 태양전지에 조사된다. 이 시스템은 크세논 고 압력 램프를 사용하며 빛은 여러 가지의 컬러 필터를 통과하게 된다. 일반적으로 19개의 필터가 사용되며 350 nm에서 1019 nm까지의 파장을 분리할 수 있다. Ga-As 의 밴드 범위가 실리콘 보다 낮기 때문에 Ga-As 태양전지도 측정할 수 있다. 각 필터의 밴드 범위는 8~10 nm 정도이다.

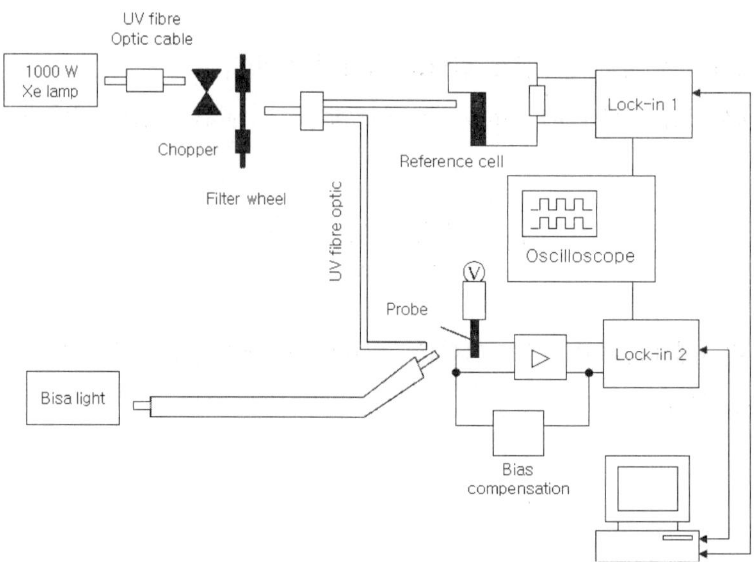

[그림 1-21] 태양전지의 분광반응을 측정하기 위한 측정 시스템

내부 분광반응을 측정하기 위하여 파장에 따른 표면에서의 정밀한 반사 조건을 알아야 한다. [그림 1-22]는 고효율 태양전지의 내부 분광반응을 보여 주고 있다. 에미터 영역 공핍영역과 베이스 영역으로 갈수록 분광반응은 빛의 파장에 비례한다. 장파장의 영역에서 분광반응은 베이스에서의 확산길이와 표면 재결합과 깊이 관련되어 있다. 확산길이가 작을수록 장파장에서 재결합이 더 쉽게 일어난다. 또한 단파장 영역에서의 분광반응은 에미터에서 표면 재결합 속도와 관련되어 있으며 일반적으로 103 cm/s 이상의 표면재결합 속도를 가진다.

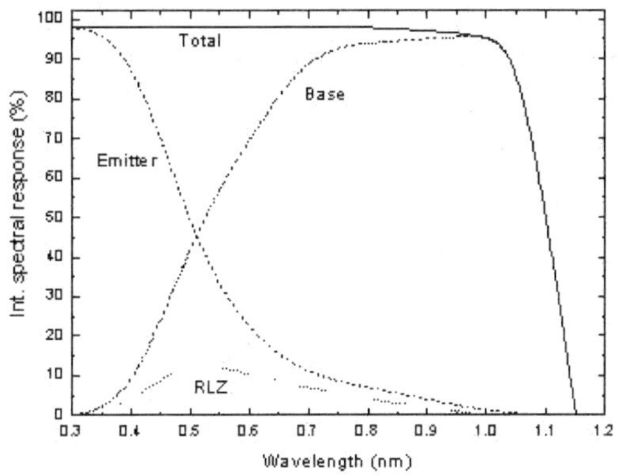

[그림 1-22] 고효율 태양전지의 내부 분광반응도

[그림 1-23]에서와 같이 태양전지의 후면에 빛을 조사하였다. 또한 태양전지의 전·후면으로 빛을 조사하여 효율을 내기도 한다. 이러한 태양전지의 후면 핑거 사이의 거리는 베이스의 반송자의 확산 길이보다 10배 이상 커야 한다.

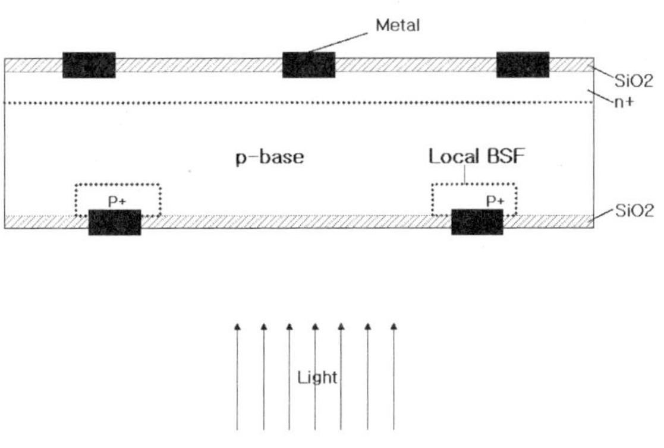

[그림 1-23] 태양전지의 후면에 조사 시 단면 구조

[그림 1-24]에서는 내부 분광 반응을 계산한 것을 타나내고 있다. 단파장의 빛이 조사되어 실리콘 표면과 p-n 접합의 근처에서 생성된 반송자들은 표면 재결합 속도 S_n을 결정한다. 빛 조사 시, 표면 재결합 속도 S_n은 102 cm/s보다 작다. 또한 베이스 안에서 소수 캐리어의 확산 길이는 결정질 두께의 거의 두 배정도 된다.

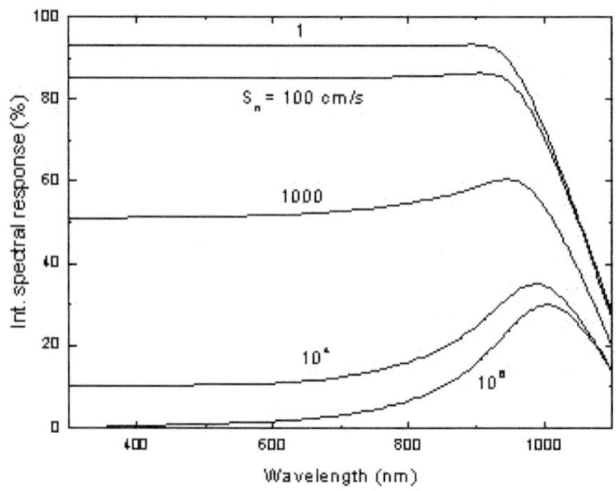

[그림 1-24] 태양전지의 후면 빛 조사 시 내부 분광반응 계산

고효율 태양전지 제작을 위하여 태양전지의 두께 보다 더 큰 확산 길이를 갖는 것은 쉽지 않다. [그림 1-25]는 PCVD를 위한 개략도를 보여 주고 있다. 먼저 빛을 조사 한 후 단락전류와 개방전압의 감쇄를 측정할 수 있다. 이러한 방법의 장점은 빛의 세기의 절대적 측정이 필요하지 않다. 또한 표면 반사와 흡수 계수에 대한 정보가 필요하지 않다. [그림 1-25]에서와 같이 1064 nm의 파장을 가진 Nd-YAg 레이저를 사용한다. 이 때 베이스에서 전반적으로 반송자가 생성되며 904 nm의 파장을 가진 다이오드 레이저도 빛을 방출한다. 이와 같이 개방전압의 감쇄와 단락전류의 감쇄를 측정을 통하여 에미터의 효과적인 표면 재결합속도와 에미터 포화전류, 베이스에서와 확산길이와 후면의 효과적인 표면 재결합 속도를 측정할 수 있다.

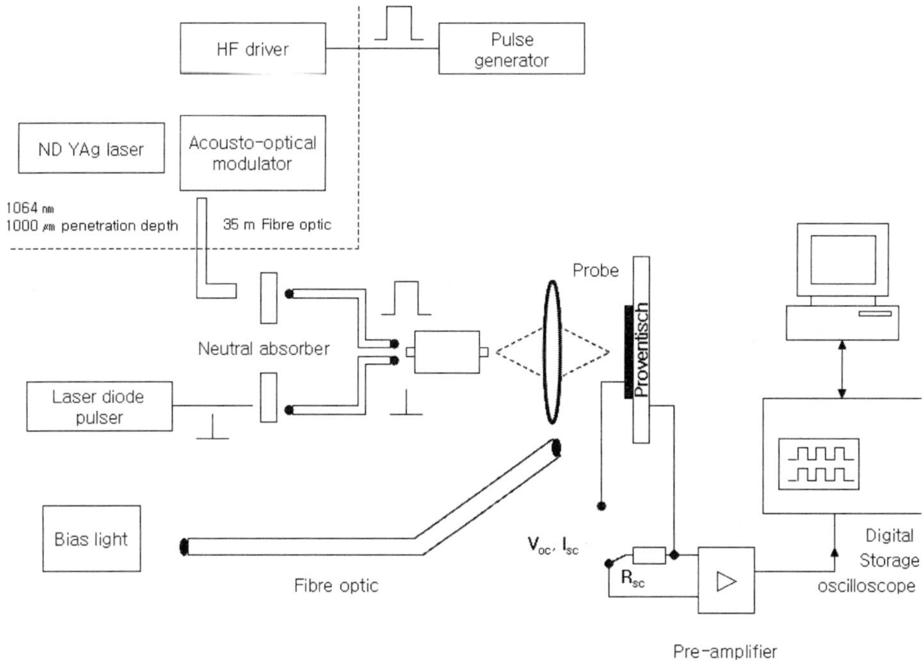

[그림 1-25] PCDV의 개략도

연습문제

1 에너지 밴드갭을 구하는 방법을 설명하시오.

2 도핑농도 및 접합깊이를 측정할 수 있는 방법에 대하여 설명하고, 각각의 방법에 대한 장단점을 논하시오.

3 반사도를 측정할 수 있는 방법을 조사하시오.

4 수소, 산소, 탄소 등의 농도를 규명하기 위한 방법을 조사하시오.

5 소수 반송자 수명 시간 측정이 가능한 방법을 열거하고 장단점을 논하시오.

6 태양전지 효율 측정을 위한 인공광원의 특성을 조사하시오.

7 태양전지 특성규명에서 온도가 미치는 영향을 논하시오.

8 펄스형 광원에서 2 ms, 4 ms, 10 ms에서 측정하는 태양전지의 효율 측정 정밀도에 대하여 조사하시오.

9 반사방지막의 굴절률과 두께를 결정하는 방법과 절차를 조사하시오.

10 태양전지 금속의 두께를 검사할 수 있는 방법을 논하시오.

11 태양전지의 암상태에서 전류-전압 특성곡선을 그리고 전압 영역별로 주도하는 전도 메커니즘을 설명하시오.

참고문헌

[1] 이재형, 임동건, 이준신, 태양전지원론, 홍릉과학출판사, (2005).

[2] 이준신, 김경해, 태양전지공학, 도서출판 그린, (2007).

[3] 하마카와 요시히로, 태양전지, 한동순 옮김, 기술정보 (2009).

[4] Vesselinka Petrova-Koch, Rudolf Hezel, Adolf Goetzberger, High-Efficient Low-Cost Photovoltaics, Springer, (2009).

[5] 犬石, 浜川, 白勝 : 半導體物性 II, 朝倉書店(1977)132~133.

[6] 後川, 浜川, 高橋 : 太陽光電池, 森北出版(1980)70~72.

[7] 浜川圭弘 : 太陽光發電入門, オーム社(1981)51~55.

[8] 高倉, 浜川 : 電氣學會論文誌 98-C(1978)273.

[9] 浜川圭弘 : 金屬(1991) 3月号, 22~30.

[10] 이준신, 신재생에너지 활용을 위한 고효율 실리콘 태양전지, 생능출판사, (2001) 7.

제 2 장

태양전지 특성 평가 분석법

제2장

태양전지 특성 평가 분석법

2.1 태양전지의 Sun 분석

2.1.1 시험장치

[그림 2-1] Sun analyzer: 표준셀 및 bus bar needle contact 세팅

2.1.2 시험 방법

Cu-Zn판 위에 표준셀을 세팅하고 진공으로 셀 위의 bus bar에 needle을 정확하게 맞추어 고정시킨 후 calibration을 한다. 시편을 2개씩 30-40 초간 bright (9개의 할

로겐 램프) 조건과 dark (상자를 씌우고 그 위에 검은 천으로 덮음 : 저항 측정은 dark에서 만 가능함)조건에서 각각 측정한다. 한편, 시편을 가열판 (받침대 wafer가 있고 그 위에 시편을 2장 씩 올림)에 얹어서 간접 가열한다 [그림 2-2 (b)]. 200℃까지 약 10분간 가열한 후 냉각하여 측정하며, 또한 21시간 동안 조사 (illumination) [그림 2-2(c)]한 후 측정한다.

[그림 2-2] Sun analyzer II, 시편 장착(a), 시편 가열장치(b), Da가 시편(c), 시편 조사 (illumination : 21시간)(d)

2.1.3 시험 결과 및 고찰

2.1.3.1 이론적 배경

Dark 전류와 개방 회로 전압을 논함에 있어서, 부하 (load)가 걸리면 셀의 단자 사이에 전위차 (potential difference)가 발생한다. 이 전위차는 광전류 (Photocurrent)의 반대 방향으로 작용하는 전류를 생성하고 전격전류 (net current)는 그 단락전류 값으로부터 감소된다. 이 역방향 전류는 dark에서 전압 또는 바이어스 V가 device에 가해진 상태에서 횡단하여 흐르는 전류 $I_{dark}(V)$로 dark 전류라고 한다. 대부분의 태양전지는 dark에서 diode처럼 거동하여 역방향 바이어스에서 (V⟨0)보다 순방향 바이어스 하에서 더 많은 전류를 수용하게 된다. 전하를 분리하기 위해서는 비대칭적 접합 (junction)이 필요하고, 이러한 전류 거동은 태양전지의 특징이다. 이상적인 diode의 dark 전류밀도 $J_{dark}(V)$는 다음 식과 같이 변한다.

$$J_{dark}(V) - J_0(e^{\alpha V}/k_s T - 1) \quad (2.1)$$

여기서 J_0는 상수, k_B 는 Boltzmann 상수이며 T는 온도를 각각 나타낸다. 전체의 전지에 전류 진압이 작용하며 그 전류-전압 특성이 단락 전류 광전류와 dark전류의 합에 근접 될 수 있으며 [그림 2-3], 이 단계를 중첩 근사치 (superposition approximation)라 한다.

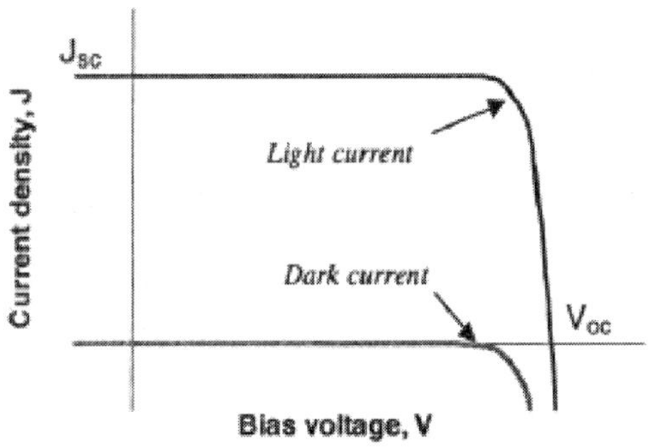

[그림 2-3] 빛과 dark에서 이상적인 diode의 전류-전압 특성

첫 번째 근사치에서 정격전류는 단락 전류, 광전류와 같도록 일정한 양만큼 바이어스에 의존한 dark 전류가 이동하여 얻어진다. 단락 전류 광전류는 양(+)이다.

조사 된 셀 내에서 전압에 따라 흐르는 역 방향 전류가 dark에서 흐르는 전류와 전압을 광전류로 양(+)으로 나타내고 이것은 전자 device에서 일반적인 관습에 반대이다. 태양전지에서 전격전류 밀도는 다음과 같이 나타내며

$$J(V) = J_{SC} - J_{dark}(V) \tag{2.2}$$

이상적인 diode에서는

$$J = J_{SC} - J_0 (e^{qV}/k_s T - 1) \tag{2.3}$$

이다. 접촉이 분리되면 전위차는 개방 전압 V_{OC}로 최대값을 가지며 이것은 dark 전류와 단락 회로 광전류가 정확하게 상쇄 될 때의 조건과 동등하다. 이상적인 diode에서 식(2.3)은

$$V_{OC} = kT/q\ln(J_{SC}/J_O + 1) \tag{2.4}$$

식(2.4)는 V_{OC}가 빛의 intensity와 함께 지수 함수적으로 증가됨을 나타내고, 전압이 규정되면 광 전압은 V 〉 0 인 순방향 바이어스에서 일어난다. [그림 2-3]은 전류-전압 생성이 양(+)이며, 전압 0과 V_{OC} 사이 일 때, 셀이 전력을 발생시킨다. V 〈 0에서, 조광된 device는 바이어스에 의존되지 않고, 빛에 의한 광전류를 생성하기 위하여 전력을 소모하면서 photodector처럼 작용하며, V 〉 V_{OC}에서 device는 다시 전력을 소모한다. 이것은 빛을 발하는 diode가 작동하는 원리이다. 어떤 재료에서는 dark전류가 발광에 의하여 수반된다. 전기적으로 태양전지는 비대칭과 유사하게 비선형 저항인자 즉, diode의 전류 발생장치와 같다.[그림 2-4]

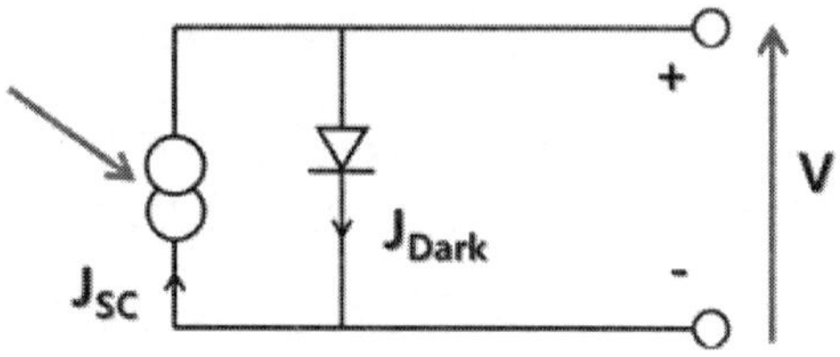

[그림 2-4] 이상적인 태양전지의 등가회로 (equivalent circuit)

빛이 조사되면 이상적인 셀은 빛의 intensity에 비례하여 광전류를 발생하며, 이 광 전류는 부하의 저항과 조광 수준에 따른 비율로 diode의 가변 저항과 부하 사이에 나누어진다. 저항이 높을수록, 더 많은 광전류가 diode를 통하여 흐름으로써 셀 터미널 간에는 더 높은 전위 차이를, 반면에 부하를 통해 더 작은 전류를 나타냄으로써 diode는 광 전압을 제공한다. 여기서 diode가 없이는 부하를 통하여 광전류를 일으킬 수가 없다.

2.2 EL과 PL 분석

2.2.1 시험 장치

[그림 2-5] Electroluminescence 장치

2.2.2 시험 방법

2.2.2.1 Electro-Photoluminescence 측정 장치의 도식적 설명

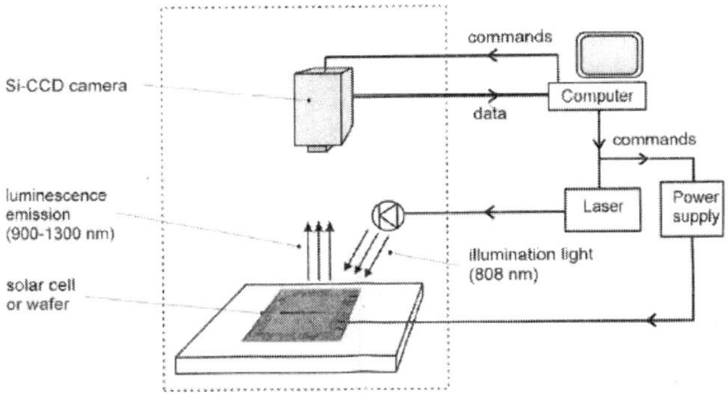

[그림 2-6] Electro-Photoluminescence 측정 장치 도식도

2.2.2.2 특성

- 측정 범위 : 156 x 156 mm^2 까지
- 과잉 carrier의 전자적 (electroluminescence), 광학적 (photoluminescence) 여기
- Injection전류 : 10 A까지
- 균질 조사 (illumination) : 1.5 Sun까지
- Wafer와 Solar Cell을 각각 특성평가 할 수 있음.
- 전 시스템을 컴퓨터로 제어함

2.2.2.3 측정 원리

1. Carrier injection (electroluminescence) 또는 광자 (photoluminescence)의 흡수에 의하여 과잉 carrier가 생성됨.
2. 광자의 방출 하에 과잉 carrier가 방사적으로 재결합됨.
3. 방출된 광자는 카메라에 의하여 추적됨.

2.2.2.4 결과

- 국부적인 luminescence방출의 image를 나타냄 [그림 2-7] 참조.
- 적당한 알고리즘의 사용으로 셀 전압의 mapping, 직렬저항 또는 소수 carrier의 lifetime 등을 측정 할 수 있음.

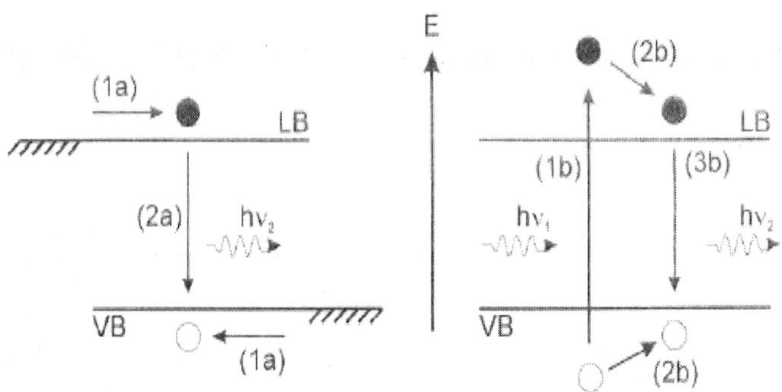

[그림 2-7] 과잉 carrier의 전기적 광학적 자극 (stimulation)

2.2.3 시험 결과 및 고찰

2.2.3.1 Electroluminescence 측정 원리

EL은 태양전지의 전기적, 광학적 및 재료의 성질 등에 관한 스펙트럼 해석에 관한 정보를 제공해 준다. EL display로부터 전위 (dislocation), 결정입자 경계 또는 shunt 등에서 과잉 carrier의 재결합으로 인하여 일어나는 수집효율 (collection efficiency)에서 재료와 관련된 손실 그리고 emitter 내, 금속 접촉, 특히 불연속 된 finger에 기인한 저항손실뿐만 아니라 광학적 손실 등에 관한 정보를 얻을 수 있다. 또한 EL image의 정량적 분석은 finger 저항, shunt위치, 균열 규명 등을 생산라인 마지막에 I-V 특성 치를 측정하는 동안에 생산자가 조기에 예를 들면, screen printing 된 접촉, 취급으로 인한 균열, 재료로부터 생긴 shunt 등을 찾아내게 된다.

카메라를 사용하여 공간적인 정보를 동시에 얻을 수 있는 빠른 image 기법이 개발되었으며, carrier lifetime 불 균질성 분석에는 2종류의 image 기법이 있다. 첫 번째 기법은 자유-carrier가 적외선 (Infrared)광의 흡수/방사를 통하여 광으로 생성된 과잉 carrier의 농도를 측정하는 것인데 이것은 IR 고감도 카메라에 의하여 탐지된다 [1,2]. 두 번째 기법은 shunt추적과 국부적인 JV 분석에 IR 카메라의 방사 재결합으로 인한 실리콘의 광 방출을 규명하기 위하여 실리콘 CCD (charge Coupled device)카메라를 사용하는 것이다 [3, 4]. 한편 CCD 카메라는 photo-electroluminescence를 측정하는데도 사용 된다 [5]. 최근에 소개된 후자는 소수 carrier 확산길이 [6,7]와 태양전지의 BSF passivation 품질을 분석하는 도구로 사용 된다 [8]. 순방향 바이어스 된 결정질 실리콘 태양전지의 방사적 band간의 재결합으로 인한 EL 방사는 실온에서 상용 실리콘 CCD grey scale 카메라로 측정하게 된다. EL방사의 측정에는 두 가지인 국부적인 전위(potential) 변수 (예, 측면 저항 손실로 인함)와 재결합 손실 (예, 낮은 carrier lifetime을 가진 입자 내)이 포함 된다. 단 결정질 태양전지에서는 재결합 손실이 대부분 측면으로 일정함으로 국부적 전위 변수는 가시적이며 주로 emitter 면 저항 (sheet resistance) ρ_{sheet}, finger 저항 $R_{s,finger}$ 및 접촉저항 $R_{s,contact}$ 등에 기인한다. 이들 변수들은 태양전지 grid설계에 연관 될 수 있으며 원칙적으로 확산 길이에서 국부적 변화에 기인하여 감소된 EL 시그널과 구별된다. EL image의 정량적 분석에서 J_{sc}-V_{oc}특성과 태양전지의 조사 (illuminated)된 I-V곡선을 분석하여 두 가지 diode model 즉, R_{sh}, J_{o1},

n_1, J_{o2}, n_2 및 lumped R_s 등에 따라서 전반적인 인자를 얻게 된다. 적외선 lock-in thermography를 사용하여 조광 하 또는 dark조건에서 순방향 바이어스 하에 태양전지의 열 방출을 측정하는데 증가된 carrier 재결합 영역에 상당하는 열 방출로 인한 밝은 점이 나타나 있다. 국부적으로 증가된 carrier 재결합 이유 중 재료에 관련된 결함으로는 결정 입자경계와 전위 (dislocation) 또는 공정 (process)에서 유입된 균열, scratch 또는 emitter를 통한 접촉 자국 등이 있다. 물리적 기구는 다르지만 shunt의 의미는 이들 모든 현상에 가끔 사용된다. Lock-in thermography는 국부적으로 촉진된 재결합으로 인하여 국부적으로 열 적 방사가 증가 된 현상이다. EL 시그널에서 변화는 carrier 재결합의 변화에 기인한다. 결론적으로 EL 조사는 태양전지의 전기적, 재료 및 광학적 성질에 관한 분광적인 정보를 제공하는 강력 하고 신속한 특성 분석 방법이다. 이것은 photoluminescence를 제외하고 어떤 다른 특성 기법보다 신속하며 전위, 결정 입자경계 및 점 결함뿐만 아니라 shunt 등에서 과잉 carrier의 재결합 촉진에 기인한 효율 수집에서 재료 관련 손실도 찾아낸다. 또한, 불연속 finger와 접촉 저항에 기인한 저항손실을 알게 됨으로써 정량적 분석의 전망으로 EL line scan으로 전압 profile에 적용할 수 있다. 적당한 태양전지 모델을 사용함으로써 profile을 분석하여 접촉 및 sheet 저항에 관한 다양한 정보를 얻게 된다.

2.2.3.2 시험 결과 및 분석

시편은 셀 제조공정의 마지막 단계에 해당되며, 측정된 Electroluminescence는 다음과 같다.

오른쪽 상부에 finger의 전기적 파손으로 어둡게 보이며, 또한 하부 오른 쪽에 점은 재료의 광학적, 전자적 불량으로 추측되고, 가운데 종축으로 나타난 선은 passivation이나 시편 취급과 셀 제조 공정에서 생긴 것으로 판단됨.

왼쪽에 finger가 없어진 결함을 볼 수 있으며, bus bar사이는 재료의 불균질과 오른쪽 점들은 shunt로 볼 수 있다.

시편 가운데 검게 보이는 것은 thermography로 보면 finger가 Si에 접촉되지 않았음을 볼 수 있다. Shunt는 없음.

하부에 검게 보이는 것은 finger 와 Si에 접촉불량이며, 오른 쪽 하부에 점은 shunt, 하부 가운데는 시편 취급 불량으로 조직이 다르게 보임.

2.2.3.3 Photoluminescence 측정 원리

a. 루미네센스 (발광)의 정의

루미네센스는 Adirovich이라는 최근 책에서 언급되어졌던 것처럼, 이전의 연구에서 항상 정확히 정의되어온 것은 아니다. Wiedemann에 의해 내려진 정의와 이전의 학자에 의해서 채택되어졌던 정의는 루미네센스가 높은 에너지의 입자들 혹은 자외선 영역의 파장과 같은 에너지 흡수가 있는 동안에 물질로부터 빛의 방출에 대한 일반적인 용어라는 것이다. 그러나 루미네센스는 열복사와 구별되어져야 한다. 왜냐하면 그것은 키르호프의 법칙을 따르지 않기 때문이다. 단위 파장당 루미네센스 방출의 에너지 밀도는 항상 발광하는 물질의 특정온도에서 열복사로부터 생기는 에너지 밀도보다 더 크기 때문이다. Raman 효과 그리고 Compton 효과처럼 이웃하는 물리적인 과정들과 루미네센스를 구별하는 것은 쉽다. 왜냐하면 10^{-9}초 보다 더 큰 excitation후에 루미네센스 방출에서 시간지연이 있기 때문이다. Raman 효과와 Compton 효과는 약 10^{-14}초 혹은 더 작은 시간 안에 완성된다.

b. 플루어레센스 (형광), 포스퍼레센스 (인광) 그리고 다른 현상들

루미네센스의 가장 중요한 양상의 두 가지는 플루어레센스와 포스퍼레센스이다. 우선 플루어레센스는 천연적인 형석으로부터의 방출에 주어진 이름이다. 반면에 포스퍼레슨스는 여기되는 복사가 없어진 후 오랫동안 지속되는 방출의 일반적인 묘사를 나타낸다. 초기에 낮은 압력에서, 가스의 방전상태에서 루미네센스의 관찰과 액체 상태의 플루어레센스의 관찰은 단지 광학적인 반전에 의해서 결정된 방출 특징에 적용되었다. 반면에 포스러레센스는 이원자분자 성질의 재결합 과정 때문에 루미네센스의 온도 의존적 붕괴에 적용되었다. 물리적인 과정들의 견지에서 그런 정의는 여기 하에서 그리고 그 후의 방출의 두 과정의 결합일지도 모르기 때문에 정확하지 않다. 예를 들면 다이아몬드에서 금지된 광학적인 전이들은 half-life를 가진 루미네센스 붕괴의 형태를 결정한다. 반면에 형광황화아연과 황화카드뮴에서 강하게 온도에 의존하는 재결합 과정들은 여기가 끝난 후 마이크로초에서 수시간 혹은 수일까지 현저하게 나타난다. Pringsheim에 따르면 다이아몬드에서 잔광은 느린 플루레센스로 불린다. 현대 연구에서 드러난 붕괴 과정의 복잡한 성질의 관점에서 실험의 물리적 조건들로부터 플루어레센스와 포스러레센스를 정의하는 것이 훨씬 만족스럽다고 작가는 제안하고 있다. 그러므로 플루어센스를 여기동안 방출된 루미네센스로 정의하며 포스퍼레센스는 여기가 끝난 후 방출된 루미네센스로 정의한다. 거의 모든 실제적인 실험에 대해서 둘 사이의 분리는 가스 상태에서 여기된 원자들의 평균 수명이기 때문에 여기가 끝난 후 10^{-8}초에서 고정되어질 수 있다. 고체 상태에서 매우 긴 지속기간의 포스퍼레센스가 일어날 수 있다. 이것과 근접하게 관련된 것은 열루미레센스라는 현상이다. 몇몇 긴 잔광 고체들이 충분히 낮은 온도에서 cooling되고 여기 된 후 어둠속에서 따뜻해진다면 그것들은 온도가 올라감에 따라 루미네센스를 방출한다. 이 효과는 열루미네센스로 알려져 있다. 이 명명은 매우 논리적인 것은 아니다. 왜냐하면 접두사가 열은 주요한 흥분제 (자극제)라고 나타내기 때문이다. Leverenz는 thermostimulation이라는 용어를 더 좋아한다. 그러나 이러한 순수학자의 정의는 널리 사용 되지 않았으며 대부분 열루미네센스 혹은 간단히 열잔광(thermal glow)으로 사용된다. 포스퍼레센스와 열루미네센스는 한 개의 같은 과정에서 생겨난다. 단지 차이는 방출이 일어나는 동안 각기 방출자(emitter)의 많은 온도를 증가시키고, 정지한다는 것이다. 형광 고체 그리고 열발광 고체들은 긴 파장의 가시광선 혹은 적외선 복사에 의해서 자극되어진 혹은 강화되어진 그들의 방출을 가질 수 있는데 이 효과는 optical stimulation으로 알려져 있다 (Germa ; Ausleuchtung). 그와 같은 발광 때문에 잔광에 있어서 작은 변화가 일어날 수 있고, 이것을 간단하게 optical quenching이라고 한다(German ; Tilgung). Stimulation 또는 quenching은 때때로 강한 전기장에 의해 생겨날 수 있다. 전기장에 의해서 방출된 주요한 여기는 electro 루미네센스라 불려지고 최근에 전기램프의 간단한 형태가 투명 전도성 유리에 전극 한 개 혹은 두 개를 가진 콘덴서의 발광 물질을 만듦으로써 고안되어지고 있다. 루미네센스는 광전도도, 반전도 혹은 광화학적 반응과 같은 다른 현상들을 수반할 수 있다. 더 구체적인 정의를 얻기 위하여 루미네센스는 다음과 같은 접두어들을 가질 수 있다.

- Photoluminesence (PL) : 수 십 볼트 혹은 더 작은 (즉 자외선 복사) 포톤의 흡수에 의해 생산된 것. 응용 면에서 중요한 엘렉트로 루미네센스, 음극선 루미네센스, X선 루미네센스, 발광중심의 성질과 발광 과정 등의 기초로서, 또 물질의 에너지 밴드구조나 불순물의 전자 상태를 알기위해 연구되어지고 있다. 여기과정으로서는 물질의 고유 광흡수에 의한 전자와 정공의 생성, 포함된 불순물 (혹은 활성화제)에 기인한 불순물흡수에 의한 여러 전이차이이다. 발광과정은 각각의 직접은 역전이 혹은 완화 과정을 거치거나 중간상태를 통한 천이이다. 따라서 발광의 스펙트럼은 여기의 스펙트럼보다 장파장 측에서 관측된다(이것을 스토크의 법칙이라 한다).
- Radioluminesence : 고에너지 입자들 혹은 복사를 가진 인광 물질의 충격에 의해 생산된 것.
- Cathodoluminesence : Cathode ray에 의해 생산된 radio 루미네센스의 특별한 경우.
- Sonoluminesence : 다양한 초음파의 음파에 의해 생산된 방출.
- Chemiluminesence : 화학적 반응의 생산물로서 일어남.

- Bioluminesence : 살아있는 기관안에서의 chemical 루미네센스.
- Triboluminesence : 어떤 인광물질 결정의 분열(갈라짐)과 역학적인 압력으로부터 생겨나는 방출.

[그림 2-8] poly-cell에 대한 PL image

2.3 DLIT(Dark Lock-In Thermography) 분석

2.3.1 시험 장치

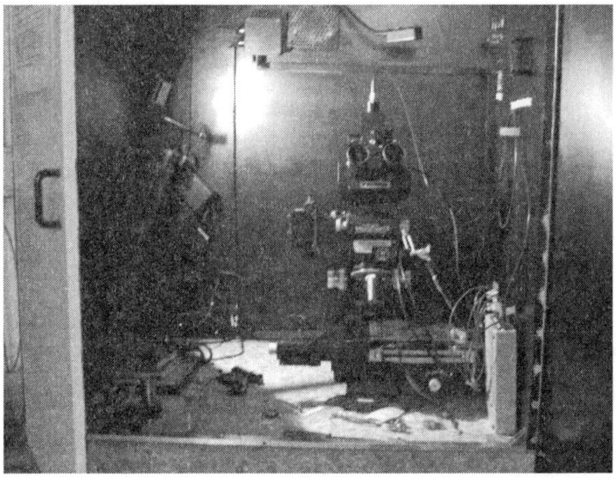

[그림 2-9] Thermography 시험 장치

2.3.2 시험 방법

Thermography는 적외선 (IR) image의 형태이며, thermographic camera는 전자기 스펙트럼 (electromagnetic spectrum) (대개 900 ~ 14,000 nm 또는 0.9 ~ 14 μm)의 적외선 범위에서 방사 (radiation)를 추적한다. 모든 물체는 "black body radiation law"에 의하여 온도에 따라 적외선을 방출함으로 thermography는 가시적인 조광의 존재에 상관없이 볼 수 있게 한다. 물체에 의하여 방출된 양은 온도에 따라 증가됨으로 thermography로 그 용어가 유래되었다. 본 시험에서는 최종 공정에서 완성된 셀 상태의 각 시편에 대하여 전자기적 스펙트럼을 4 ~ 5 μm로 사용하여 순방향 - 역방향 바이어스를 교대로 부하 하여 측정하였다.

2.3.3 시험 결과 및 고찰

2.3.3.1 측정 이론

최근까지 태양전지 내에서 모든 열적인 효과의 양적 해석은 가열 작용만 가정한다면 에너지 보존법칙에 근거를 두고 있으며, dark상태의 바이어스에서 전류 I가 흐름으로 태양전지 내로 P = I·V의 가열 power 가 분산 될 것으로 기대된다. 그러나 Breitenstein et. al. [9] 및 Kaes et. al.[10] 등은 Peltier 효과가 역시 태양전지 내에는 상당한 역할을 한다고 지적하였다. 만일 태양전지에서 열적 과정 (process)이 세밀하게 분석된다면 다른 부수적인 과정으로 분기되어 가열 (재결합, 열화) 또는 냉각 (Peltier 효과)을 발생하면서 모든 과정의 합은 에너지 보존 법칙을 따를 뿐이다. 그러므로 [그림 2-10]에는 dark에서 순방향 바이어스 하에 pn junction 의 band diagram을 도식적으로 나타낸 것인데 현저한 열 분산 기구도 포함되어 있다.

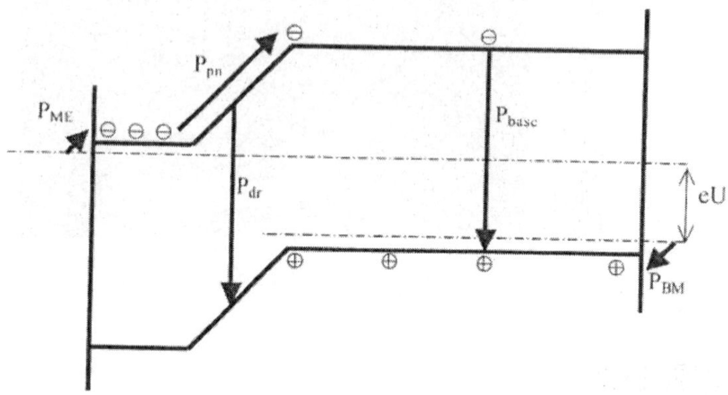

[그림 2-10] 현저한 열원을 가진 dark에서 순방향 바이어스하의 pn-junction의 도시적 설명 : 공핍영역 재결합 P_{dr}, 기지 재결합 P_{base}, 금속-emitter 접촉에서 Peliter 냉각 P_{ME}, pn-junction에서 전자injection에 필요한 Peltier 냉각 Ppn, 기지-금속 접촉에서 Peltier 냉각 PBM.

다음은 전자가 차별화되어 기지 (base)로 injection되었다고 가정하면 정공이 emitter로 injection되는 것은 무시하며, 더욱더 방사적 carrier 재결합은 무시되고 (이 시뮬레이션은 실제적으로 태양전지 실리콘 재료 에 대한 것이므로), 또한 기지에서 전류 흐름에 의한 joule열은 무시된다. [그림 2-10]에서 보듯이 dark에서 현저한 열분산 기구들에는 공핍영역 P_{dr}에서 재결합, 기지 영역에 injection된 전자 또는 후면 표면 P_{base}에서의 재결합, 금속-emitter 접촉에서 Peltier 냉각 P_{ME}, 기지-금속 접촉 P_{BM}에서 Peltier 냉각, pn-junction P_{pn}에서 전자 injection에 대한 Peltier 냉각 그리고 이 그림에는 나타내지 않았지만 emitter 또는 접촉선 pj에서 수평전류 흐름에 기인한 joule 열 등이다. P_{pn}의 역할은 전자 (그리고 공핍 영역 재결합 전류에 대한 정공)가 기지 내로 inject 될 수 있거나 또는 공핍 영역으로 재결합 할 수 있기 전에 pn장벽 (barrier) 높이만큼의 에너지를 얻어야 한다. 태양전지에서 높은 직렬저항 영역을 찾아내는데 lock-in thermography 방법이 소개되었다. 이것은 차등 적인 기법으로 두 가지의 다른 조건인 dark와 조광 (illumination) 하에서 작동할 때, 특히 직렬저항 변화에 민감한 image를 계산하는데 활용된다. 이 기법에 의하여 직렬저항을 정량적으로는 측정할 수는 없으나 증가된 emitter 접촉저항 영역을 찾아내는데 신뢰성이 있다. 태양전지 내에 조광의 유무에 따라 직렬저항 결함은 실제적인 전기적-열적 모델링에서 나타나며, 적외선 (IR) lock-in thermography (LIT)법은 태양전지 에서 에너지 손실을 분석하는데 강력한 도구로 증명되었다. 원래는 셀에 dark상태에서 펄스 된 바이어스를 가함으로써 shunting 현상을 imaging하는데 소개되었으며, 최근에 셀의 펄스 된 조광 하에서 power 손실을 imaging하기 위하여 개발되었다. 여기서 셀의 여기는 일정시간 부하조건에서 펄스 된 빛에 의하여 실행된다. 빛 방사를 이용하는 주요한 장점은 태양전지에서 접촉하기 전의 초기 단계에서, 직렬저항 문제가 생기기 전에 확산 전류의 lifetime으로 도입된 불균질성을 imaging하는데 있으며, 일반적으로 실제 (조명) 작동 조건하에서 셀을 측정하게 된다. 1998년에 Rappich et al. [11]은 dark에서 10 초간 일정한 빛의 on-off를 반복하면서 태양전지의 power손실을 imaging하였는데 각각으로부터 on-off 상(phase)의 끝에서 잡힌 thermogram을 빼낸다. 이 "thermgraphic sampling technique"는 0.05Hz에서 lock-in thermography 작업 방법이고 -90° image를 찾아내며, 지금은 power 손실의 정량적 측정에 사용 된다 [12,13].

2.3.3.2 Dark lock-in thermography에서 R_s-image (R_s-DLIT)

지금까지 DLIT 측정은 전형적인 실리콘 셀에 대하여 거의 500 mV인 최대 출력점에 근접한 순방향 바이어스에서 시행되어 왔다. 이 조건 (일반적으로 〈2 mA/cm^2) 하에서 dark전류의 흐름은 단락-회로전류 (일반적으로 30 mA/cm^2) 에 대하여 작으므로 직렬저항 효과는 미약할 것으로 예상된다. 이 조건이 국부적인 shunt imaging에 최적임으로 공핍 영역 재결합 전류와 Ohmic shunt가 dark I-V특성에 현저하다. 만일 DLIT가 보다 큰 전류밀도에서 수행된다면, 셀 내의 직렬저항은 bus bar 에서 국부적인 joule 열과 불균질하게 분포된 표면 전위 (potential)가 발생한다. 큰 전류에 대하여 바이어스 펄스 여기 (excitation)는 전류공급 점 거리 증가와 더불어 감소되므로 shunt를 imaging 함에 있어서 고 전류 작동은 피한다. 다음에서 이러한 전압 강하 효과를 이용한다. 어떤 영역에서 shunt가 없다고 가정하면 충분히 큰 순방향 바이어스에서 국부적인 J-U 특성은 순수한 확산 전류 밀도로 간주하여 다음과 같이 표시할 수 있다.

$$J_{diff}(x,y) = J_0(x,y)\mathrm{expe}(U - \Delta U(x,y))/kT \tag{10.1}$$

여기서 $J_0(x,y)$ = 국부적인 전류 밀도, U = 전류 유도에 적용된 바이어스, $\Delta U(x,y)$는 위치 (x,y)로 횡단하는 유효직렬저항의 전압강하인데 이것은 $J_{diff}(x,y)$에 좌우 된다.

Pn junction에서 국부적인 바이어스가 U(x,y) = U−ΔU(x,y)이다. 불충분하게 접촉된 영역은 큰 직렬저항에 놓여 있으며, U(x,y)는 적용된 바이어스 U보다 비교적 더 작다. Lock-in thermography는 부하 상태 하에서 또한 국부적인 emitter 전위에 대한 정보를 제공해 준다.

2.3.3.3 적외선 (Infrared)-측정결과

<table>
<tr><td>역방향 바이어스에서DLIT : 1108 mV, 200 mA □Ohm shunt가 탐지됨.</td><td>순방향 바이어스에서DLIT :
640 mV, 4000 mA</td></tr>
<tr><td></td><td>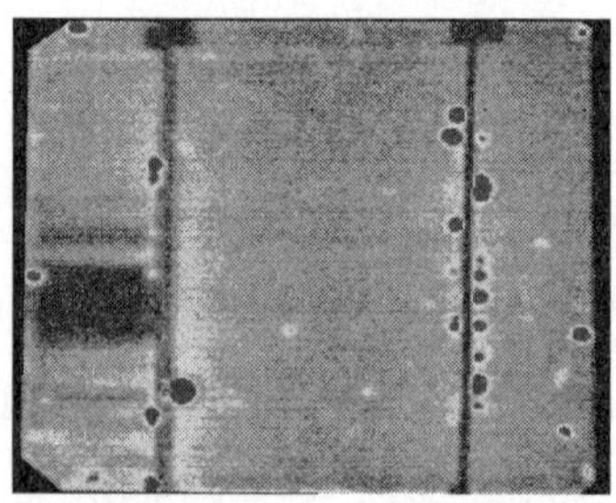</td></tr>
<tr><td colspan="2">• 결과 : 전체 cell에 가장자리 shunt가 다시 나타나 있고 왼쪽에는 많은 비 접촉 finger, 마찬 가지로 bus bar에는 접촉저항 열로 인한 열 (heat) 점과 cell내부 또는 가장 자리(상부 그림에서는 보이지 않음)점에는 알려지지 않은 이유임. 오른쪽 가장자리는 다시 절단되었음.</td></tr>
</table>

2.4 EQE-IQE 분석

Quantum Efficiency에는 External Quantum Efficiency (EQE)와 Internal Quantum Efficiency (IQE)가 있다. 본 시험에서 EQE와 IQE를 측정하고자 한다.

2.4.1 시험 장치

[그림 2-11 (a)] EQE시험장치

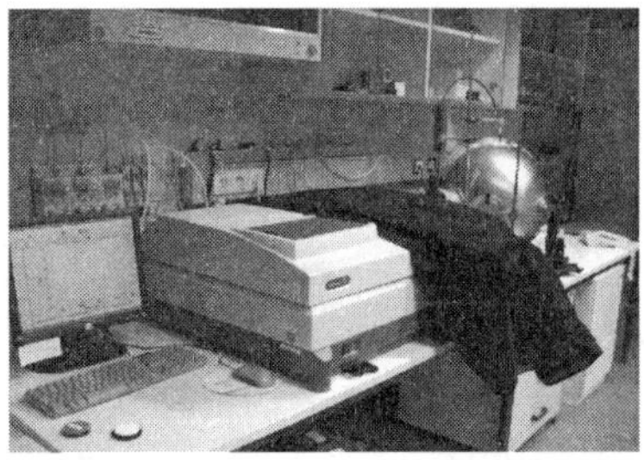

[그림 2-11 (b)] IQE시험장치(Cary 5000)

2.4.2 시험방법

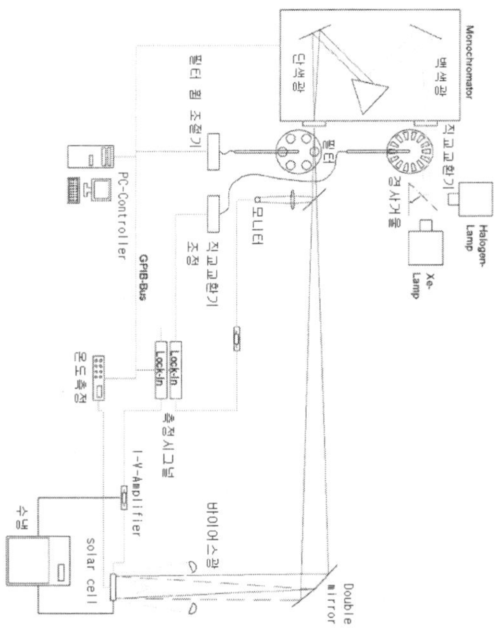

[그림 2-12] IEQ 측정에 사용된 Cary 5000장치의 도식적 설명

[그림 2-12]는 Cary 5000장치의 도식적 설명인데 격자 형 단 색광 발생장치는 150 W 텅스텐 할로겐램프로부터 단 색광을 생성하며, 빛은 입구 틈 (slit)에 놓인 직교교환기로 237 Hz에서 변조된다. 출구 slit에서 λ〉660 nm보다 더 높으면 차단하는 필터 휠이 있다. 두꺼운 석영유리가 광 조도의 변화를 수정하기 위하여 Ge-detector에 시그널 빛의 수 퍼센트를 회절 시킨다. 단 색광 발생 장치 (monochromator)를 벗어난 빛은 태양전지에 대하여 거의 평행하게 반사 된 beam이 온도가 제어된 시편 stage에 장착되어 있다. 광 빔은 거의 2 x 2 cm^2로 균질하며, 할로겐램프의 백색 바이어스 빛은 태양전지의 측정 점을 설정하는데 사용된다. Pre-amplifier는 필요한 설정 점에서 셀 전압을 유지해주고, 조절된 광-전류를 전압 시그널로 전환하며 바이어스 빛으로부터 DC 시그널을 제거한다. 원격 센스접촉 장치는 연결선과 접촉에서 전압 강하를 없애 준다. 두 개의 Lock-In Amplifier (EG&G 7220)는 측정된 셀 V_{meas}과 모니터 Dector V_{mon}로부터 전압 시그널을 탐지한다. QE측정은 EQE_{cal}보정된 (calibrated) 태양 전지에 비교하여 측정한다. 만일 $V_{mon,cal}$과 $V_{mon,meas}$가 보정되고 셀을 측정하는 동안에 모니터 셀의 시그널이라면 측정된 셀의 EQE는 다음과 같이 평가된다.

$$EQE_{meas} = EQE_{cal}\frac{V_{meas}}{V_{cal}}\frac{V_{meas.cal}}{V_{mon.cal}} \quad (2.5)$$

2.4.3 시험결과 및 고찰

가. 양자효율 (Quantum Efficiency)과 스펙트럼 감응 (Spectrum Response)

태양전지의 QE는 주어진 파장의 입사 광자에 의하여 외부 회로에 생성된 전자 수의 비로 나타내며, 외부 EQE(λ) 및 내부 IQE(λ) 효율로 각각 나타낸다. 이것은 셀로부터 반사된 광자의 처리 유무에 따라서 다르며, 셀 표면상에 충돌하는 모든 광자는 EQE 값으로 고려되나 반사되지 않은 광자만이 IQE값으로 간주 된다. IQE를 알고 있다면, 전체 광 생성 전류는 다음과 같이 주어진다.

$$I_{ph} - q\int_{(\lambda)} \Phi(\lambda)(\lambda)1 - R(\lambda)IQE(\lambda)d\lambda \quad (2.6)$$

여기서 Φ(λ)는 파장 λ에서 셀 상에 입사된 광자 속 (flux)이며, R(λ)는 꼭대기 표면으로부터 반사율이다. 태양전지에 의하여 흡수된 빛의 모든 파장 λ에 대하여 통합된다. IQE와 EQE 효율 값은 간섭 필터 또는 단 색광 장치를 사용함으로써 태양전지의 성능을 평가 측정하는데 범용 적으로 사용된다. 스펙트럼 감응 (SR(λ), 단위는 A/W)은 동일한 파장에서 스펙트럼 방사 값에 대하여 주어진 파장의 단색 광 조광 하에서 태양전지에 의하여 발생된 광전류의 비로 나타낸다. 광자 수와 방사가 상호 관련되어 있으므로 스펙트럼 감응은 양자 효율로 나타낼 수 있다.

$$SR(\lambda) - q\lambda/hc \cdot QE(\lambda) - 0.808\lambda \cdot QE(\lambda) \tag{2.7}$$

여기서 λ는 μm이고, 양자효율에 사용되는 값에 따라서 식 (2.7)에서 스펙트럼 감응은 IQE 또는 EQE가 될 수도 있다.

조광하의 단락전류에서 태양전지에 의하여 발생된 광자 전류는 입사된 빛에 의존한다. 광자 전류 밀도 J_{sc}를 입사 스펙트럼에 연관시키기 위하여 셀의 양자효율 (Quantum Efficiency) (QE)이 필요하다. QE(E)는 하나의 광자 에너지 E가 외부 회로에 한 개의 전자를 방출할 확률이며,

$$J_{sc} = q\int bs(E)QE(E)dE \tag{2.8}$$

여기서 bs(E)는 입사분광 광자 속(flux) 밀도로 단위 시간에 단위 면적에 입사하는 E~dE 범위에서 광자 에너지의 수이며, q는 전하를 각각 나타낸다. QE는 태양전지 재료의 흡수효율, 전하 분리 효율과 device내에서 전하 수집 효율 등에 좌우되나 입사 스펙트럼에 의존되지는 않으므로 각기 다른 조건하의 태양전지 성능을 나타내는데 핵심적인 조건들이 된다. [그림 2-13]은 태양 광자의 스펙트럼을 가진 전형적인 QE 스펙트럼을 비교한 것이다. QE 스펙트럼은 광자 에너지 또는 파장 λ의 함수로 주어지고, 태양전지의 물리인자인 에너지인 E와 λ간의 관계는 식 2.9로 규정된다.

$$B = \frac{hc}{\lambda} \tag{2.9}$$

여기서 h는 plank상수, c는 진공에서 빛의 속도를 각각 나타낸다. 전자-전압의 광자 에너지와 nm의 파장간의 전환 법칙에 편리하며 E/eV=1240/(λ/nm)이다.

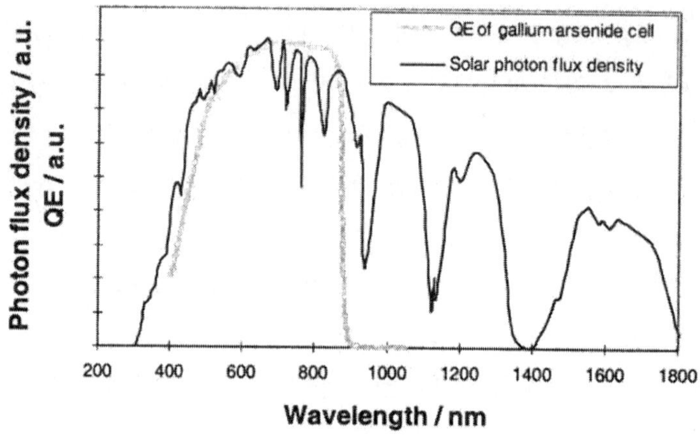

[그림 2-13] 태양 스펙트럼과 비교한 GaAs의 양자효율. 수직 scale은 비교를 위한 임의단위이다. 단락회로 광자 전류는 광자 속(flux) 밀도 생성과 광자에너지 QE의 통합으로 얻어지며 태양광속 밀도가 높은 파장에서 높은 QE를 갖는 것이 바람직하다.

나. EQE 및 IQE

파장 λ와 광자 속 (flux) φ_{in}을 가진 단색 광 조사로부터 생긴 단락회로 전류의 측정으로 태양전지에 관한 자세한 정보를 얻을 수 있는데 광자 당 수집된 전하 carrier 비율로 나타내는 QE를 자주 측정하게 된다. 외부 양자효율 (External Quantum Efficiency),EQE는 모두 입사 광자를 계산하게 된다.

$$EQE = \frac{\frac{J_{sc}}{q}}{\Phi_{in}} \tag{2.10}$$

태양광 스펙트럼의 광자 속을 가진 EQE는 단락 전류 회로를 생성하며 IQE는 반사되지 않은 광자에 대한 수집된 carrier의 비로써 나타낸다. 금속 grid가 shading된 면적율 M과 shading되지 않은 면적상의 반사가 R(λ)이면, IQE (Internal Quantum Efficiency)는 실험적으로 EQE 로부터 얻어진다.

$$IQE(\lambda) = \frac{EQE(\lambda)}{(1-R(\lambda))(1-M)} \tag{2.11}$$

IQE의 분석은 태양전지의 emitter 품질, 확산 길이, 광학적 성질 등에 관한 정보를 제공해 준다. 흡수길이 Lα 는 알려진 파장 λ의 함수이며, λ는 300 nm ~ 1200 nm 사이의 파장에서 매우 크게 변화 될 수 있다. 지구상에서 단락 회로 전류를 평가함에 있어서 태양전지의 온도가 25℃이고, 100 mW/cm^{2}을 가진 AM1.5G의 조사인 경우를 표준으로 한다. 태양전지 simulator에서 이 스펙트럼을 얻기 위해서는 대단한 노력이 요구되고 보정이 자연광 하에서는 대부분의 나라에서는 실행 될 수가 없다. Sun-simulator의 각기 다른 스펙트럼 하에 J_{SC}의 평가는 거의 동일한 스펙트럼 감응과 광학적 디자인을 가진 보정 된 태양전지의 J_{SC}를 비교함으로써 가능하다. 그러나 J_{SC}를 규명하기 위한 모든 정밀한 방법들에는 EQE가 포함 되며, 원칙적으로 EQE가 알려져 있다면, 광자 속 (flux) Φ(λ)의 임의 스펙트럼에 대한 단락 회로 전류는 식 2.12으로 알 수 있다.

$$J_{sc} = q\int EQE(\lambda)\Phi(\lambda)d\lambda \tag{2.12}$$

J_{SC}(〈3%)의 수용 가능한 정밀성을 얻기 위해서는 매우 정확한 QE-측정이 요구되고, , 수 퍼센트의 EQE를 변화시키는 파장과는 무관하다. 태양 전지에서 특히 바이어스 전압으로 측정 할 때 측정된 큰 직렬저항 시그널이 감소되고, 또한 Junction capacitance와 낮은 shunt 저항이 접촉 부분에 따라 시그널의 증가와 감소의 결과 일수도 있다. 한편, emitter 전류 손실을 측정함에 있어서, dead layer W_d 근사치가 약한 경우, 매우 짧은 파장에서 emitter손실은 IQE로부터 계산되며 bulk손실을 약간 보정 한 후에는 식 2.13으로 나타낼 수 있다.

$$IQE_{emi\cdot loss} = 1 - IQE(1 + L_a/L_{eff}) \tag{2.13}$$

내부 반사가 중요한 경우의 긴 파장에서는, 기본 IQE의 단순한 표현으로는 적당하지 않다. 그러나 dead layer 근사치가 매우 양호한 경우에 emitter손실은 식 2.14 같이 표시할 수 있다.

$$IQE_{emi\cdot loss.II} = 1 - \exp(-W_a/L_a) \tag{2.14}$$

빛의 약 2% 정도 작은 부분이 Emitter에서 손실되는 조건은 파장 λ_1에서 두 영역으로 분리된다. [그림 2-14]는 음영으로 된 두 영역에서 IQE손실을 나타낸다. 전류손실 $J_{oss-emi}$을 emitter의 특성 곡선으로써 얻기 위하여, 이 두 영역에서의 IQE손실은 바람직한 스펙트럼의 광자 속 (flex) Φ가 중요하다.

$$J_{loss.emi} = \int_{\lambda_{min}}^{\lambda_1} IQE_{emi.loss.I} \Phi \, d\lambda + \int_{\lambda_1}^{\lambda_{max}} IQE_{emi.loss.II} \Phi \, d\lambda \tag{2.15}$$

만일 특수한 셀의 손실이 정해진다면, 반사된 빛은 빼야 한다.

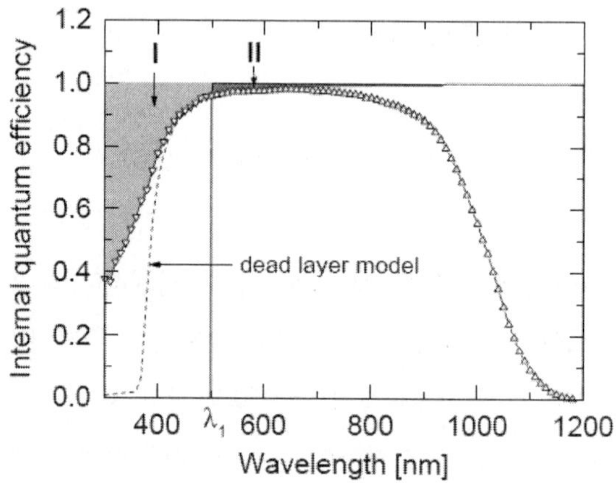

[그림 2-14] 두 영역을 고려한 emitter에서 전류손실의 계산 :
(Ⅰ) IQE = 1과 bulk손실에 대한 보정된 실험 곡선 간의 차이,
(Ⅱ) 실험 곡선 Δ 대신 dead layer 모델 (점선)을 사용.

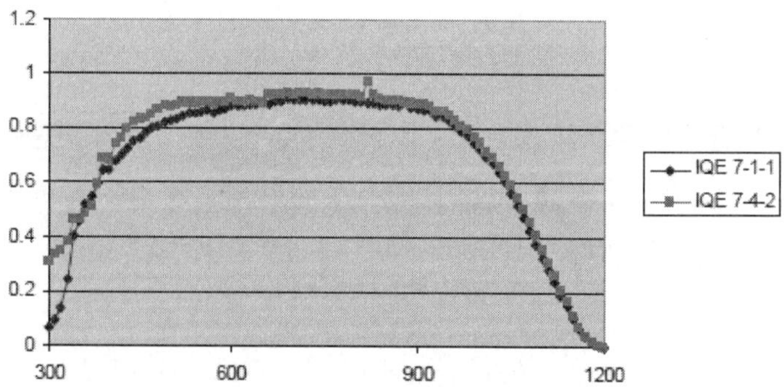

[그림 2-15] IQE 시험 결과

셀의 후면 (기지)은 대개 일치하며, 양호한 빛은 전류로 변환된다. 셀 전면 (emitter)은 차이가 있으며, [그림 2-15]에서 예시로 나타낸 IQE 실험 결과를 보면, 7-4-2는 7-1-1보다 양호한 emitter이다. 7-4-2의 짧은 파장은 우수한 셀 값을 갖는다. (Sunanalyzer 측정 결과 참조)

2.4.4 전자빔 유도된 전류(Electron Beam Induced Current, EBIC)

Everhart가 EBIC이라는 용어를 제창하였다 [14]. 이 기법은 전하 수집 주사 전자 현미경 (Charge collection scanning electron microscopy)로 알려져 있다 [15]. 본 장의 대다수 다른 기법과 비교해서 EBIC은 불순물을 식별하는 것이 아니고 전기적으로 활성적인 불순물만을 측정한다. 이 방법은 접합 소자에 전자빔을 주사하여 생성되는 소수 캐리어 수집에 기반한다. 전자빔은 N_{ehp} 전자-홀 짝 (ehp)을 생성하고 N_{ehp}는 (식 2.16)에 주어진 것처럼 전자빔 에너지에 따라서 변한다. ehp 생성률은 다음과 같다.

$$G = \frac{I_b N_{ehp}}{qVol} \tag{2.16}$$

여기서 Vol (Volume)은 전자와 정공 쌍이 생성되는 체적이다. 소수 캐리어 확산거리가 짧은 경우에는 ehp는 $(4/3)\pi R_e^3$인 체적 내에서 생성된다. 실리콘과 같은 반도체에서는 소수 캐리어 확산거리 $L=R_e$ 이므로 체적은 $(4/3)\pi L^3$이다. p-형 기판에서 소수 전자 밀도는 대략 다음과 같다.

$$n = G\tau_n \tag{2.17}$$

EBIC 측정에 핵심적 표현이 (식 2.17)이다. 소수 캐리어는 전자빔 주사로 생성된다. 생성된 전자는 접합 (pn접합, 쇼트키 접합, MOSFET, MOS capacitor, 전해질-반도체 접합)에 의해서 수집되고 전류로 (전자빔 유도된 전류) 측정된다. 캐리어 밀도는 소수 캐리어 수명에 종속되며 이는 다시 시료의 결함 분포도에 종속된다. 반도체 시료와 전자빔의 상호작용은 7장에서 보인 다양한 형태가 발생할 수 있다. 접합부에서 생성된 광전류 수집에 변화는 x- 그리고 y-방향으로 빔을 이동함으로써 검침된다. z-방향으로 변화는 빔 에너지가 변화된다. 전자빔은 공간전하 영역 (scr)에서부터 거리 d에 ehp을 생성한다. 일부의 소수 캐리어는 접합부로 확산하여 수집된다. 전자빔이 수집접합으로부터 멀어짐에 따라 전류를 측정함으로써 소수 캐리어 확산거리를 결정한다.

2.4.5 음 극발광 (Cathodoluminescence, CL)

음극발광은 전자빔에 의한 시료 여기로부터 빛이 방출되는 것에 기반한 비접촉기법이다 [16]. CL의 가장 일반적인 응용은 텔레비전 수신기 오실로스코프, 컴퓨터 모니터이고 이런 응용에서 전자는 진공 튜브 속에 인광 물질에 입사하여 이미지를 만드는 빛을 생성한다. CL은 EMP (전자빔 여기, X-선 방출) 그리고 광발광 (광여기, 광방출) 모두와 연관된다. CL의 장점은 이미지 역량에 있다. 전자빔으로 시료 표면을 스캔하고 방출된 빛을 검출하여 CRT에 디스플레이 한다. EMP와 CL 모두 여기(excitation)에 전자를 이용하지만 주요 차이점은 EMP X-선은 내부 코어 에너지 준위 사이의 전자 천이로부터 기반하고, CL 광자는 전도대와 가전자대 사이의 전자 천이로부터 발생한다.

CL 밝기 지도는 외부 광자 양자 효율 η (external photon quantum efficiency, 입사한 전자당 방출되는 광자)을 통한 시료의 재결합 거동과 관계 된다 [17].

$$\eta = \frac{(1-R)(1-\cos\theta_c)}{(1+\tau_{rad}/\tau_{non-rad})} e^{-\alpha d} \tag{2.18}$$

여기서(1-R)은 반도체-진공 계면에서 반사손실을 고려한 것이고, (1-cosθ)는 내부 반사손실을 고려한 것이며, exp(-αd)는 내부 흡수손실(d=광여정길이)을 고려한 것이고, τ_{rad}, $\tau_{non-rad}$는 발광성 그리고 비발광성 소수 캐리어 수명이다. (식 2.18)의 모든 성분은 공간에 따라서 변하며, CL 이미지 계조에 관여하므로 정량적인 해석이 어렵다 [18].

2.4.6 스트레스 유도된 누설전류 (Stress Induced Leakage Current, SILC)

전계 스트레스를 인가한 얇은 산화 막에서 종종 관측되는 효과는 게이트 산화막 전류이고 스트레스 유도된 누설전류라고 한다. SILC는 높은 전계 스트레스 ($\mathcal{E}_{ox}$)이후에 산화막 누설전류 증가로 스트레스 이전의 값과 비교되고 1982년에 처음으로 보고되었다 [19]. 일반적으로 낮은 전계에서부터 보통의 산화막 전계 ($\mathcal{E}_{ox}$)에서 관찰되고 산화막 두께가 감소됨에 따라서 급격하게 증가한다. 그러나 산화막 두께가 약 5 nm 이하로 감소하면 SILC도 감소하는데 이는 얇은 산화막에 트랩 생성률이 감소하기 때문으로 생각된다. 다른 모델들도 SILC를 설명하기 위해서 제안되었다. 계면 상태 생성, 벌크 산화막 전자 트랩 생성, 불균일도, 산화막에서 약한 부위 생성, 포획된 홀이 양극으로 주입되는 것 등을 제안하였다. SILC는 중성 전자 트랩이 산화막 내에 생성되는 것으로 가장 잘 설명할 수 있다. 이러한 트랩이 캐리어 터널링을 위한 "징검다리 돌"로 작용하여 트랩-보조 터널링으로 산화막 내의 전류가 더 많이 흐를 수 있다 [20]. 이런 중성 자리 생성은 주로 "트랩생성"으로 핫 전자에 의한 수소 제거 현상과 관련된다. SILC는 부유 게이트에 전하를 저장하는 비휘발성 기억소자의 자료 보유 능력을 퇴화시키고 일반적으로 시간-제로 또는 시간-종속 측정으로 검침할 수 없다. 시간-종속 규명 기법에 의존하면 산화막 충실성과 신뢰도에 과대평가를 초래 할 수 있다.

2.4.7 정전기 방전 (Electrostaic Discharge, ESD)

정전기적 방전은 사람이 조작하거나 장비 접촉에 기인한 정전하의 과도 방전이다. 우수한 논의가 Amerasekera와 Duvvury [21]에 의해 제시되었다. 일반적인 작업 환경에서 사람 몸에서 이 150 pF 커패시터를 통해서 방전되면 정전위가 4 kV 정도 생성된다. 충전된 사람 몸체가 IC 핀에 접촉하면 약 100 ns 동안에 방전되어 암페어 범위에 첨두전류가 흐르고 전자 소자에 고장을 초래한다. 일반적으로 손상은 열적으로 소자에서부터 시작되거나 또는 상호연결 배선이 타버리고 전압은 충분히 높아 MOS 소자의 산화막을 파괴할 수 있다. 소자가 파괴되지는 않았어도 EDS는 손상을 초래할 수 있으며 이동부상으로 알려진 잠재 효과를 검사하기 어렵다. 정전압으로 생성될 수 있는 값을 〈표 2-1〉에 제시하였다.

〈표 2-1〉 상대습도의 함수로 정전압.

	20%	80%
Walking across vinyl floor	12 kV	0.2 kV
Walking across synthetic carpet	35	1.5
Arising from foam cushion	18	1.5
Picking up polyethylene bag	20	0.6
Sliding styrene box on carpet	18	1.5
Removing mylar tape from PC board	12	1.5
Shrinkable film on PC board	16	3
Triggering vacuum solder remover	8	1
Aerosol circuit freeze spray	15	5

2.5 Shunt 전류 규명 기법

2.5.1 발광 현미경 (Emission Microscopy, EMMI)

발광 현미경은 전기적 자극에 반응하여 빛을 발산하는 것이다. 이는 발광 다이오드 예에서처럼 순방향 바이어스된 접합에서 방사성 재결합 (radiative recombination) 때문에 빛을 발광하는 것과 같다. CMOS 회로에서도 래치업 (latch-up) 조건에서 높은 밀도의 과잉 캐리어가 소자에 존재하면 방사성 재결합이 또한 활성화된다. 캐리어가 전계인가로 고에너지로 가속되어 후속적으로 에너지를 잃는 과정에서 완전히 다른 메커니즘이 활성화된다. 일부의 에너지가 빛으로 변환된다. 이는 MOSFET의 드레인이 역바이어스된 다이오드에서 발생한다. 또한 발광은 산화막을 통해서 캐리어가 흐르고 에너지를 잃을 때에 발생한다.

2.5.2 형광 미세열 사진기술 (Fluorescent Microthermography, FMT)

형광 미세열 사진기에서는 유로피엄 테노닐-삼불화 아세톤 (europium thenoyl-trifluoroacetonate)이 아세톤에 용해되어 얇은 박막 표면에 부착되고 340-380 nm 자외선 빛이 조사되면 형광이 주로 612 nm 선에 밝게 빛나도록 한다. 파장 500

nm 이상에서는 큰 흡수가 없어 형광도 없기 때문에 여기 광원과 형광 발광은 분리될 수 있다.

형광 양자효율 (quantum efficiency)은 온도에 따라서 지수적 (exponentially)으로 감소하므로 형광 빛 세기를 측정함으로써 소자 동작 동안의 온도 측정이 가능하며 뜨거운 지역이 차가운 지역보다 검게 나타난다. 이 기법은 공간 분해능이 0.5 μm 그리고 열적 분해능은 약 5 mK 정도이다. 시편 준비는 액정 (liquid crystal) 준비와 유사하다. 정량적인 온도 측정을 위해서는 박막이 바르게 측정되어야한다. 시간-종속 측정은 원리적으로 가능하지만 형광의 수명은 200 μm이다.

2.5.3 적외선 열사진기술 (Infrared Thermography, IRY)

적외선 열 사진기술은 고체가 주변과 열적 평형을 이루는 때에 열적 방사선을 사용한다. 흑체와 비교하여 실제 표면은 입사하는 파장의 일부를 반사하고 이는 파장에 따라서 다르다. 총 방사 발광은 온도의 함수일 뿐만 아니라 재료에 의존하는 발광 특성을 가진다. 그러므로 회색체 (grey body)로 말하는 실제 물질의 온도는 총 방사 발광 한 가지만을 측정하여 결정할 수 없다. 이러한 문제를 극복하기 위해서 소자의 발광 표면을 자주 검게 만들고 합당한 보정계산이 수행된다. 소자표면을 두 개의 서로 다른 보정 온도에서 주사함으로써 시스템은 발광하는 빛을 수집하여 발광도를 결정한다. 대부분의 IR 현미경은 이런 방법 절차를 사용한다. 정성적인 정보 목적으로는 방사 이미지 정도이면 충분하다.

2.5.4 전압 대조 (Voltage Contrast)

전압대조는 전자빔 기법으로 국부적으로 전계 유도된 2차 수율이다. 3가지 전도체가 있고, 모든 3가지 배선이 모두 그라운드 접지 전위에 연결되고 전자빔 여기가 되는 즉시 검출기로 2차 전자가 수집된다. 접지된 전위보다 5 V 전위로 연결된 배선의 경우 수집되는 전자 수는 작다. 유사하게 -5 V에 연결된 배선은 보다 높은 신호를 제공한다. 물론 이유는 양 (+) 전위가 걸린 배선에서 방출된 전자는 검출기의 인력 전위를 경험할 뿐만 아니라 또한 방출 배선의 인력 전위를 느끼기 때문에 배선 전압을 결정할 수 있다. 스테로보스코프 (빛의 순간 점멸기) 기술을 사용하여 IC의 과도상태 거동을 측정할 수 있어 예를 들면 스위치 회로가 하나의 상태에서 다른 상태까지 과도상태를 관찰할 수 있다.

2.5.5 액정 (Liquid Crystal, LC)

액정은 미세한 온도 변화를 검침하기 위해서 공정 자동화에 1971년 소개되었다. LC는 IC의 로직 상태를 맵핑하는데 처음으로 사용되었다. 콜레스테릭 액정 (cholesteric liquid crystals)으로 개선된 방법이 1981년에 뜨거운 부위 검출에 사용되었다. 나중에 뉴메틱 (nematic)액정이 사용되었다. 액정의 종류는 등방성 (isotropic), 뉴메틱 (nematic), 콜레스테릭 (cholesteric), 스메틱 (smetic) 등이 존재하고 액정상태는 열적 진동으로 다른 상 사이를 변화 한다 (액체, 액정, 고체). 액정은 완전한 액체도 아니며 완벽한 고체도 아니다. 액정은 다른 액체처럼 흐르지만 액정은 결정 고체와 같은 특성을 가지고 있어 액정은 위치적 정열에 일부 또는 전부를 잃어버린 결정으로 간주할 수 있으며 액정의 전체적인 배향적 정열은 완전하게 유지하고 있다. 공정 자동화에서 칩은 액정의 얇은 박막으로 코팅돼 고백색 광원으로부터 편광원 형성하여 빛을 조사한다 (illuminated). 액정은 주사기나 미소 정량 도출기로 시료에 코팅된다. 어떤 온도 이상에서는 액정의 편광 평면이 회전하고 수직으로 편광된 광원을 사용하는 편광 현미경을 통해서 보면 박막 액정층은 투명해 보인다.

2.5.6 광학적 빔 유도된 저항 변화 (Optical Beam Induced Resistance Change, OBIRCH)

광학적 빔 유도된 저항 변화 방법은 공정 자동화에 중요하게 되었다. OBIRCH에서는 정전압이나 정전류가 IC에 인가된다. 주사 레이저는 칩에 방사하고 일부는 에너지가 열로 변환된다. 저항온도계수 (temperature coefficient of resistance, TCR)는 금속의 경우 일반적으로 양이므로 온도 증가는 배선 저항 증가를 초래하고 전류는 감소하거나 전압이 증가하게 된다. 정전압원의 경우에 레이저 가열에 의한 전류 변화 (DI)는 대략 저항 변화 (DR)에 비례하고 이는 온도 증가 (DT)에 비례한다. 정전류원에서는 전압 변화 (DV)가 저항 변화 (DR)에 비례한다. 레이저 빔이 주사할 때에 열은 자유롭게 결함이 없는 지역을 통과한다. 그러나 빔이 공공, 실리콘 덩어리와 같은 결함 부위에 조사되면 열전달이 방해를 받고, 결함이 많은 부위 근처와 결함이 없는 부위 사이의 온도 증가 차이를 형성한다. 이런 저항 값들의 차이 DR_S은 DI_S와 DV_S 등의 값들로 변환하여 음극선관에서 밝기의 차이로 표시된다. 조사하기를 원하는 칩은 간단하게 접촉 패드에 합당한 칩 전압을 인가하여 전력을 공급하고 모든 배선이 전기적으로 활성인 동안에 레이저로 주사한다.

2.6 태양전지 전류-전압 특성

제조한 태양전지에서 광조사가 없는 경우의 전류-전압 특성은

$$I = I_o[\exp(qV/nkT) - 1] \tag{2.19}$$

로 나타낸다고 가정하였다.

본 절에서는 I_0, n 등의 값에 관해 생각해 보자.

p-n 접합에 흐르는 전류성분으로서는 [그림 2-16]와 같이 소수 캐리어 주입전류 I_{inj}, 공핍층 내에서 트랩을 통해 재결합하는 전류성분 I_r, 공핍층 내의 트랩 준위로 턴넬된 후에 재결합하는 전류성분 I_T 등이 있다.

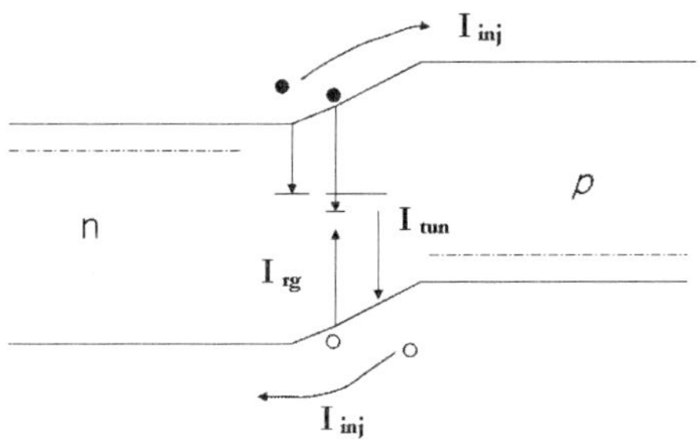

[그림 2-16] p-n 접합 태양전지의 재결합전류와 확산전류

그 외 격자부정합이 큰 재료에 의한 헤테로 접합 구조에서도 계면준위를 통한 전류성분 I_T 등이 존재한다. 또 MIS형 태양전지에서는 표면전하와 산화막 두께에 따라 전류 수송메커니즘이가 크게 달라진다. 더욱 집광하여 동작시킬 경우에는 소위 대주입의 문제로서 전류-전압 특성을 생각해야 한다.

2.7 PN Junction 정전용량

pn 접합의 공핍영역은 평행평판 커패시터 (capacity)와 비슷하게 거리 W로 분리된 양전하와 음전하를 가진다. 그러나 공핍영역에 저장된 전하는 평행평판 커패시터의 경우와는 다르게 전압에 선형적으로 의존하지 않는다. 그러므로 pn 접합에 걸리는 전압의 증가에 따라 저장되는 전하량의 변화를 관련짓는 정전용량의 증분을 정의하는 것이 유용하다. 공핍층의 폭은 다음과 같이 주어진다.

$$W = \left[\frac{2\epsilon(N_a + N_d)(V_0 - V)}{qN_aN_d} \right]^{1/2} \tag{2.20}$$

여기서, 순방향 바이어스인 경우에는 V가 양의 값이 되고, 내부전위 V_o를 감소시킨다. 역방향 바이어스에서는 V가 음의 값을 가지고, 따라서 V_o가 증가한다. 동적인 조건하에서 즉, V가 시간의 함수일 때 공핍영역의 정전용량을 얻는 것이 관심 있는 부분이다. 인가된 전압 V가 $V+dV$로 dV만큼 변할 때, 식 2.20에 의해 W도 역시 변하고, 결과적으로 공핍영역 내의 전하량은 [그림 2-17 (a)]에서 보는 바와 같이 $Q+dQ$로 된다. 따라서 공핍층 정전용량 C_{dep}는 다음과 같이 정의된다.

$$C_{dep} = \left| \frac{dQ}{dV} \right| \tag{2.21}$$

여기서, 전하량 (공핍층의 어느 한 쪽에서)

$$|Q| = eN_dW_nA = qN_aW_pA \tag{2.22}$$

이고, $W = W_n + W_p$ 이다. 그러므로 식 2.20의 W를 Q에 관한 항으로 대체할 수 있고, dQ/dV를 얻기 위해서 그 식을 미분할 수 있다. 공핍층 정전용량에 대한 최종 결과는 다음과 같다.

$$C_{dep} = \frac{\epsilon A}{W} = \frac{A}{(V_0 - V)^{1/2}} \left[\frac{q\epsilon (N_a N_d)}{2(N_a + N_d)} \right]^{1/2} \tag{2.23}$$

C_{dep}는 평행평판 커패시터와 같은 표현식($\varepsilon A/W$)으로 얻을 수 있으나, 식 2.20에 의해서 W가 전압에 의존함을 주의해야 한다. 즉, $C_{dep}-V$의 모양은 [그림 2-17 (b)]에서 보는 바와 같다. 그림에서 C_{dep}가 역방향 바이어스가 커짐에 따라 감소함은 전하들의 분리가 $W \propto (V_o - V)^{1/2}$에 따라 증가하기 때문인 것으로 예상된다.

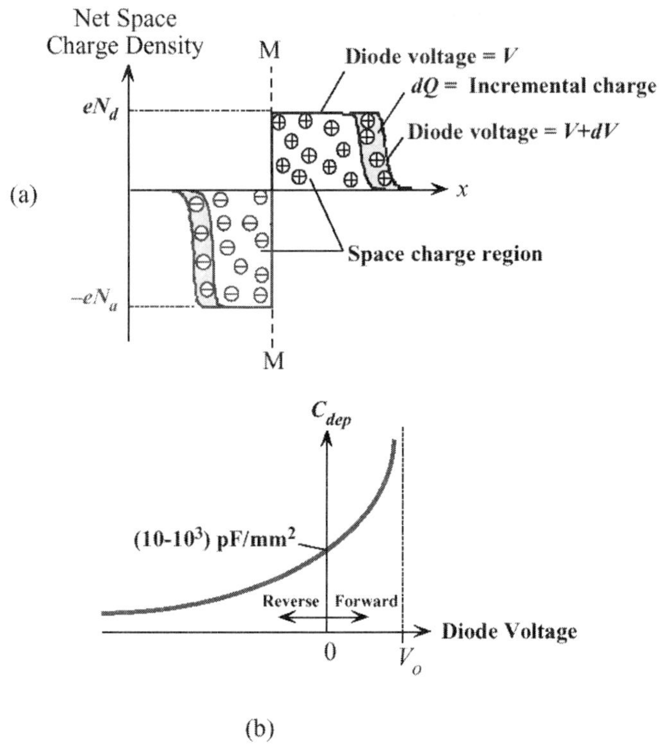

[그림 2-17] 커패시터와 같이 동작하는 공핍영역

(a) 커패시터에서와 마찬가지로 공핍에서의 전하는 인가된 전압에 의존한다.

(b) 공핍층의 정전용량의 증분은 순방향 바이어스의 증가와 함께 증가하며, 역방향 바이어스에 따라 감소한다. 이 값들은 일반적으로 소자영역의 mm^2당 pico farads의 범위를 가진다.

연습문제

1 EL 및 PL 규명 기법을 조사하시오.

2 Shunt 전류 규명 기법을 조사하시오,

3 EQE 와 IQE 측정 방법과 상관관계를 성명하시오.

참고문헌

[1] M. Bail, J, Kentsch, R. Brendel and M. Schulz, Proceedings of the 28th IEEE Photovoltaic Specialists Conf. (2000) p. 99.

[2] S. Riepe, J. Isenberg, C. Ballif, S. W. Glunz, and W. Warta, Proceedings of the 17th European Photovoltaic Solar Energy Conf. (2001) p. 1597.

[3] O. Breitenstein, J. P. Rakotoniaina, and M.H. Al Rifai, Prog. Photovolt : Res. Appl. 11 (2003) 515.

[4] I.E. Konovalov, O. Breitenstein and K. Iwig, Sol. Energy Mater. Solar Cells 48 (1997) 53.

[5] T. Trupke, R.A. Bardos, M.D. Abbott, F.W. Chen, J. E. Cotter and A. Lorenz, Proceedings of the 4th World Conf. on Photovoltaic Energy Conversion 2006, in Press.

[6] T. Fuyuki, H. Kondo, Y. Kaji, T. Yamazaki, Y. Takahashi and Y. Uraoka, Proceeding of the 31th IEEE Photovoltaic Specialists Conf. 2005, p.1343.

[7] T. Fuyuki, H. Kondo, T. Yamazaki, Y. Takahashi and Y. Uraoka, 86 (2005) 262108.

[8] Y. Takahashi, H. Kondo, T. Yamazaki, Y. Uraoka and T. Fuyuki, 20th European Photovoltaic Solar Energy Conf. 2005, p.1343.

[9] Breitenstein O, Lanenkamp M. Lock-in Thermography-Basics and Use for Functional Diagnostics of Electronic Components. Springer: Berlin, 2003.

[10] Kaes M, Seren S, Pernau T, Hahn G. Light-modulated lock-in thermography for-photosenstive pn-structures and solar cells. Progress in photovoltaics: Research and Applications 2004; 12: 339-353.

[11] Rappich J, Mueller M, Schneider F, Tributsch H. Thermographic sampling technique applied to microelectronics and photovoltaic devices. Solar Energy Materials and Solar Cells 1998; 53: 205-215.

[12] Isengerg J, Warta W. Realistic evaluation of power losses in solar cells using thermographic methods. Journal of Applied Physics 2004; 95: 5200-5209.

[13] A.W. Blakers, M.J. Stocks:" Modelling the measurement of silicon solar cells under natural sunlight", Proc. 14 Europ. PVSEC, Barcelona, 305(1997).

[14] T.E. Everhart, O.C. Wells, T.k. Matta: A novel method of semiconductor device measurement, Proc. IEEE 52 1642 (1964).

[15] H. J. Leamy, Charge collection scanning electron microscopy, J. Appl. Phys. 53, R51 (1982).

[16] M.Wolf, "Quantenausbeute von Si 1-x-Gex Solarzellen", Diss. Univ. Stuttgart (Cuvillier Verlag Goettingen 1998).

[17] Meuris, M., Mertens, P.W., Opdebeek, A., Schmidt, H. F., Depas, M., Vereecke, G., Hyns, M.M. Phillipossian, A., 1995. The IMEC Clean : A New Concept for Particle and Metal Removal on Si Surfaces, in Solid State Technology, Vol. 38, pp. 109-113.

[18] Resistivity/Sheet Resistance Tester (Model RT-70) Manual, theory.

[19] J. Maserjian and N. Zamani, "Behavior of the Si/SiO_2 interface observed by Fowler Nordheim tunneling." J. Appl. Phys., vol.53, pp. 559-567, (1982).

[20] M. O. Andersson, Z. Xiao, S. Norrman, and O. Engstr m, "Model based on trap-assisted tunneling for two-level current fluctuations in submicrometer metal-silicon-dioxide-silicon diodes." Phys. Rev. B 41, 9836 (1990).

[21] E. A. Amerasekera and C. Duvvury, ESD in Silicon Integrated Circuits, 2nd Edition, John Wiley & Sons, New York, 2002.

제 3 장

태양전지 공정분석법

제3장

태양전지 공정분석법

3.1 태양전지 제조공정 요약

태양전지 산업 생산량의 80% 이상을 차지하고 있는 결정질 실리콘 태양전지의 대체적인 제조과정과 세부사항의 특징에 대해 설명한다.

주요 태양전지 제조관련 공정과 생산라인 구성도는 [그림 3-1]과 같이 정리할 수 있다.

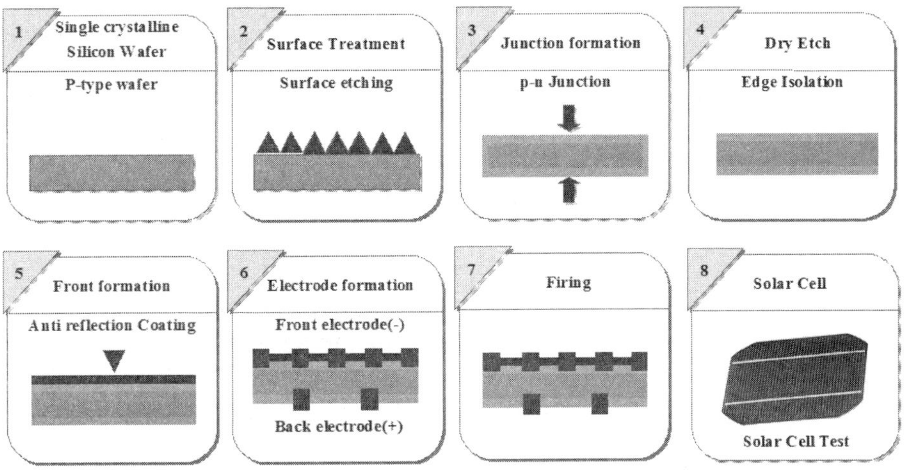

[그림 3-1] 도너로 도핑된 n-형 반도체와 억셉터로 도핑된 p-형 반도체

3.2 태양전지 기판

주괴 (잉곳, ingot)는 웨이퍼 전단계의 실리콘 덩어리이다. 단결정 실리콘 (mono-Si) 주괴는 직경 150 mm, 길이 2,000 mm 이상의 원통 모양이다. 다결정 실리콘 (mc-Si) 잉곳은 주로 사각입방체로 높이 800 mm, 길이 1,000 mm 이상이다. 단결정 실리콘 잉곳 성장은 폴리실리콘을 도가니에 충진한 다음 용융시켜서 단결정 씨앗을 담궈 용액 표면으로부터 서서히 회전하면서 위로 끌어 올려 결정화 되도록 한다. 원형으로 성장된 잉곳은 사각 모양으로 측면을 연마하고, 두께 200 ㎛ 내외로 절단하여 웨이퍼 형태로 태양전지 소자 제조 회사에 공급된다. 다결정 실리콘 주괴는 도가니에 실리콘을 충진한 후 1420℃ 이상 가열하여 용융시키고 이를 다시 자체 냉각 (방향성 응고) 혹은 제 3의 도가니 (casting법)에서 냉각 고화시킨다. 다결정 주괴는 단결정과 유사하게 웨이퍼를 만들어 태양전지 기판 (substrate)으로 사용한다. 기판이 되는 웨이퍼 재료를 베이스 (base)라고 한다. 리본 (ribbon)기술은 주괴 과정을 거치지 않고 곧 바로 다결정 기판을 제조하는 기술이다. 이렇게 다양하게 제조된 실리콘 기판이 태양전지 제조사가 사용하는 출발 물질인 태양전지용 실리콘 웨이퍼다.

[그림 3-2]에서 단결정 Si 주괴 (잉곳, ingot) 제조는 대부분 CZ법에 의해 만들어지고 있다. 석영이나 질화막이 코팅된 그라파이트 도가니 내에서 용융시킨 실리콘에 상부로부터 결정 씨앗을 용융체에 접촉하여 회전하면서 위로 끌어 올리면서 냉각하여 결정체를 만드는 잉곳의 성장기술이다. 현재 직경 40 cm의 크기가 제조 가능하다.

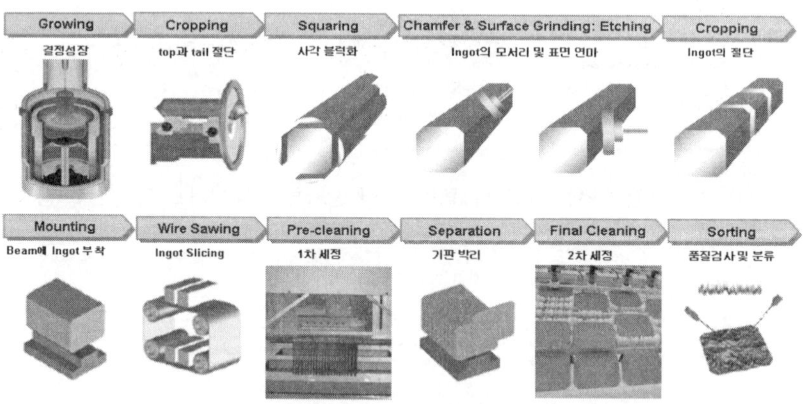

[그림 3-2] 단결정 실리콘 웨이퍼 제조 순서

단결정, 다결정 Si 웨이퍼, 원자배열 구조, 태양전지 외관을 [그림 3-3], 다결정 웨이퍼의 사양을 〈표 3-1〉에 요약정리 하였다. 단결정 실리콘은 원자배열이 3차원적으로 규칙적이며, 다결정에서는 수 mm에서 수십 mm 범위까지만 동일한 배열을 가지는 여러 개의 결정립이 혼합된 상태로 존재한다. 태양전지가 상부와 하부에 전극을 가지는 수직 구조의 소자이므로 다결정에서 결정이 수직으로 한 개의 주상구조 (columnar structure) 결정이 선호된다.

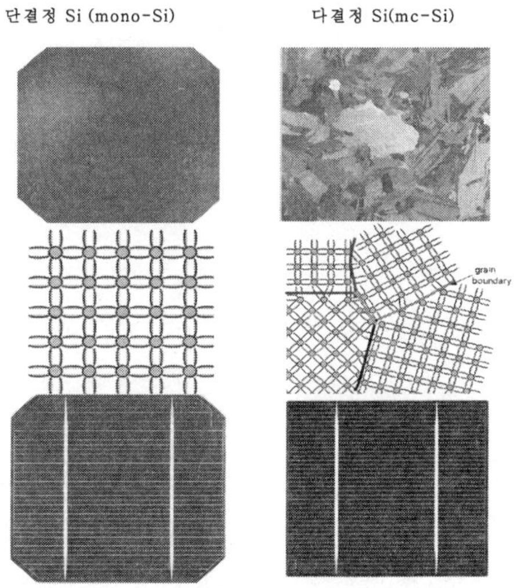

[그림 3-3] 단결정(좌)과 다결정(우) 실리콘 웨이퍼(상), 원자 배열구조(중), 태양전지 외관(하)

〈표 3-1〉 태양전지에 사용되는 최소한의 다결정 웨이퍼 사양

Electrical	Conduction type	B dopant, P type
	Specific resistivity	0.5 ~ 2 Ω-cm
	Radial resistivity variation, %	10%
	Bulk Lifetime	≥ 2 ㎲
Chemical	Interstitial Oxygen (Oi)	≤ 8×10^{17} atoms/cm^3
	Substitutional Carbon (Cs)	≤ 1×10^{18} atoms/cm^3
Crystal	Defect	〈etch pit 100/cm^2
Geometrical	Shape	Squared
	Length A, B, C, D	125±0.5 mm, 156±0.5 mm
	Bevel edge width (G,H)	1.5±0.5 mm
	Bevel edge angle (I)	45±10°
	Thickness, TTV	220±20 ㎛, 〈 30 ㎛
	Bow	〈 40 ㎛
	Squareness (F)	90±0.5°
	Squareness (A or B & C or D)	〈 0.5 mm

단결정과 다결정의 태양전지 공정에서 핵심적으로 변화가 오는 것은 표면조직화이다.

3.3 표면조직화

표면조직화 (surface texturing) 목적 : 표면을 조직화 (texture) 함으로써 표면적을 넓혀 빛의 흡수를 늘리고, 반사도를 줄여 태양전지의 전류를 증가하고, 효율향상을 목적으로 한다. [그림 3-4]는 표면 조직화된 웨이퍼 표면과 불량 표면을 나타낸 그림이다.

표면조직화 (surface texturing)는 표면 반사 손실을 줄이고 빛을 가두어 광 흡수율을 높이기 위한 목적으로 태양전지의 표면에 피라미드 구조형상을 만들거나, 다공성 또는 요철을 두어 입사한 빛이 반사되어 손실이 되지 않도록 하는 구조를 만드는 공정이다.

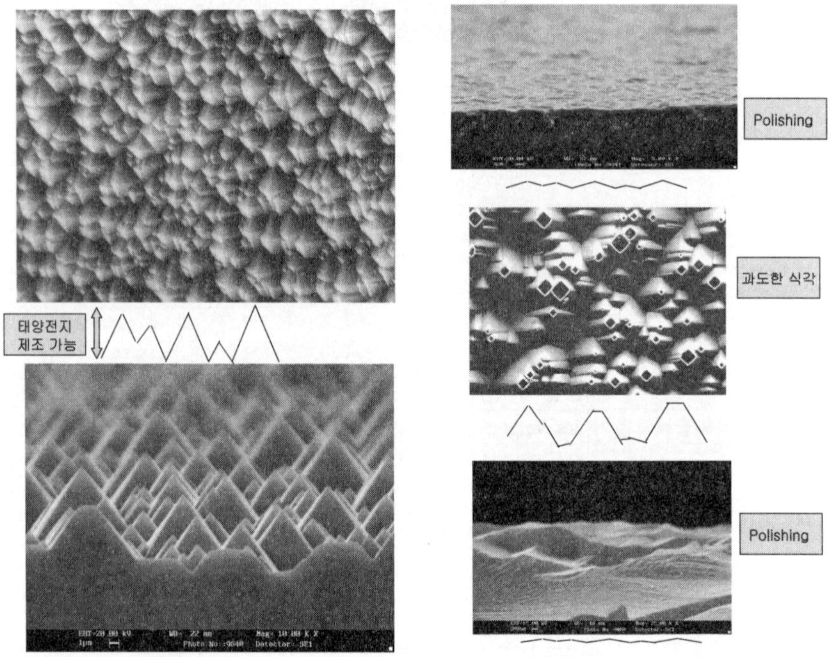

[그림 3-4] 태양전지에 사용 가능한 단결정 실리콘의 표면조직 구조와 불량 사례도

보통 경면 처리된 실리콘 표면에서는 28% 이상의 빛이 반사되나 피라미드 표면 반사도는 11% 내외로 반사도가 감소되고, 빛이 피라미드 구조물에서 다수번의 입사와 반사를 통해서 태양전지 내부에 가둠으로써 빛의 흡수를 증대시켜 단락전류가 늘어나는 효과를 달성 할 수 있다.

단결정 실리콘 표면조직화는 웨이퍼를 세정하고, 웨이퍼 절단 시 손상된 표면을 제거한 후에, 2% NaOH 이상의 용액을 80도 부근에서 25분 처리하여 달성한다.

다결정 실리콘은 질산과 불산을 혼합한 용액의 온도를 상온 이하로 냉각하여 다공성 실리콘 표면을 만들어 표면조직화를 달성한다. [그림 3-5]에서는 다결정 실리콘을 이용한 태양전지 표면을 보여준다.

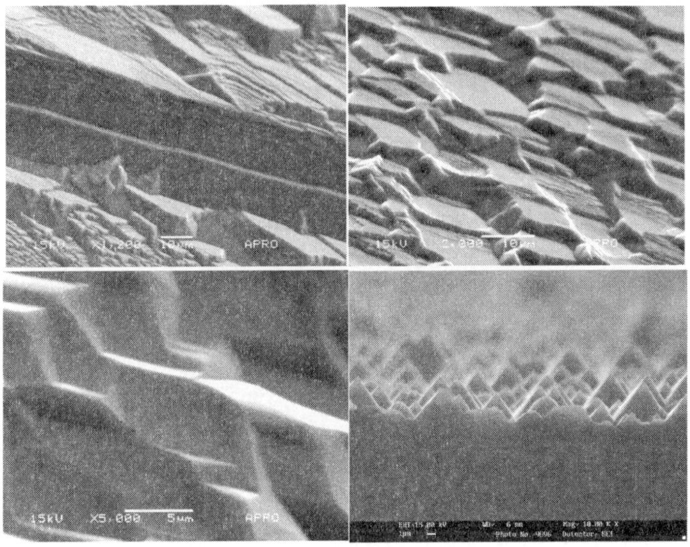

[그림 3-5] NaOH를 이용한 다결정 실리콘 기판의 다양한 표면구조

태양전지를 저가화하기 위해서 웨이퍼가 지속적으로 얇아지고 있기 때문에 텍스쳐 과정에서 식각 (etching)되는 실리콘 두께를 최소로 하면서도 표면조직화를 달성하여야 한다. 이런 습식 화학물을 이용하여 표면 조직화를 달성하는 설비를 웻-스테이션 (wet station)이라고 하고, 다결정과 같이 습식식각 (wet etching)으로 표면조직화가 어려운 경우에 건식식각 (dry etching)으로 플라즈마를 이용하여 불화 가스를 주입하여 표면조직화를 실행하는 설비가 RIE (Reactive Ion Etching) 장비이다.

표면조직화를 하는 데 있어 Alkali와 Acid 두 가지 방법으로 나눌 수 있다. 이 후 다이어그램에는 문제가 발생하였을 때 대응하는 법과 최적화된 절차를 보여준다.

먼저, [그림 3-6]과 〈표 3-2〉를 통해 기본 공정 조건과 문제 발생 대응법에 대해 알아보겠다.

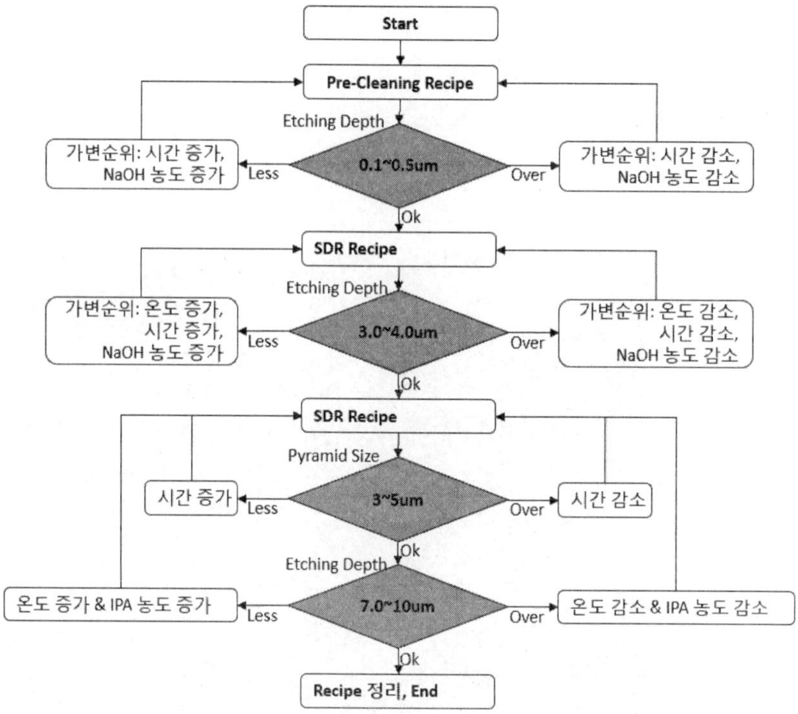

[그림 3-6] 표면조직화 문제 발생 대응법 (Alkali)

〈표 3-2〉 기본 공정 조건

	Pre-Cleaning Process	Saw Damage Remove Process	Texture Process
시간	2~5 min	1~3 min	20~30 min
온도	–	70~80℃	80~86℃
농도	NaOH 0.5~1%	NaOH 7~9%	IPA 8~10%

[그림 3-7]과 [그림 3-8]은 Texturing에서의 최적화 절차 단계를 나타낸 다이어그램으로 Alkali와 Acid, 두 가지 방법으로 나누어 설명하였다.

> 최적화 절차(Alkali)

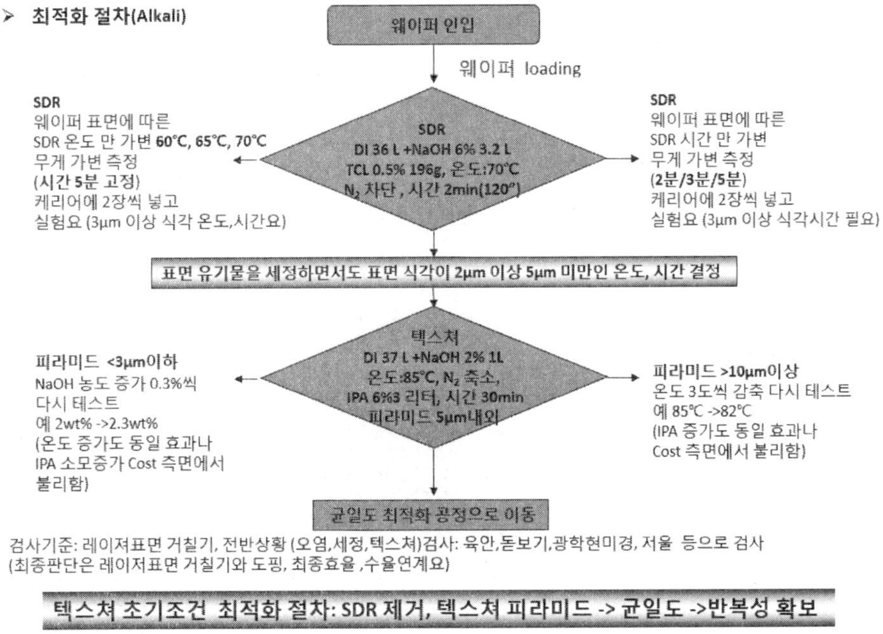

[그림 3-7] 표면조직화 최적화 절차단계 (Alkali)

> 최적화 절차(Acid)

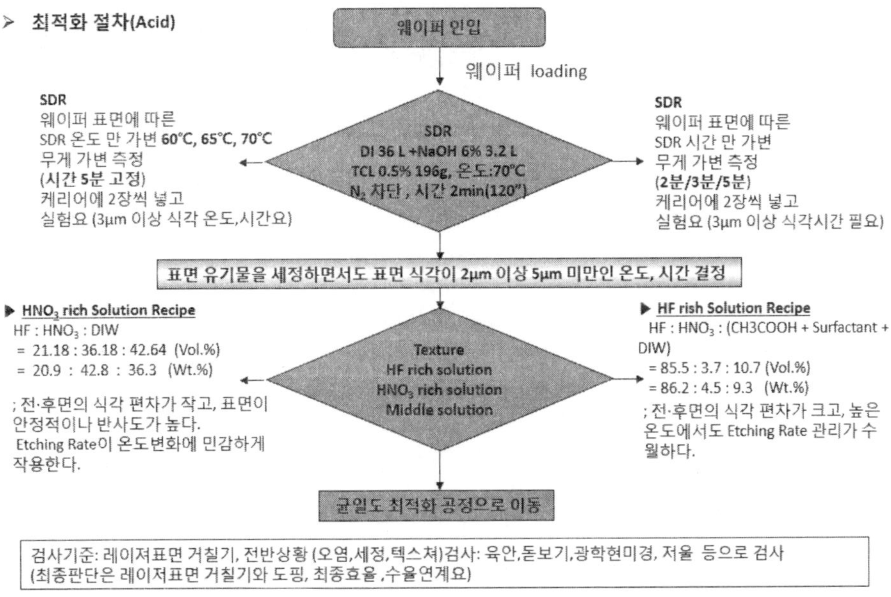

[그림 3-8] 표면조직화 최적화 절차단계 (Acid)

[그림 3-9]에서는 최적 조건으로 반복 수행하게 되는데, 기존 반복성에 핵심문제로 초기에 3.4% 정도로 해서 보충이 없어 배치가 진행됨에 따라서 표면 구조 가변된다. 하지만 15 μm까지 균일하게 올라간다면 태양전지로써 성능은 달성 가능하나, 면저항이 높아질수록 태양전지의 FF가 72% 이하, I_{sc} 증가, E_{ff} 0.7% ~ 1% 정도 낮아지게 된다. 최적 조건은 3~5 μm까지 균일하면 최적 효율 달성 가능하다.

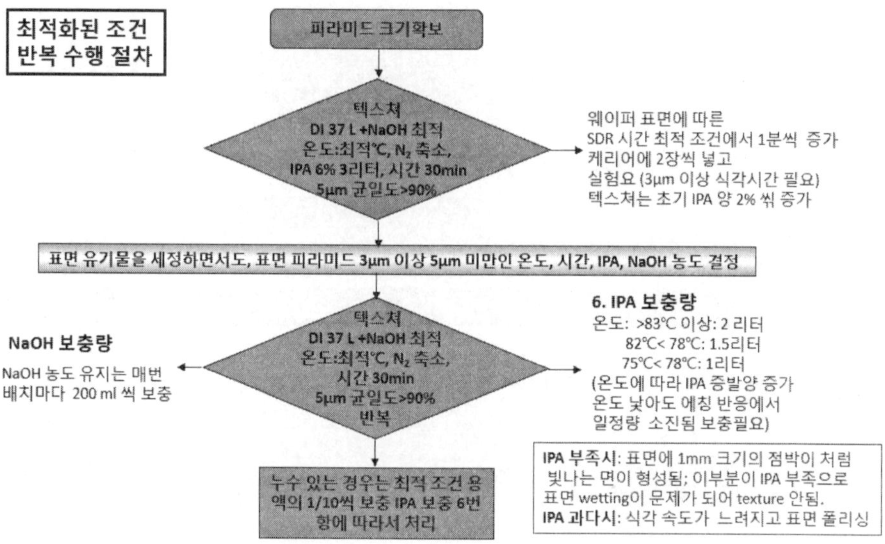

[그림 3-9] 표면조직화 최적화 조건 반복 수행 절차

다음으로, 표면 조직화 내에서 SDR (Saw Damage Removal process) 공정의 유무에 따라 태양전지에 미치는 영향을 알아본다.

3.3.1 Texture 공정 이전 Saw Damage Removal 공정이 없는 경우

태양전지의 원가 절감을 위해 wafer 두께가 감소함에 따라 파생되어지는 공정 파손율 증가를 최소화하기 위해 최소의 etching으로 texturing한다. [그림 3-10]에서 SDR 공정이 없는 경우의 표면의 차이를 볼 수 있다.

Bare wafer 표면의 상태(거칠기, 균일하지 못한 깊이의 saw damage)가 texture pyramid uniformity을 주도하게 된다.

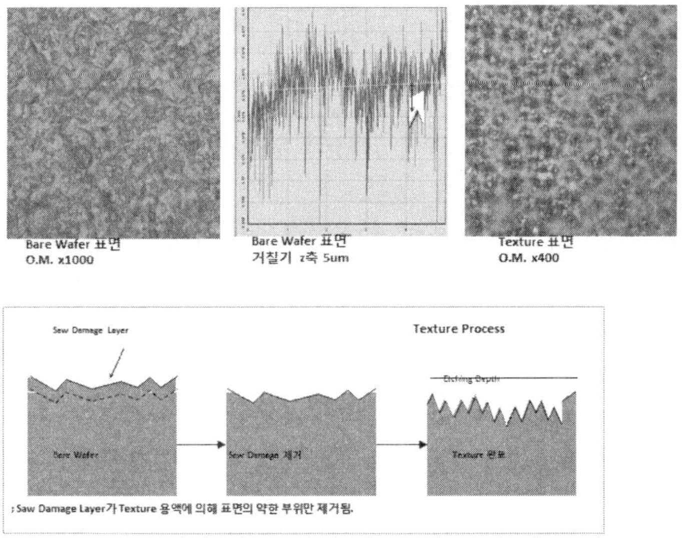

[그림 3-10] SDR 공정이 없는 경우 (Texturing 전)

3.3.2 Texture 공정 이전 Saw Damage Removal 공정이 있는 경우

Bare wafer 표면 및 saw damage layer를 균일하게 제거하여 wafer 표면을 균일하게 만들어 texture uniformity을 개선할 수 있으나, etching 양이 많고 wafer 두께가 얇아져 공정 파손율이 증가된다.

[그림 3-11]에서 SDR 공정이 있는 경우의 표면의 차이를 볼 수 있다.

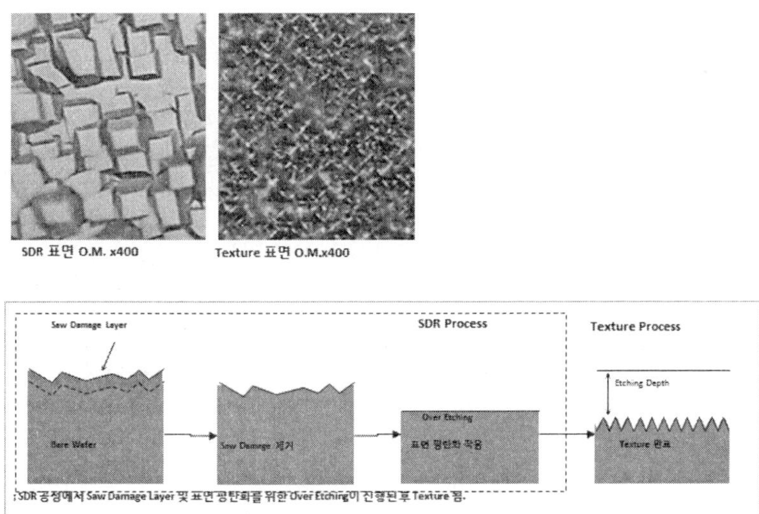

[그림 3-11] SDR 공정이 있는 경우 (Texturing 전)

3.3.3 일반적인 Texture 공정에서의 Pyramid Size의 결정 Mechanism

Pyramid의 형성과정을 보면 pyramid angle이 size와 무관함을 알 수 있으며, 표면적 또한 pyramid의 size가 변화되더라도 pyramid angle이 고정되므로 표면적의 변화는 거의 없음을 알 수 있다.

반사도에 직접적인 영향을 줄 수 있는 pyramid의 angle은 pyramid size와 연관성이 없다. [그림 3-12]는 texturing공정에서 pyramid가 형성되는 mechanism을 보여준다.

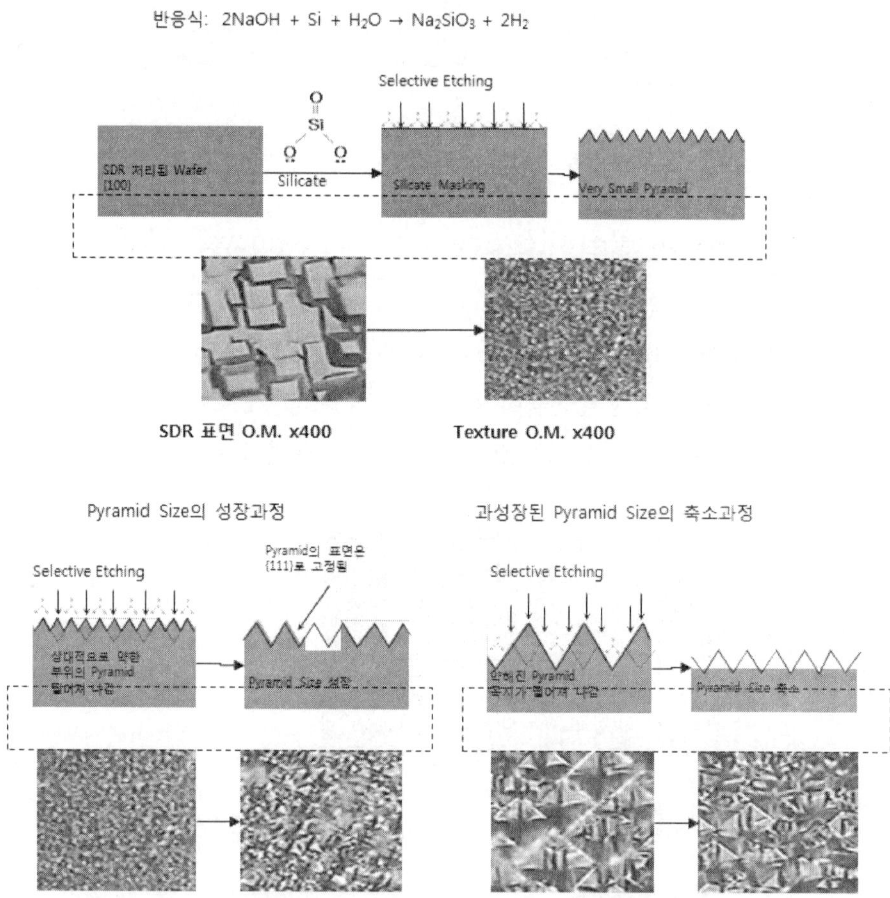

[그림 3-12] Texturing시 Pyramid 형성 mechanism

〈표 3-3〉 Texturing시 발생되는 문제의 원인과 대응방법

문제	원인	대응
에칭 부족	• Bath온도가 너무 낮음 • 반응이 너무 낮음 • 벨트 속도가 너무 높음	• 냉각 속도를 낮춤 • HNO_3첨가량을 높임 • 벨트 속도를 낮춤
에칭 과다	• Bath 온도가 너무 높음 • 반응이 너무 빨리 일어남	• 냉각속도를 높임 • HNO_3주입량을 낮춤 • 에칭 bath내에 파손된 웨이퍼가 있는지 확인
반사도 과다	• 에칭 용액속의 웨이퍼가 너무 적거나 많음. • Bath온도가 너무 높음	• Bath 용액을 교체 • 온도를 낮춤
전면에칭 과다	• Surfactant가 충분하지 않음. • 에칭이 너무 빨리됨	• Surfactant를 추가함 • 온도를 낮춤
에칭 불균일	• 웨이퍼가 충분히 세정되지 않음 • 웨이퍼가 더러움	• 친수성 정도를 실험 -〉 bath를 확인 • 웨이퍼를 물리적으로 청소 -〉 좋은 결과 나오면 surfactant 잔유물을 줄이기 위해 rinsing을 재조정

3.4 확산

확산기술은 실리콘 기판 상에 원소주기율표의 III족과 V족에 속하는 불순물 원자를 도입하여, 전도성과 불순물 분포를 제어하여 p-n 접합을 형성하는 기술이다. 고효율 태양전지를 제조하는데 불순물 농도의 정밀 제어 및 얇은 p-n 접합의 형성 등에 중요한 기술이 요구된다. 불순물의 농도 분포 제어뿐만 아니라 불순물 표면 농도와 불순물 접합깊이 (junction depth)의 제어가 중요하다. [그림 3-13]은 p-n 접합을 위한 n형 에미터 형성 설비 그림이다.

면저항이 높아짐에 따라 표면 재결합이 줄어들고 단락전류가 상승된다. 그러나 스크린 프린트를 사용하여 전극을 열처리 할 경우에는 높은 면저항의 낮은 접합깊이의 에미터일 경우, 쉽게 전면 Ag 전극이 에미터 층을 뚫어 접합 부위에 누설이 생길 수 있다. 이러한 누설을 방지하기 위해서는 높지 않은 온도에서 최적의 조건을 찾거나 벨트 스피드를 빠르게 하여 고온 노출 시간을 최소로 해야 한다.

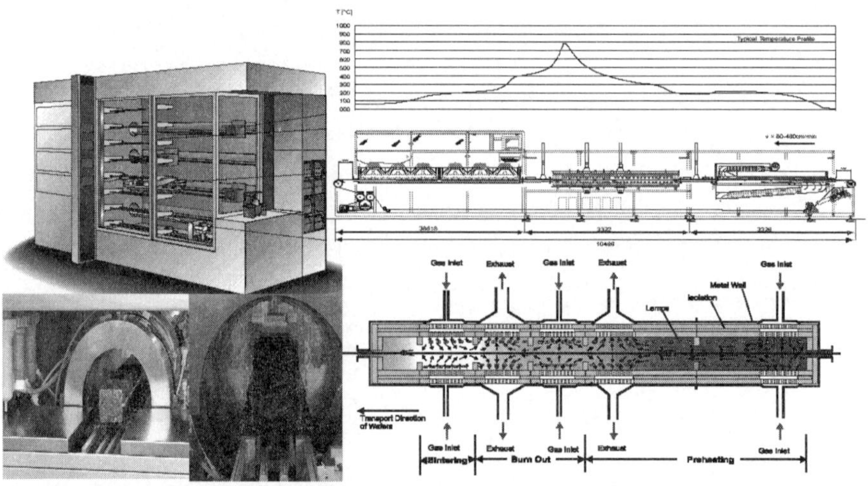

[그림 3-13] p-n 접합을 위한 n-형 에미터 형성용 튜브타입 배치설비(좌)와 인라인 설비(우)

그러나 온도가 충분히 올라가지 않으면 전면전극과 에미터와의 접촉저항이 증가하고 증가된 접촉저항은 직렬저항을 크게 하여 효율의 저하를 가져온다. 또한 낮은 온도에서의 열처리는 후면전계효과 (BSF)의 저하를 가져오고 이로 인하여 개방전압의 저하를 가져온다. 이와 같이 급속 열처리 공정을 이용하여 전극의 열처리를 할 때 도핑 조건은 큰 영향을 미친다. 각 면저항에서의 최대의 효율을 가져오는 최적의 열처리 조건을 찾아야 한다.

면저항이 커짐에 따라 저항손실이 커지기 때문에 저항손실을 줄이기 위하여 핑거 간격이 줄어들어야만 한다. 이 때 핑거 간격이 줄어들면서 광손실 또한 커지기 때문에 이를 고려하여 핑거 간격이 결정된다. 또한 면저항이 커질수록 일반적으로 낮은 에미터 접합깊이를 갖는다. 이러한 낮은 에미터 접합은 전극 열처리 공정인 "firing-through" 공정 시 접합 누설의 가능성을 최소화하는 소성 공정을 확립해야 한다.

[그림 3-14]는 도핑 (doping)의 목적을 나타낸 그림이다. p-형 웨이퍼에 불순물 (P, 인)을 도핑 (확산)하여 n-형 층을 형성하여 pn 접합이 되도록 하는 공정 (n층, emitter층, doping층 이라고도 함)이다. 고온의 $POCl_3$와 O_2가 확산로 안에서 서로 반응하여 P_2O_5 층을 형성 (선증착)하고, 고온의 열처리를 하면 P_2O_5 층의 P가 Si 속으로 확산되어 n층이 형성한다. 도핑을 2장의 웨이퍼를 겹쳐서 확산하지 않으면 일반적으로 모든 표면으로 n-층이 형성된다.

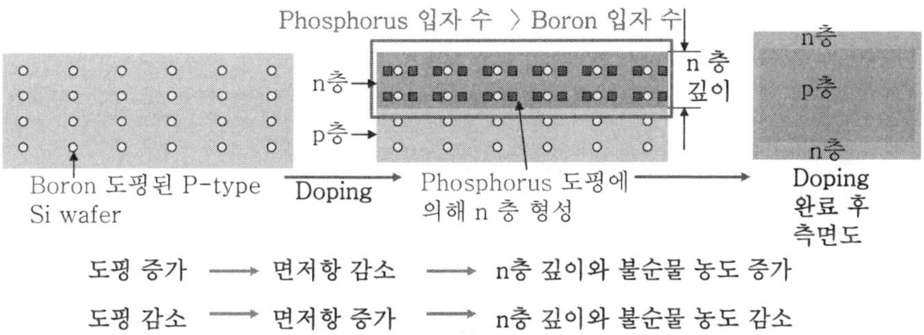

[그림 3-14] p-n 접합을 위한 n-형 에미터 형성과정과 형성후의 측면도

[그림 3-15]는 확산 (diffusion)에서 도핑 (doping)의 최적화 절차를 나타낸 그림이다.

➢ 최적화 절차(Doping)

Wafer Check
- Pyramid Size 3 ~ 5 ㎛.
- Uniform Check.
- 표면 오염 Check.

Wafer loading (Boat)

Utility Check
- Power.
- Gas Pressure
- Pocl3 Temp, level.
- PCW Flow Rate. Temp : 23℃
- Recipe 변경사항 Check
- Pump Vacuum 확인

Standby Temp Check

Process Start

Run 진행이 되지 않을 경우

-온도가 안정화 되었는지 확인한다.
-Load & Unload system 과 Remote 되어 있는지 확인

Wafer loading (Tube)

- Boat가 들어가면서 Tube에 닿거나 끌리지 않는지 확인 한다.
- Loading 후 진공이 떨어 지는지 확인한다.

Process

공정중 에러 발생 Vacuum

- 공정중 진공에 문제가 생겼을 경우 진공이 차이가 10 Torr 정도 이내면 N2 0.5L 줄여서 진행. 10 Torr 이상이면 옆의 조치1과 같이 진행. Pump 청소 또는 교체

공정중 에러 발생 Gas

- 공정중 Gas가 떨어졌을 경우 N_2, O_2, $POCl_3$.
- 조치1 : **Temp Down 후 Depo 전 공정이면 PSG 제거후 재 진행 Depo time 이후면 Retexture.**

*** Doping Recipe**
- Ramp Up : Time : 5min, O2 : 1L, N2 : 4L 압력 : 90 Torr
- Safety : Time : 5min, N2 : 4L 압력 : 90 Torr
- Depo-Time : Time : 7~9min, O2 : 300cc, POCl3 : 600cc N2 : 4L 압력 : 90 Torr
- Drive-1 : Time : 5min, O2 : 1L 압력 : 90 Torr
- Drive-2 : Time : 5min, N2 : 4L 압력 : 90 Torr
- Ramp Down : Time : 5min, O2 : 1L, N2 : 4L 압력 : 90 Torr

- **Doping 공정중 확인사항.**
- 항온조 온도 : 25℃, level. Bubbling 되는지 확인.
- 진공도. (90 Torr)
- Temp check (Process : 840℃)

Wafer Unloading

- Boat가 나오면서 Tube에 닿거나 끌리지 않는지 확인 한다.

- Wafer 표면에 원형 무늬 발생

원인 : Vacuum Pressure 가 떨어지면 발생한다.
조치 : 압력을 90 Torr 이하로 유지
- Wafer 테두리에 파랗게 변색되는 현상
원인 : 1. Di Water의 오염
2. Tube의 오염.
조치 : 1. Di Filter 교환.
2. Tube 교체.

Wafer 표면의 문제

공정검사
Rs : 60~70 Ω/□
Uniform : 10%
표면검사

RS 문제

- 전체 적으로 Rs 값이 높을 경우: 10 ~15 Ω 에 10℃ 높이고 반대의 경우 10℃ 낮춘다.
- 웨이퍼 중심 부분이 높고 테두리 부분의 Rs 값이 낮으면 Vacuum 압력을 높게 한다.
- 특정 부위의 Rs 값이 높으면 Pyramid Size를 관찰한다.
  * Pyramid size가 크면 Rs 값도 높아진다.
  * Pyramid 가 불균일 하면 Rs 값도 불균일 하다.

PSG 공정으로 이동

[그림 3-15] 확산에서의 도핑 최적의 절차 순서도

3.5 PSG 제거

n-형 도핑시 형성된 산화막 (인화실리케이트유리, PSG) 제거 공정은 n-형 확산의 선증착 공정이 마무리되면 $POCl_3$과 산소가 반응하여 인을 포함한 산화물 (phosphorous silicate glass, PSG)이 형성된다. PSG 층은 실리콘 내부에 존재하는 불순물을 석출(gettering)하여 포함하고 있기 때문에 도핑공정 이후에 제거하여야 한다. 농도 5%로 희석된 불산에서 15초 내외로 처리하여 실리콘 표면에 손상이 없이 PSG 층을 제거한다. PSG 제거를 달성하는 설비가 [그림 3-16]의 웻-스테이션과 유사한 웻-설비이다.

[그림 3-16] n-형 도핑시 형성된 산화막(인화실리케이트유리, PSG) 제거 설비

PSG제거 공정은 도핑과정에서 표면의 실리콘과 인이 고온의 열처리로 생기는 부산물 층인 PSG를 제거하기 위함이다. PSG 반응식은 아래와 같다.

$$2P_2O_5 + 5Si = 4P + 5SiO_2(PSG)$$

[그림 3-17]은 n-형 도핑시 형성된 PSG를 제거한 그림이다.

1. PSG 제거 이유 : PSG 층에 웨이퍼로부터 불순물이 석출되어 포함되어 있으므로 제거필요.
2. PSG 제거 방법 : 5%~10% 사이의 희석된 HF 사용, 15초 내외 동안 용액에 넣어서 제거.
3. PSG 제거 후 표면 육안 검사 : 물기가 전혀 묻어나지 않을 때가 완전히 제거됨.

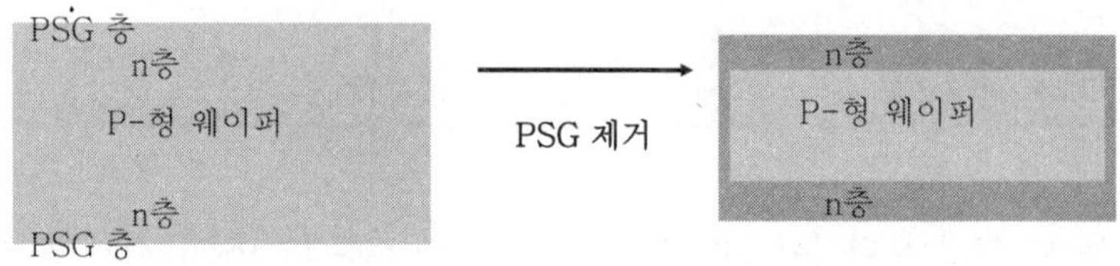

[그림 3-17] n-형 도핑시 형성된 산화막(인화실리케이트유리, PSG) 제거 측면도

[그림 3-18]은 PSG 제거 공정과 최적화 절차에 대한 자료다.

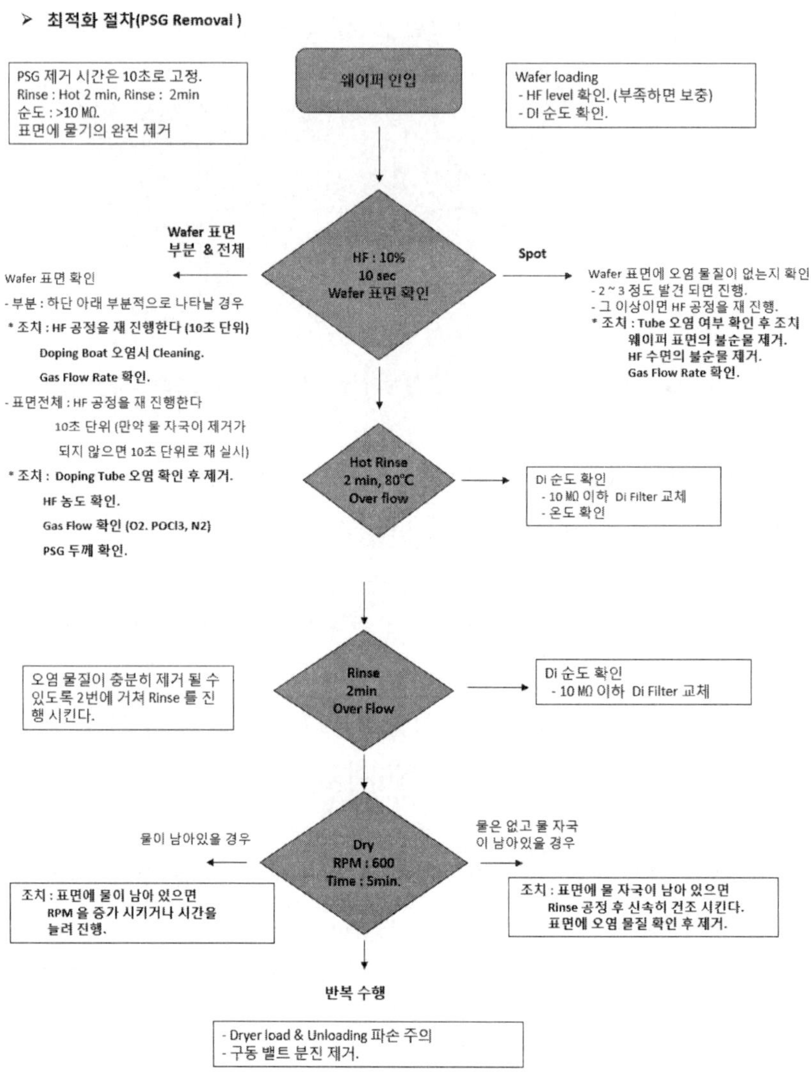

[그림 3-18] PSG 제거 공정과 최적화 절차 순서도

다음 〈표 3-4〉를 통해 확산 (Diffusion)을 진행하며 생길 수 있는 문제와 그 원인들 및 대응 방법을 알 수 있다. 기본적으로 웨이퍼 표면에 생기는 무늬와 변색, 면저항, 오염에 대한 문제 해결법을 다룬다.

〈표 3-4〉 확산 시 발생되는 문제의 원인과 대응방법

문제	원인	대응
Wafer 표면 원형무늬 발생	① Vacuum pressure 저하	① Vacuum pressure 90 torr 이하 유지
Wafer 표면 파랗게 변색	① DI Water 오염 ② Tube 오염	① DI filter 교환 ② Tube 교체
위치별 Rs 불균일	① Pressure 낮음 (R_s-중심:high/테두리:low) ② Pyramid size(불균일: R_s 불균일 / 특정부위 큼: R_s ↑) ③ 온도 저하로 인한 전체 R_s 상승	① Pressure 높임 ② Pyramid 균일도 개선 ③ 온도 상승시켜 전체 R_s 하강
PSG 제거 후 표면 오염	① wafer 부분적 PSG제거 미흡 ② wafer 전체 PSG 제거 미흡	① HF 공정 재진행 (10초 단위), Doping boat 오염 cleaning, gas flow rate 확인 ② HF 공정 재진행 (10초단위), Doping tube 오염 확인 제거, HF 농도 확인, Gas flow 확인(N_2,$POCl_3$,O_2), PSG 두께확인
PSG 제거 후 SPOT 발생	① wafer 불순물 오염 ② 공정 오염	① tube 오염 확인 cleaning, Wafer 표면오염 cleaning, HF 수면 불순물 제거, gas rate 확인 ② tube 오염 확인 cleaning, HF 수면 불순물 제거, gas rate 확인

3.6 반사 방지막

반사방지막 (anti-reflection coating)은 상층에서 반사된 빛과 하층에서 반사된 빛이 서로 상쇄간섭 (destructive interference)을 일으키도록 함으로써 태양전지 표면에서의 빛 반사를 줄이고, 특정한 파장영역의 선택성을 증가시키기 위해 사용

된다. 이러한 상쇄간섭은 위상차가 180도 이거나 경로차가 파장의 절반이 되는 조건에서 일어나기 때문에 반사방지막의 두께와 굴절률 값에 따라서 정해지는 제한된 범위의 파장에서만 최저 반사율을 얻을 수 있다.

실제 반사방지막을 제작할 경우 이론적으로 사용되는 물질의 두께와 굴절율을 최적화 하는 작업이 선행되어야만 효과적인 태양전지 반사방지막을 달성할 수 있다. 빛의 반사를 줄이기 위해서는 굴절률이 n_1인 반사방지막 재료의 표면에서 반사되는 빛과 굴절률이 n_2인 실리콘 표면에서 반사되는 빛이 파괴적 간섭을 일으켜야 한다.

단층 반사방지막에서 입사각이 수직인 경우, 광학적 위상차가 180도일 때 상쇄간섭으로 인해 최소의 반사율을 가지므로 이때의 두께는 $d_1 = \lambda/4n_1$이다.

여기서 d_1=반사방지막 두께, n_1은 반사방지막 굴절율, λ는 태양광의 세기가 가장 큰 중심파장이다. 반사율을 구하면 다음과 같다.

$$R = \left(\frac{n_1^2 - n_o n_2}{n_1^2 + n_o n_2}\right)^2$$

여기서 n_0는 공기의 굴절률 1이고, n_1는 반사방지막의 굴절률, n_2는 실리콘 기판의 굴절률 3.8이다. 반사율이 최소가 되는 굴절률은, $n_1 = \sqrt{n_o n_2}$를 만족할 때 가장 낮은 반사율을 얻을 수 있다. 이층 구조의 반사방지막의 경우에는 반사율이 다음의 식과 같이 주어진다.

$$R = \left(\frac{n_1^2 n_3 - n_o n_2^2}{n_1^2 n_3 + n_o n_2^2}\right)^2$$

따라서 최소의 반사율을 얻기 위한 굴절률은 $n_1^2 n_3 = n_o n_2^2$ 를 만족해야 한다. 태양전지용 반사방지막 재료의 굴절률을 〈표 3-5〉에 요약하여 나타내었다. 이들 재료를 단층이나 이층으로 조합하여 반사방지막을 형성한다.

〈표 3-5〉 반사방지막 재료의 굴절률

재료	굴절율	재료	굴절율
Al_2O_3	1.8~1.9	SiO_2	~1.46
Galsses	1.5~1.7	TiO_2	~2.30
MgF_2	~1.38	Ta_2O_5	2.1~2.3
MgO	~1.74	ZnS	~2.33
Si_3N_4	~1.9	CeO	~1.95
SiN	~2.30	CeO_2	~2.40
SiO	1.8~1.9	Si	~3.85

반사방지막 (anti-reflection coating, ARC)은 실리콘 웨이퍼의 표면에 특정 굴절율의 물질로 막을 형성시켜 물질들 간의 굴절율 차이를 이용하여 보다 많은 태양광이 입사할 수 있도록 한다.

두께는 태양광 스펙트럼에서 일반적으로 n=2.0에서 2.2 사이의 값, 두께=70 nm에서 80 nm 사이의 SiN_x를 PECVD 장비나 스퍼터 장비로 형성한다. [그림 3-19]은 시장을 지배하고 있는 설비로 플라즈마를 이용한 PECVD 반사방지막 코팅 설비이다.

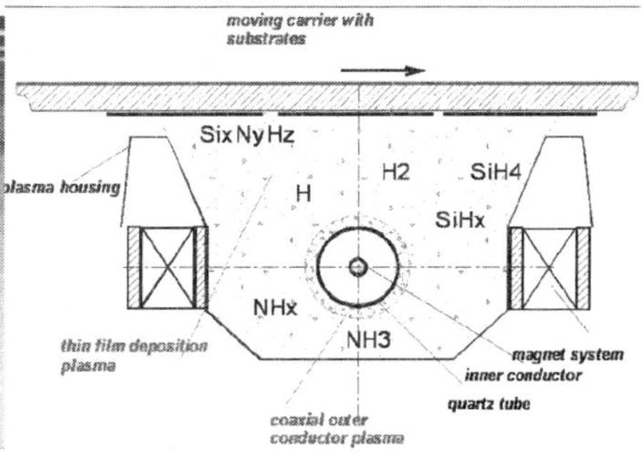

[그림 3-19] 반사방지막용 PECVD 설비 사진과 증착 개략도

반사방지막은 실리콘 표면과 직접 접촉하기 때문에 실리콘 표면에 끊어진 결합을 만족 시켜줄 수 있는 SiN_x 박막이 현재의 주류를 이루고 있다. SiN_x 박막을 SiH_4와 NH_3, N_2 또는 Ar 가스를 혼합하여 형성하면 수소함량이 10% 이상 달성할 수 있다. 박막 내에 함유된 수소는 금속을 소성하는 고온처리 시에 실리콘 내부의 결함을 축소하여, 광생성된 반송자 수명 (lifetime)을 길게 하므로 태양전지 효율 향상의 핵심 기술이 된다.

[그림 3-20]은 반사방지막용 TiO_2/SiO_2와 SiN_x ARC 박막 측면도를 보였다. SiN 굴절률이 2.05일 때에 두께에 따른 색상변화는 밤색=60 nm, 자주색=70 nm, 청색=80 nm, 하늘색/연두색=90 nm이다. 박막 두께의 미소한 변화에도 색상이 가변됨으로 육안 검사로 먼저 공정에 문제 여부를 알 수 있다.

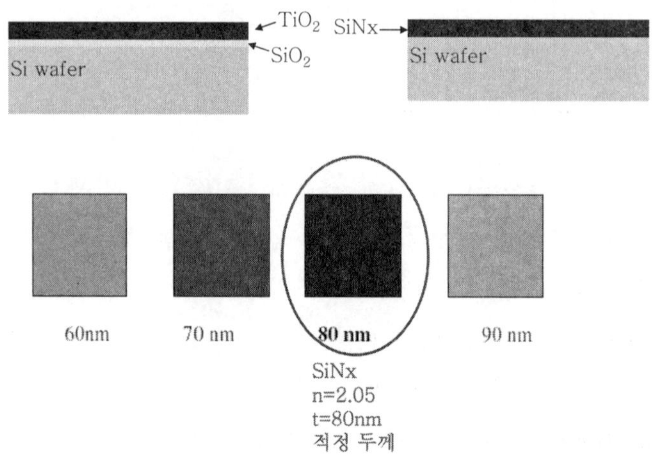

[그림 3-20] 반사방지막용 TiO_2/SiO_2와 SiN_x ARC 박막 측면도와 SiN 두께에 따른 색상변화

[그림 3-21]은 반사방지막용 SiN_x에 대한 최적화 절차를 나타낸다.

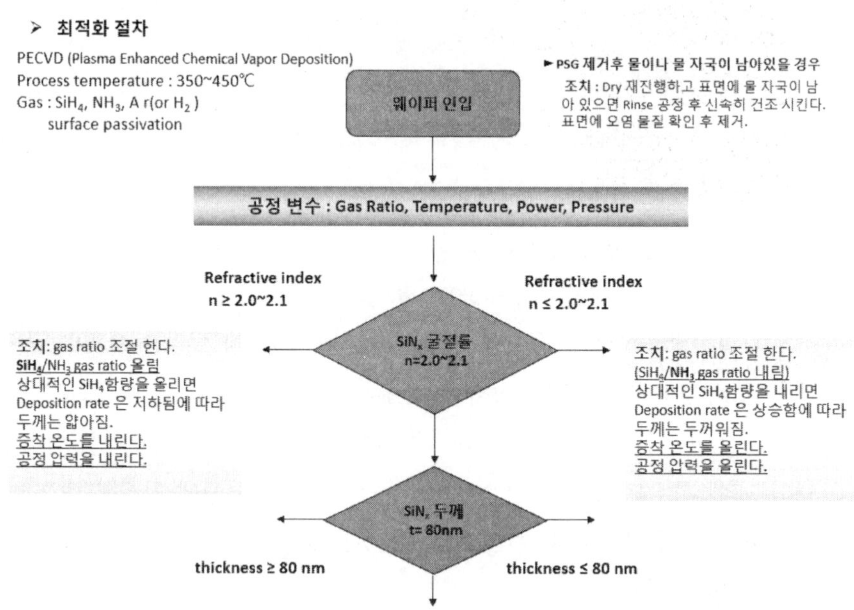

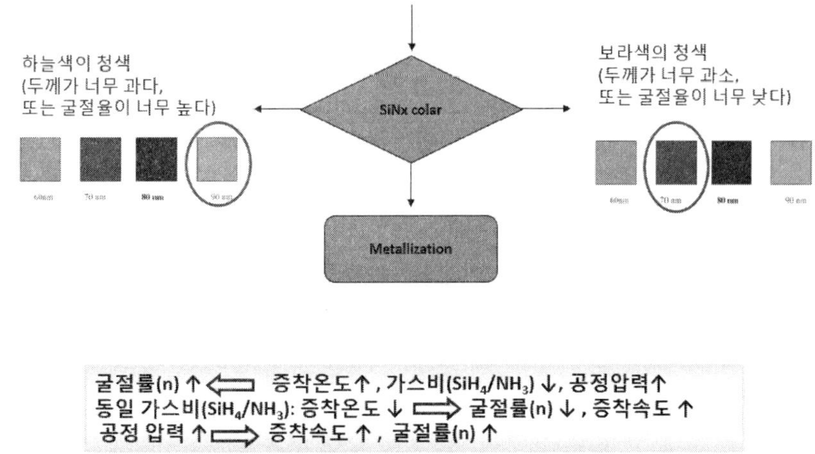

[그림 3-21] 반사방지막용 SiN_x에 대한 최적화 절차

3.7 금속 인쇄

전면전극 형성 시 고려해야 될 두 가지 사항은 전면전극의 설계 및 스크린 인쇄법에 의해 전면전극을 형성할 때의 전극 두께, 폭, 간격이다. 먼저 태양전지 표면의 금속전극은 표면에서의 빛의 반사 및 직렬저항 성분에 큰 영향을 준다. 전면 그리드를 설계할 때에는 전체 금속 면적을 줄여 태양광을 받는 면적을 넓게 하고, 전면전극 그리드 사이의 간격을 줄여 전자가 받는 저항을 줄여주는 것이 좋다. [그림 3-22]는 상용으로 가장 일반적인 상부전극은 Ag를 스크린 인쇄하는 방법이다. 이 때 얇은 에미터 접합을 사용하면 접합이 단락되는 문제가 발생하므로 이에 대한 공정 최적화가 수반되어야 한다. 스크린 인쇄법에 의해 전극을 형성할 때에는 최소 선폭이 결정되므로 이것에 의해 전체 전극 면적도 결정된다. 스크린 인쇄법에서는 보통 4% 정도일 때 최고 효율을 얻었다.

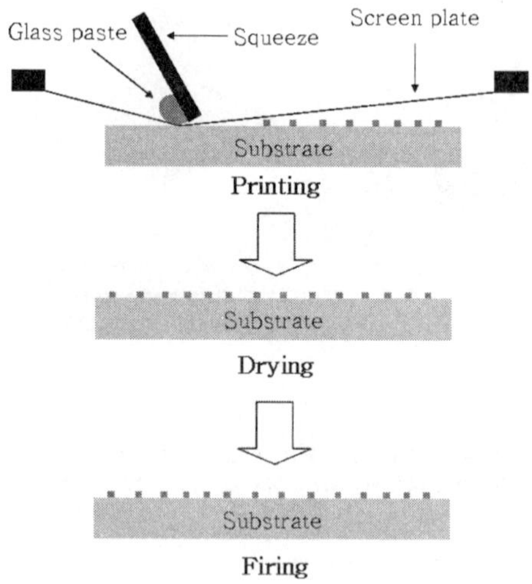

[그림 3-22] 스크린 인쇄 과정

금속전극 형성 (metalization) 목적은 광 생성된 전하를 수집하기 위함이다. 전면 전극 (Ag)에 의한 빛 흡수 손실 (shadowing loss)과 면저항을 고려하여 grid pattern (스크린)설계가 필요하다. 면저항이 올라 갈수록 높은 저항 때문에 표면에서 전자가 전극으로 수집되기가 힘들기 때문에 finger와 finger 사이의 공간 (spacing)을 줄여야 한다. 후면 버스바는 Ag가 납땜 특성에 적합하나, 후면전계 형성에 부족하여 Ag:Al을 사용한다. 후면 Al 금속의 두께가 개방전압 상승에 효과적인 후면전계 (BSF) 형성에 영향을 주고, 박형 기판에 휨 특성에도 가장 큰 영향을 주기 때문에 재료선정과 두께 관리에 필요한 인쇄압력과 다운스탑, 스냅오프 등의 변수 관리와 모니터링이 필요하다. [그림 3-23]은 스크린 인쇄를 통한 태양전지 전면 전극 구조를 나타내었다.

bus bar : 2mm
spacing : 2.6mm
finger width : 100㎛

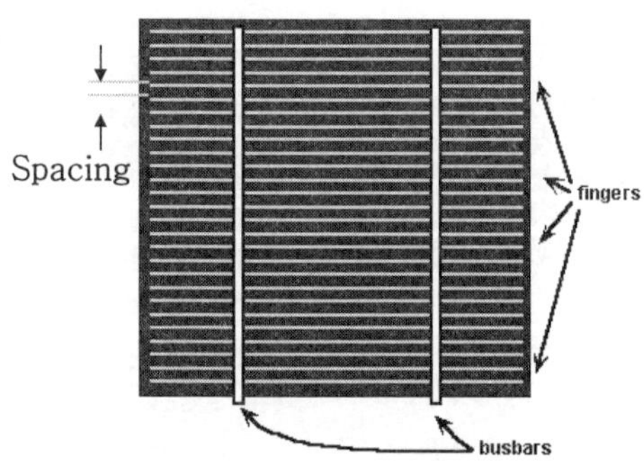

[그림 3-23] 금속전극 형성용 스크린 설계 사례와 태양전지 전면 전극구조

실리콘 태양전지 그리드 패턴 제작을 위한 태양전지의 변환효율의 손실은 크게 두 가지로 볼 수 있다.

첫째, 전면전극에 의한 빛의 입사 면적의 손실인 광손실이다. 둘째는 전면전극과 에미터에 흐르는 캐리어에 의한 저항손실이다. 그러나 전면전극의 핑거 간격이 증가하면 광손실이 줄지만 저항손실은 증가 한다. 최소의 전력손실을 얻기 위해서는 이러한 핑거 간격이 최적화 되어야 한다. 태양전지 전면전극 그리드를 보여 주고 있다. 이러한 전극 패턴에서 최대전력은 최대 전류밀도 (J_m)와 최대 전압 (V_m)과 면적 (A: 가로길이, B: 세로길이)으로 나타낼 수 있다.

이러한 태양전지의 전력손실에서 저항으로 인한 손실과 광손실을 계산 할 수 있다. [그림 3-24]에서 핑거의 폭은 130 ㎛이며, 에미터의 면저항은 40Ω/□이다. 저항에 따른 전력손실은 버스바의 저항에 의한 전력손실과 핑거의 저항에 의한 전력손실과 에미터 저항에 의한 전력손실의 3가지로 볼 수 있다.

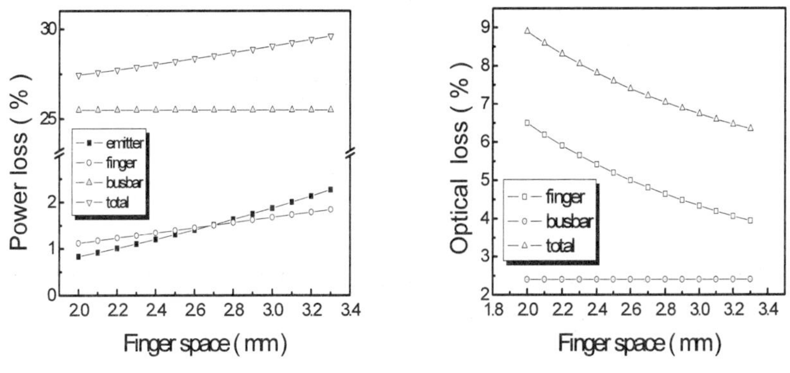

[그림 3-24] 핑거 간격에 따른 전력손실(power loss)과 광학손실(optical loss)

여기에서 버스바에 의한 저항의 전력손실이 주도를 이루고 있음을 알 수 있다. 즉 2.0 mm의 핑거 간격에서 저항에 의한 전력손실이 27%일 때 버스바에 의한 전력손실은 25%가 넘는다.

계산에서는 1.5 mm의 버스바 폭을 사용하였다. 핑거 간격이 늘어남에 따라 핑거에 의한 저항 전력손실과 에미터에 흐르는 캐리어에 의한 저항 전력손실이 늘어남을 알 수 있다.

결국 핑거 간격이 늘어남에 따라 저항에 의한 전력손실이 늘어남을 알 수 있다. 핑거 간격에 따른 버스바와 핑거에 의한 광손실은 핑거 간격이 넓어짐에 따라 핑거에 의한 광손실이 줄어듦으로 전체 광손실 또한 줄어들고 있다.

➢ **최적화 절차**

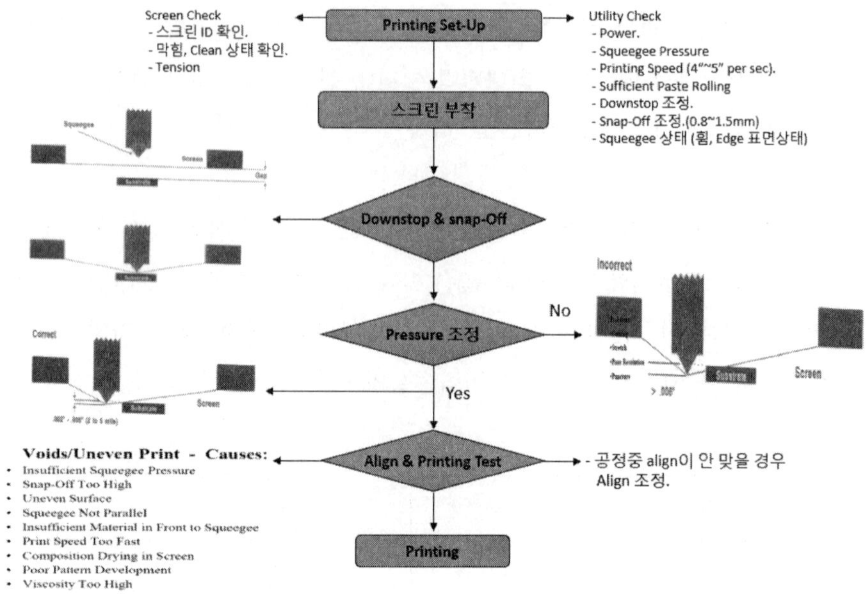

[그림 3-25] 금속 인쇄에 대한 최적화 절차

Metalization process 중 금속프린팅 (printing)시 문제 발생 대응법을 〈표 3-6〉으로 정리해 본다면,

〈표 3-6〉 금속프린팅 시 발생되는 문제의 원인과 대응방법

문제	원인	조치
Finger line 끊어짐	낮은 스퀴지 압력 스크린 mesh의 막힘 이물질에 의한 막힘	인쇄 압력을 증가시킴 단선된 부분의 스크린 mesh의 막힘 여부를 확인하고 cleaning 해줌
Finger line 단락	스크린 emulsion 벗겨짐 오염물질에 의한 단락	단락된 부분의 스크린 emulsion의 벗겨짐 여부를 확인, 스크린을 교체

문제	원인	조치
Finger line 퍼짐	과다한 스퀴지 압력 높은 downstop 높은 snap-off 스퀴지 강도도 약함 paste 점도 낮음 낮은 스크린 tension	스퀴지 압력을 낮추고 downstop 거리를 줄임. 강도가 좀 더 높은 스퀴지로 교체 paste의 점도를 확인하고 cleaning room의 온/습도를 점검하고 적당한 점도에서 공정 진행
톱니모양, 고드름모양 인쇄	Emulsion 낡음 과다한 스퀴지 압력 높은 downstop 이물질에 의한 막힘	스퀴지 압력을 낮추고 downstop 거리를 줄임 emulsion의 낡음, 벗겨짐 확인 이물질에 의한 경우 cleaning 해줌. 스크린 교체
Finger height 불균일	낮은 스퀴지 압력, 짧은 snap-off, 높은 스크린 tension, 낮은 downstop	스퀴지 압력 높이고 downstop 거리 늘임 Snap-off 증가시킴 스퀴지 stroke 거리 증가 스크린 tension 확인

3.8 금속 건조와 소성

금속전극 건조 (dry)와 소성 (firing) 공정 목적 : Wafer 표면에 인쇄된 금속은 시간 경과에 따라서 옆으로 선폭이 퍼지고 높이가 감소하므로 차광손실을 주기 때문에 신속히 건조가 필요하고, 이 과정에서 유기물을 휘발하기 위해서는 200℃ 이상에서 건조가 필요하다.

고온 소성 (firing)의 목적은 전극을 적절한 열처리를 통해 금속전극과 실리콘을 화학적으로 결합시켜 저항을 줄여 전류가 잘 흐르도록 하는 공정이다. [그림 3-26]에 고온 소성 (firing)의 온도 프로파일 변화에 따른 금속의 침투 범위를 보였다. 소성온도가 과다하면 pn 접합에 누설전류 증가로 병렬저항 R_{sh}가 감소하여 곡선인자 FF가 감소하고, 태양전지 효율도 감소한다. 소성온도가 부족하면 금속의 선저항이 증가하고 직렬저항 R_s가 증가하여 곡선인자 FF가 감소하고, 태양전지 효율도 감소한다.

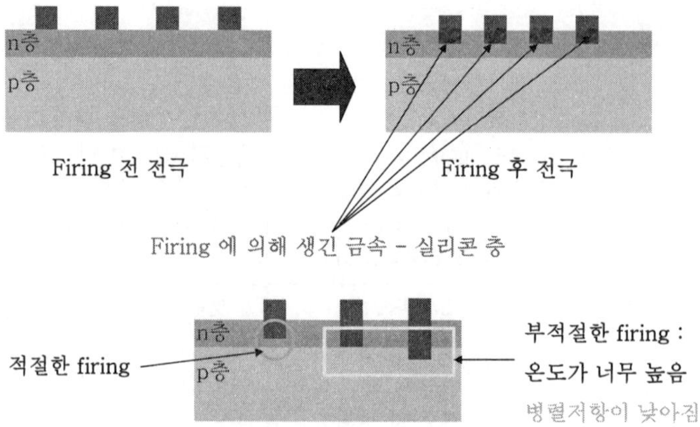

[그림 3-26] 고온 소성(firing)의 온도 프로파일 변화에 따른 금속의 침투 범위

금속전극 건조 (dry)와 소성 (firing) 공정은 스크린 인쇄된 금속 페이스트는 유기물 휘발을 위한 건조를 수행하고, 금속자체의 비저항을 줄이면서도 실리콘과 화학적인 접촉을 만들기 위해서 고온의 벨트형 소성로 (belt furnace)에서 열처리를 수행하여 금속인쇄를 마무리 한다. 고온의 벨트형 온도 프로파일은 빠른 온도 상승과 가파른 온도 하강이 핵심 기술이다. 온도 프로파일을 가파르게 해서 신속하게 금속과 실리콘이 접촉을 하고 더 이상의 금속성 물질이 확산되는 것을 방지해야 고효율 달성이 가능하다. [그림 3-27]에 인쇄가 마무리된 156 mm 실리콘 태양전지 전면을 좌측에 후면을 우측에 보였다.

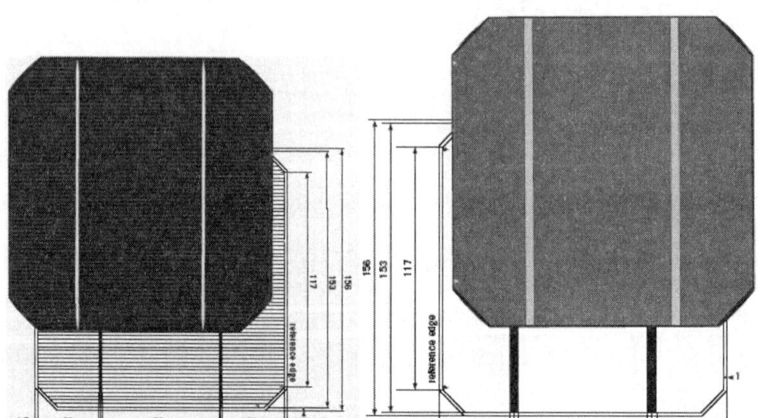

[그림 3-27] 인쇄가 마무리된 156 mm 실리콘 태양전지 전면(좌)과 후면(우)

[그림 3-28]은 금속 소성 (firing)에 대한 최적화 절차이다.

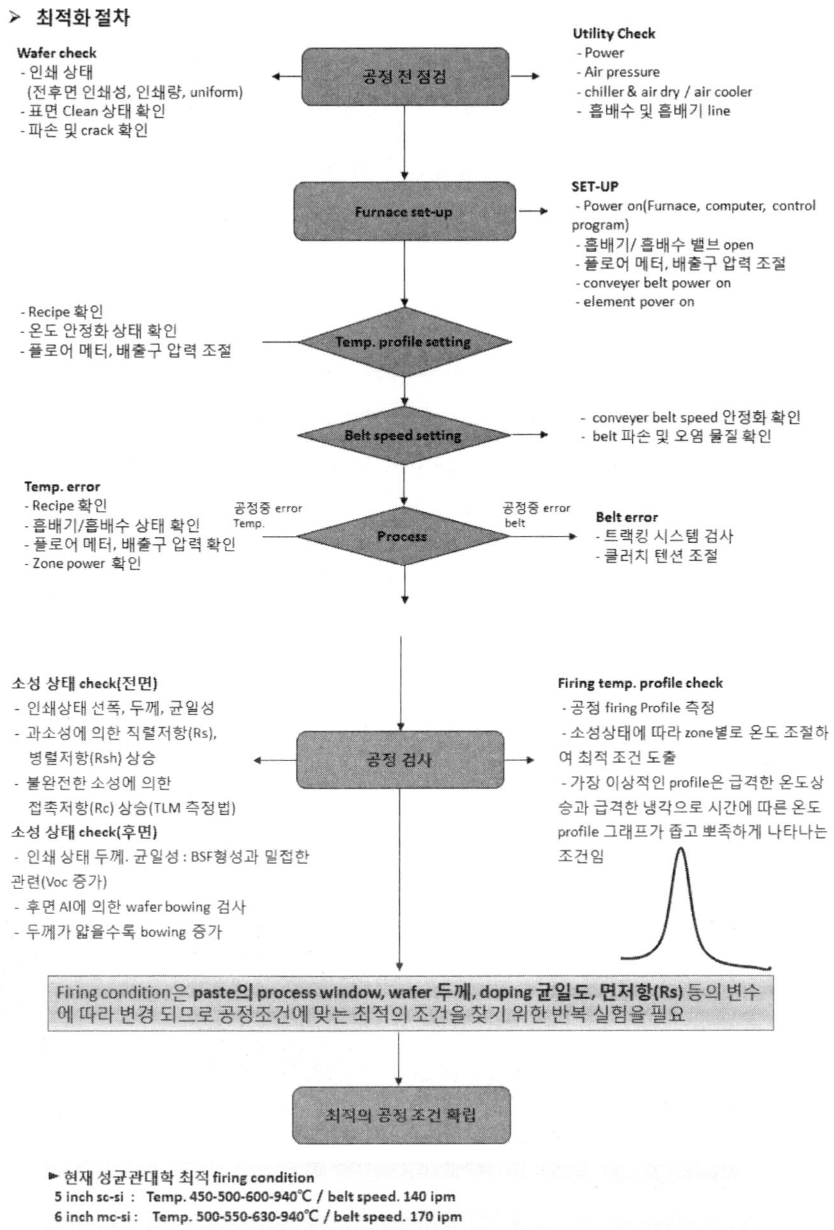

[그림 3-28] 금속소성 (firing)의 최적화 절차

3.9 측면 분리

pn접합 분리 (pn junction isolation) 태양전지 제조과정에서 pn 접합을 수행하면 전면, 측면, 후면 모두 불순물이 확산하게 된다. 금속은 웨이퍼 측면으로부터 1.5 mm를 띄워서 금속전극을 형성하므로 측면과 후면에 측면으로부터 1.5 mm 까지는 n-형 접합이 존재하고 금속이 미 도포된 부분에서 누설전류가 발생하기 때문에 pn 접합 분리가 필요하다.

분리가 가능한 면은 전면에서 측면을 따라서 100 μm 이내의 지점으로 Nd:YAG (파장=1064 nm, 빔 사이즈=50 μm) 레이저 빔을 스캔하여 분리 하는 것이 일반적이다. 현재는 레이저 분리가 지배적인 기술이나, 웨이퍼를 동전으로 탑을 쌓는 것처럼 500매 단위로 적체하여 불화 가스를 플라즈마로 이온화 시켜 건식 플라즈마에서 측면을 분리할 수도 있다. [그림 3-29]에서 pn접합 분리를 나타낸 그림이다.

이 경우 건식 플라즈마 측면 분리공정은 적체하는 웨이퍼 사이의 간격이 발생하면 플라즈마가 전면에 n-형 도핑층까지 식각을 하기 때문에 pn 접합 확산공정 바로 직후에 처리함이 바람직하다.

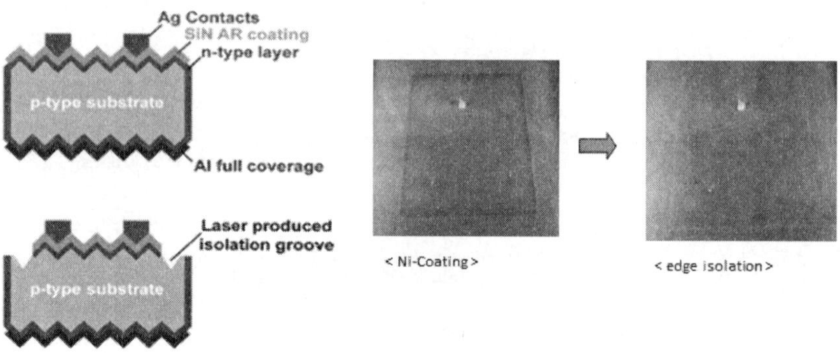

[그림 3-29] pn 접합 분리를 나타내는 측면도

pn 접합 측면 분리의 목적 : 도핑공정을 통해 웨이퍼의 모든 표면이 n층으로 연결되어 있으므로 p-n 접합을 이용하기 위하여 연결된 n층을 분리시키는 공정이다.

측면 분리가 잘 되지 않을 경우 pn 접합으로 누설전류, 분리되지 않은 n층으로 직접전류가 흐른다. 누설전류가 많아지면 병렬저항 성분이 작아진다. Cell tester에서 R_{sh}가 낮을 경우 제일 먼저 pn 접합 분리공정을 검사한다. [그림 3-30]에 pn 접합 측면분리 (edge isolation) 방법을 요약하였다.

1. 플라즈마 식각법으로 플라즈마를 이용해 에너지를 가진 입자 (이온)가 직접 표면에 충돌하여 측면 부분을 제거한다.
2. 레이저 분리법으로 레이저 광원을 이용하여 웨이퍼 표면을 직접 식각 하는 공정이다.
3. 습식법으로 질산과 불산이 혼합된 용액 위로 웨이퍼가 둥둥 떠서 이동하게 처리한다.

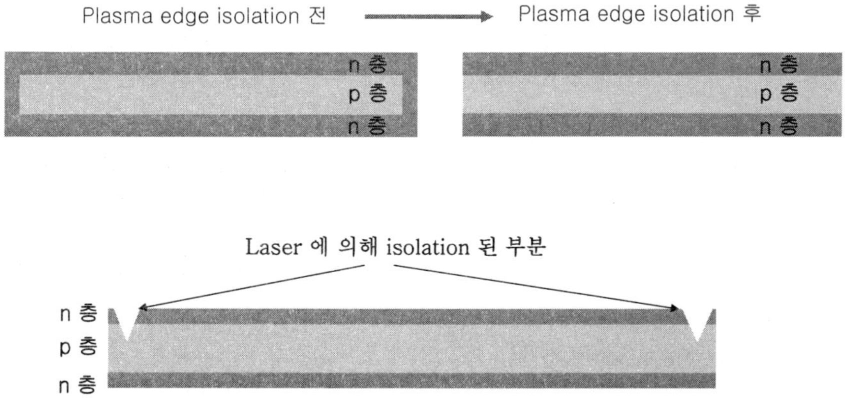

[그림 3-30] 플라즈마와 레이저를 이용한 pn접합 측면분리 (edge isolation) 방법

3.10 문제해결방법

문 제	원 인	개 선 방 안
개방전압	texture 식각 편차	Texture 공정 최적화로 반사도 감소 및 균일도 개선 (texture 균일도는 doping, ARC 균일도까지 직접 영향)
	과도한 피라미드 size	Saw damage layer 균일하게 제거하여 texture 균일도 개선 (Pyramid size 大 → R_{sheet} ↑)
	반사도 大	피라미드 size 작게 하여 파손률↓, R_{sheet} ↓
	불순물 오염 SDR 공정 불완전	불순물 제거 통한 균일도 개선
	low doping, R_{sheet} ↑	high doping, R_{sheet}↓ 을 통한 개선 (표면 불순물 농도, junction depth , 균일도)
	균일도 저하 불순물 오염 PSG 제거 불완전	PSG 제거 완벽하게 하여 defect layer 제거로 passivation 효과 및 전압 하강 개선 Cleaning 공정 점검
	SiNx layer 두께 불균일	SiNx layer 두께 균일도 개선 (온도, 압력, 시간, power, gas rate)
	반사도 大	굴절률, 두께 가변을 통한 반사도 감소, passivation 효과 (온도, 압력, 시간, power, gas rate)
	불순물 오염	불순물 제거 통한 균일도 개선
	불완전 소성조건 (저온소성, 미소성)	후면 Al 인쇄 thickness 및 소성 조건 (급격한 온도상승 및 하강 profile) 확립을 통한 후면 재결합 감소
	후면 BSF층 효과 미흡	Passivation 효과 (BSF효과) 개선
	Paste, Wafer 표면 불순물	Paste 오염물 제거 및 교체, 불순물 제거

문 제	원 인	개 선 방 안
전류	texture 식각편차 과소한 피라미드 size 반사도 大 불순물 오염 SDR 공정 불완전	Texture 공정 최적화로 반사도 감소 및 균일도 개선 (texture 균일도는 doping, ARC 균일도까지 직접 영향) Saw damage layer 균일하게 제거하여 texture 균일도 개선 (Pyramid size 大 → Rsheet ↑) 피라미드 size 크게 하여 Rsheet ↑ 불순물 제거 통한 균일도 개선
	high doping, R_{sheet} ↓ 균일도 저하 불순물 오염 p-n접합부 누설	low doping, R_{sheet} ↑, 접합부 누설전류(R_{shunt} ↑) 감소를 통한 개선 (표면 불순물 농도, junction depth , 균일도) PSG 제거 완벽하게 하고 Cleaning 공정 점검으로 defect layer 제거로 passivation 효과 및 전압 하강 개선
	SiNx layer 두께 불균일 반사도 大 불순물 오염	SiNx layer 두께 균일도 개선 굴절률, 두께 가변을 통한 반사도 감소, passivation 효과 (온도, 압력, 시간, power, gas rate) 불순물 제거 통한 균일도 개선
	shadowing loss 大 불완전 소성조건 (저온소성, 미소성, 과소성) Paste, Wafer 표면 불순물 접촉저항 大	finger width, spacing 감소로 인한 shadowing loss ↓ 후면 Al 인쇄 thickness 및 소성 조건 (급격한 온도상승 및 하강 profile) 확립을 통한 후면 재결합 감소와 Passivation 효과 (BSF효과)개선, 접촉저항, 직렬저항 개선 Paste 오염물 제거 및 교체, 불순물 제거

문 제	원 인	개 선 방 안
충진율 FF	texture식각 편차	Texture 공정 최적화로 반사도 감소 및 균일도 개선 (texture 균일도는 doping, ARC 균일도까지 직접 영향)
	과도한 피라미드 size	Saw damage layer 균일하게 제거하여 texture 균일도 개선 (Pyramid size 大 → R_{sheet} ↑)
	반사도 大 불순물 오염 SDR 공정 불완전	피라미드 size 작게 하여 파손 및 FF 개선 불순물 제거 통한 균일도 개선
	low doping, R_{sheet} ↑	high doping, R_{sheet} ↓, 접합부 누설전류(R_{shunt} ↑) 감소, 접촉저항(Rc↓) 감소를 통한 개선 (표면 불순물 농도, junction depth, 균일도)
	균일도 저하 불순물 오염 p-n 접합 누설 접촉저항 大	PSG 제거 완벽하게 하고 Cleaning 공정 점검으로 defect layer 제거로 passivation 효과 및 전압 하강 개선
	SiNx layer 두께 불균일 불순물 오염	SiNx layer 두께 균일도 개선 불순물 제거 통한 균일도 개선
	인쇄 불량 불완전 소성 과소성, 미소성	최적의 인쇄 조건 확립(Width ↓, height ↑, 직진성) R_{sheet}, Paste, Wafer thickness 등을 고려한 최적의 firing condition 확립 (급격한 상승 및 하강 온도 profile, 빠른 belt speed)으로 ohmic 접촉 개선
	불완전 edge isolation 불순물 및 micro crack	완전한 측면분리를 통한 측면 병렬저항 개선
	Paste, Wafer 표면 불순물	불순물 제거 및 공정간 micro crack 원인 제거

문 제	원 인	개 선 방 안
직렬저항	texture 식각 편차	Texture 공정 최적화로 반사도 감소 및 균일도 개선 (texture 균일도는 doping, ARC 균일도까지 직접 영향)
	과도한 피라미드 size 반사도 大 불순물 오염 SDR 공정 불완전	Saw damage layer 균일하게 제거하여 texture 균일도 개선 (Pyramid size 大 → R_{sheet} ↑) 피라미드 size 작게 하여 파손 및 FF 개선 불순물 제거 통한 균일도 개선
	low doping, R_{sheet} ↑	high doping, R_{sheet} ↓, 접촉저항 (Rc↓) 감소를 통한 개선 (표면 불순물 농도, junction depth , 균일도)
	균일도 저하 불순물 오염 p-n접합 누설 접촉저항 大	PSG 제거 완벽하게 하고 Cleaning 공정 점검으로 defect layer 제거로 passivation 효과 및 전압 하강 개선
	SiNx layer 두께 불균일	SiNx layer 두께 균일도 개선
	불순물 오염	불순물 제거 통한 균일도 개선
	인쇄 불량 불안전 소성조건 과소성, 미소성	최적의 인쇄 조건 확립(Width ↓, height ↑, 직진성) R_{sheet}, Paste, Wafer thickness 등을 고려한 최적의 firing condition 확립 (급격한 상승 및 하강 온도 profile, 빠른 belt speed) 으로 ohmic 접촉 개선
	Paste, Wafer 표면 불순물	Paste 오염물 제거 및 교체, 불순물 제거

<table>
<tr><th>문 제</th><th>원 인</th><th>개 선 방 안</th></tr>
<tr><td rowspan="4">병렬저항</td><td>texture
식각 편차

과도한
피라미드 size
반사도 大

불순물 오염
SDR 공정
불완전</td><td>Texture 공정 최적화로 반사도 감소 및 균일도 개선
(texture 균일도는 doping, ARC 균일도까지 직접 영향)

Saw damage layer 균일하게 제거하여 texture 균일도 개선
(Pyramid size 大 → R_{sheet} ↑)
피라미드 size 작게 하여 파손 및 FF 개선

불순물 제거 통한 균일도 개선</td></tr>
<tr><td>low doping,
R_{sheet} ↑
균일도 저하
불순물 오염

p-n접합누설
접촉저항 大</td><td>high doping, R_{sheet} ↓

Doping 균일도 개선으로 접합부 누설전류 (R_{shunt} ↑) 감소

PSG 제거 완벽하게 하고 Cleaning 공정 점검으로 defect layer 제거로 passivation 효과 및 전압 하강 개선</td></tr>
<tr><td>SiNx layer
두께 불균일

불순물 오염</td><td>SiNx layer 두께 균일도 개선

불순물 제거 통한 균일도 개선</td></tr>
<tr><td>인쇄 불량
불완전 소성조건
(과소성, 미소성)

불완전
edge isolation

불순물 및
micro crack
Paste, Wafer
표면 불순물</td><td>최적의 인쇄 조건 확립 (Width ↓, height ↑, 직진성)
R_{sheet}, Paste, Wafer thickness 등을 고려한 최적의 firing condition 확립
(급격한 상승 및 하강 온도 profile, 빠른 belt speed)으로

ohmic 접촉 개선
완전한 측면분리를 통한 측면 병렬저항 개선

불순물 제거 및 공정간 micro crack 원인 제거</td></tr>
</table>

연습문제

1 텍스처링 중 나노 와이어 구조를 사용하여 제작할 경우 텍스처 사면과 웨이퍼 표면의 각도가 급격히 상승하여 반사도를 급격하게 줄일 수 있는데 이를 블랙 실리콘이라고 한다. 이 구조를 사용할 경우의 장점과 단점에 대하여 논하시오.

2 반사방지막의 굴절률과 두께를 결정하는 방법과 절차를 조사하시오.

3 고 면저항 에미터 (~100Ω/□)와 저 면저항 에미터 (~60Ω/□)의 특성 차이를 간단히 설명하고, 태양전지 효율에 끼칠 영향을 예상하시오. 또한 Selective emitter 구조의 원리를 설명하시오.

4 측면분리를 했을 경우와 하지 않을 경우, 각각의 태양전지 효율이 어떻게 변하는지 논하시오.

5 태양전지 제조공정 중 확산 기술에 대한 정의를 설명하고, 가장 잘 된 예시 (온도, 도핑농도 등)를 논하시오.

6 실리콘 (Si)과 실리콘 질화막 (SiNx)의 굴절률 특성을 참조하여 평면인 웨이퍼 위에 빛이 수직으로 입사한다고 가정할 시의 최적화된 반사방지용 실리콘 질화막의 두께를 계산하시오. 단, 기준이 되는 빛의 파장을 결정하고 그 이유도 함께 설명하시오.

7 태양전지 제작에서 그리드 금속과 반도체 접합층에서 발생하는 접촉저항이 문제시된다. 접촉저항을 최소화하기 위한 방안을 조사하시오.

8 태양전지의 단락전류에 영향을 주는 요소에 대해서 논하고 개선방안을 쓰시오.

참고문헌

[1] A. E. Becquerel, Comt. Rend. Acad. Sci. 6, 1839, p.561.

[2] A. Goetzberger, J. Knoblock, B. Voss, Crystalline Silicon Solar Cells, Wiley, New York, 1998.

[3] M. A. Green, Silicon Solar Cells: Advanced Princeples and Practice, Bridge Printery, Sidney, 1995.

[4] Shell Renewable Energy Information Brochure, 1997.

[5] M. A. Green, IEEE Transcations on Electron Devices, 46, 10, 1999.

[6] M. J. keevers and M. A. Green, J. Appl. Phys. 75, 8, 1994, p.4022.

[7] M. Wolf and etc., J. Appl. Phys 83. 8, 1998, p.4213.

[8] K. W. J. Barnham, J. Appl. Phys., 67, 7 1990, p.3490.

[9] Keith Barnham, Appl Surf. Science, 113, 1997, p.722.

[10] K. Shirasawa, H. Watanabe, Y. Inomata, K. Fukui, K. Okada, M. Takayaka, H. Watanabe, Proc. 12th European Photovoltaic Solar Energy Conf. Amsterdam, 1994, p. 757-760.

[11] H. Nakaya, M. Nishida, Y. Takeda, S. Moriuchi, T. Tonegawa, T. Machida, T. Nunoi, Sol. Energy Mat. Sol. Cells 34, 1994, p. 769-772.

[12] M. Takayama, H. Yamashita, K. Fukui, K. Masuri, K. Shirasawa, H. Watanabe, Tech DigestInt. PVSEC-5 1990, p. 319-322.

[13] J. Nijs, E. Demesmaeker, J. Szlufcik, J. Poortmans, L. Frisson, K. De Clereq, M. Ghannam, R. Mertens, R. Van Overstraeten Proc. First World Conf. on Photovoltci Energy Conversion, Hawaii, 1994, p. 18-22.

[14] J. Szlufcik, F. Duerinckx. E. Van Kerxchaver, R. Einhaus, A. Ziebakowski, E. Vazsonyi, K. De Clercy, J. Horzel, L. Frisson, J. Nijs, and R. Mertens, Proc. 14th European Photovoltaic Solar Energy Conf. Barcelona. 1997.

[15] ISE PV Chart, Frunhofer institute EhG-ISE, Freiburg, Germany, November, 1996.

[16] T. Saitoh, R. Shimokawa, Y. hayashi, proc. 22ndIEEE Photovoltaic Specialists conf. Las Vegas, 1991, p. 1026-1029.

[17] S.R. Wenham, M.A. Green. Buried Contact Solar Cell. US Patent 4,726, 850. 1988.

[18] S.R. Wenham, M.A. Green. laser Grooved Solar Cell, in US Patent 4, 748, 130.

[19] M.A. Green, S.R. Wenham and J. Zhao, Proc. 23rd IEEE Photovoltaic Specialists Conf, Louisville, 1993. p. 8-13.

[20] C.B. Honsberg, S.R. Wenham, Progress in Photovoltaics,3, 1995, p .79–87.

[21] S. narayanan, j.h. Wohlgemuth, S.P. Roncin, J.M. perry, proc. 23rd. IEEE Photovoltaic Specialists Conf. Louisville 1993, p .277–280.

[22] D. Jordan, J.P. Nagle, Progress in Photovoltaics, 2. 1994, p. 171–176.

[23] S.R. Wenham and M.A. Green Progress in Photovoltaics 4, 1996, p. 3–33.

[24] R. Hezel, and Schroner J. Appl. phys 27. 1981, p. 3076.

[25] R. Heze,W. Hoffmann and K. Jager, Proc. 10th European Photovoltaic Solar Energy Conf. Libon 1991, p. 511.

[26] M. Kardauskas, Proc. 6th Sorksop on the Role of Impurities and Defects in Silicon Device Processing, 1996, p. 172–176.

[27] J. Amick, F.J. Bottari, J.I. Hanoka, US Patent 5,320,684, 1994.

[28] R. Hezel, W. Hoffmann, and K. Jager, Proc. 10th European Photovoltaic Solar Energy Conf. Lisbon 1991, p. 511.

[29] P. Campgell, and M.A. Green, IEEE Trans. Electron Dev. ED–33, 1986, p.234–239.

[30] A. M. Barnett, S.R. Collins, J.E. Cotter, D.H. Ford, R.B. Hll, C.L. Kendall, S.M. Lampo, and J.A. Rand Tech Digest 9th Int. PVSEC, 1996, p. 247–248.

[31] D.H. Ford, A.M. Barnett, J.C.Checchi, S.R. Collins, R.B. hall, C.L. Kendall, S.M. Lampo, and J.A. Rand Tech. Digest 9th Int. PVSEC. 1996, p.247–248.

[32] A.E. Ingram, A.M. Barnett, J.E. Cotter, D.H. Ford, R.B. Hall, J.A.Rand, and C.J. Thomas, Proc. 25th IEEE Photovoltaic Specialists Conf. Washington DC, 1996, p. 477–480.

[33] D.H. Ford, A.M. Barnett, R.B. Hall, C.L. Kerndall, and J.A. Rand, Proc, 25th IEEE Photovoltaic Specialists Conf. Washington DC. 1996, p. 601–604.

[34] J.F. Hoelscher, IEEE PVSC, 1981, p. 745.

[35] PV industry information service Report PC–11, July 2000, Strategies Unlimited and Private– communications, Bob Johnson Strategies Unlimited.

제 4 장

전기적 물성 분석 및 평가법

제4장

전기적 물성 분석 및 평가법

4.1 접촉저항과 쇼트키 장벽 저항율 (Resistivity)

반도체의 저항율 ρ는 반도체 소자 뿐만 아니라 출발 재료에서 중요하다. 결정 성장 동안 주의 깊게 제어를 해도 성장하는 동안 변동요소와 불순물 원자의 편석계수 (segregation coefficient)가 1 보다 작기 때문에 성장된 잉곳 (ingot)이 완벽하게 균일한 것은 아니다. 일반적으로 에피텍셜하게 성장된 층은 저항율이 아주 균일하다. 비저항은 소자에 직렬저항, 정전용량, 문턱전압, MOS 소자의 핫 캐리어 성능저하, CMOS 회로의 래치-업 그리고 다른 특성변수에 영향을 주기 때문에 중요하다. 웨이퍼 저항율은 일반적으로 소자제작 공정중에 확산이나 이온주입으로 국부적으로 가변된다.

저항율은 아래와 같은 관계식에 따라서 자유전자와 홀의 농도 n, p 그리고 전자와 홀의 이동도 μ_n과 μ_p에 의존한다.

$$\rho = \frac{1}{q(n\mu_n + p\mu_p)} \qquad (4.1)$$

ρ는 측정된 캐리어 농도와 이동도로부터 계산할 수 있다. 외인성 (extrinsic) 재료에서는 다수 캐리어 밀도가 소수 캐리어 밀도 보다 높기 때문에 다수 캐리어 밀도와 다수 캐리어 이동도는 충분히 알아낼 수 있다. 그러나 일반적으로는 캐리어 밀도와 이동도는 모르는 미지수 값이다. 그러므로 다른 규명 방안으로 비접촉 또는 잠깐의 임시 접촉 방법과 영구 접촉 방법 등의 기법을 찾아야만 한다.

4.1.1 2분 그리고 4분 탐침

4분 탐침은 반도체 저항율 측정하기 위해 일반적으로 사용된다. 보정된 표준에 다시 측정하지 않는 절대치 저항율 측정법으로 다른 저항율 측정법에 표준으로 사용될 수 있다. 2분 탐침법은 단지 2개의 탐침을 조절하면 되기 때문에 보다 용이한 방법이다. 그러나 측정한 자료를 분석하는 것이 훨씬 어렵다. [그림 4-1(a)]의 2개 접촉 또는 2분 탐침을 고려해보자. 각각의 접촉은 전류와 전압 탐침으로 사용된다. 테스트 시편 (DUT, device under test)의 저항을 결정해야 한다. 총 저항 R_T는 다음과 같이 주어진다.

$$R_T = V / I = 2R_W + 2R_C + R_{DUT} \tag{4.2}$$

여기서 R_W는 선 또는 탐침저항, R_C는 접촉저항 그리고 R_{DUT}는 테스트 시편의 저항이다. R_{DUT}를 2분 탐침법으로 결정하기 어렵다. 해결방안은 [그림 4-1(b)]와 같은 4분 탐침 또는 4접촉 구성법이다. 전류 흐름은 [그림 4-1(a)]에 동일한 여정을 가진다. 그러나 전압은 2개의 추가적인 접촉을 사용하여 측정된다. 비록 전압 양단 사이에 R_W와 또한 R_C가 포함되지만 전압계의 입력 임피던스가 아주 높기(약 10^{12} ohm또는 그 이상) 때문에 전압 측정 양 단자 사이의 전류 흐름은 거의 없다. 그러므로 R_W 그리고 R_C에서 전압강하는 무시 가능할 만큼 작기 때문에 측정된 전압은 근본적으로 DUT 양단간에 전압강하이다. 비록 소자에 전압 탐침 접촉과 전류 탐침 접촉이 동일한 접촉점이더라도 2분 탐침 보다는 4분 탐침을 사용하여 기생 전압강하를 배제할 수 있다. 이러한 4분 접촉은 Kelvin경의 이름을 따라서 종종 캘빈 측정이라고 한다.

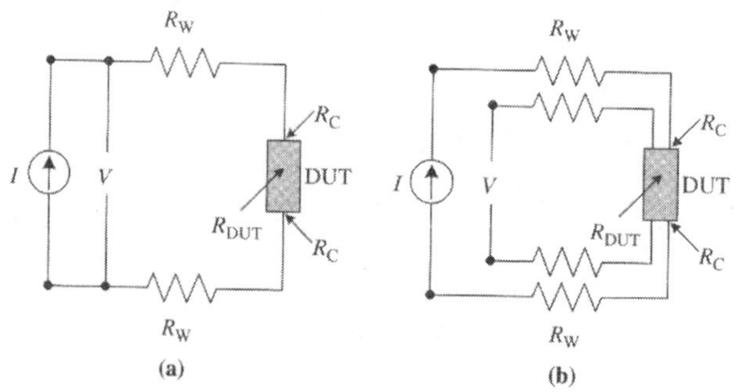

[그림 4-1] 2분 그리고 4분 탐침법 저항 측정 구성도

2분과 4분 접촉의 효과에 대한 예가 [그림 4-2]에 도시되어 있다. 금속-산화막-반도체 전계효과 트랜지스터의 드레인 전류-게이트 전압 특성 측정이 소오스와 드레인에 1개 접촉 (no Kelvin), 소오스에 1개 접촉, 드레인에 2개 접촉 (Kelvin-Drain), 소오스에 2개 접촉, 드레인에 1개 접촉 (Kelvin-Source), 소오스에 2개 접촉, 드레인에 2개 접촉 (Full-Kelvin)으로 되었다. Full Kelvin에서 접촉저항과 탐침저항을 제거함으로서 측정된 전류에 상당한 효과가 있음이 확실하다. 반도체에서 2분 탐침 방법의 탐침저항, 접촉저항 그리고 퍼짐저항 (spreading resistance)을 [그림 4-3]에 도시하였다.

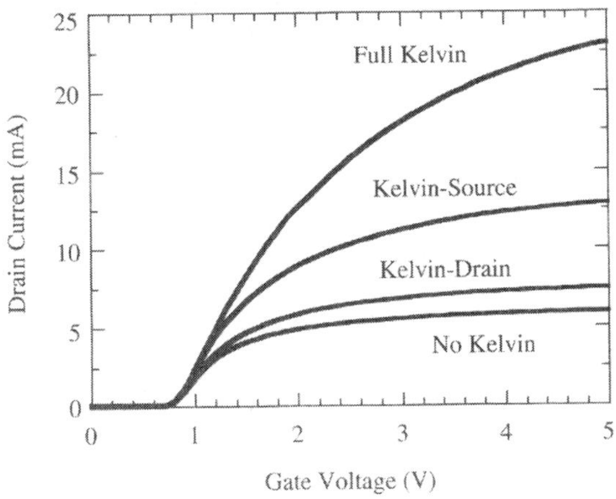

[그림 4-2] MOSFET 드레인 전류에 접촉저항 효과.
자료 출처 J. Wang, Arizona State University 자료 제공.

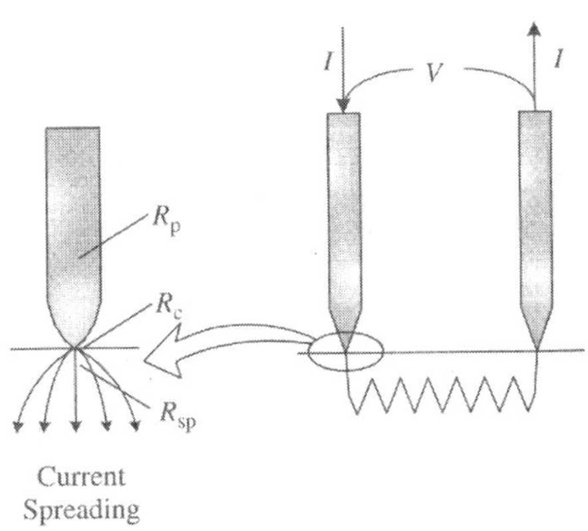

[그림 4-3] 2분 탐침 구성도로 탐침저항 R_P, 접촉저항 R_C그리고 퍼짐저항 R_{SP}를 보이고 있다.

4분 탐침 저항율을 유도하기 위해서 먼저 [그림 4-4(a)]에서와 같은 간단한 구조에서 시작하자. 전계 ξ 는 전류밀도 J, 저항율 ρ 그리고 전압 V와 아래 관계식을 가진다.

$$\xi = J\rho = -\frac{dV}{dr};\, J = \frac{I}{2\pi r^2} \tag{4.3}$$

탐침으로부터 거리 r인 점 P에서 전압은 다음과 같다.

$$\int_0^v dV = -\frac{I\rho}{2\pi}\int_0^r \frac{dr}{r^2} \Rightarrow V = \frac{I\rho}{2\pi r} \tag{4.4}$$

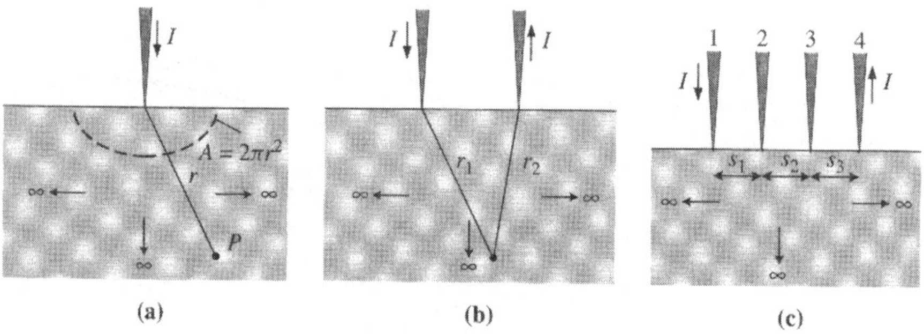

[그림 4-4] (a) 1분 탐침, (b) 2분 탐침,
(c) 동일선 상에 4분 탐침법의 전류흐름과 전압측정 개괄도.

[그림 4-4(b)] 구성에서 전압은

$$V = \frac{I\rho}{2\pi r_1} - \frac{I\rho}{2\pi r_2} = \frac{I\rho}{2\pi}\left(\frac{1}{r_1} - \frac{1}{r_2}\right) \tag{4.5}$$

이고, 여기서 r_1과 r_2는 각각 탐침 1과 2에서 부터의 거리이다. 마이너스 부호는 탐침 2에서부터 전류가 흘러 나가기 때문이다. [그림 4-4(c)]에서와 같은 탐침 간격 S_1, S_2, S_3에 대한 탐침 2에서 전압은

$$V_2 = \frac{I\rho}{2\pi}\left(\frac{1}{S_1} - \frac{1}{S_2 + S_3}\right) \tag{4.6}$$

이고, 탐침 3에서 전압은

$$V_3 = \frac{I\rho}{2\pi}\left(\frac{1}{S_1 + S_2} - \frac{1}{S_3}\right) \tag{4.7}$$

이다. 측정된 총 전압은 $V=V_{23}=V_2-V_3$는

$$V = \frac{I\rho}{2\pi}\left(\frac{1}{S_1} - \frac{1}{S_2 + S_3} - \frac{1}{S_1 + S_2} + \frac{1}{S_3}\right) \tag{4.8}$$

이다. 비저항 ρ

$$\rho = \frac{2\pi}{(1/S_1 - 1/(S_1 + S_2) - 1/(S_1 + S_2) + 1/S_3)}\frac{V}{I} \tag{4.9}$$

으로 주어지고, 단위는 ohm·cm, V는 볼트 단위로 측정된 전압, I는 암페어 단위 전류 그리고 S는 cm 단위이다. 흐르는 전류는 측정된 전압이 약 10 mV 정도의 결과 값이 되도록 한다. 대부분의 4분 탐침법에서 탐침 간격은 동일하다. $S=S_1=S_2=S_3$이면 식 (4.9)는 아래와 같이 축약된다.

$$\rho = 2\pi s\frac{V}{I} \tag{4.10}$$

일반적인 탐침 반경은 30~500 μm이고 탐침 간격은 0.5~1.5 mm이다. 시편의 직경과 두께에 따라서 간격은 변경될 수 있다. S=0.1588 cm인 경우 2πs는 1로 ρ는 간단하게 $\rho = V/I$로 된다. 작은 탐침 간격으로 웨이퍼 측면 가장자리 부근까지 정

확하게 측정이 가능하다. 이는 웨이퍼 저항율 맵핑 (mapping)에 중요한 고려사항이다. 금속 박막을 측정하기 위한 탐침과 반도체를 측정하는 탐침은 혼합해서 사용하지 말아야 한다. 특수 목적용으로 예를 들면 자기 터널 접합, 폴리머 박막, 반도체 결함 등에 탐침 간격이 1.5 μm인 미세 4분 탐침법이 사용된다.[1]

$$\rho = 2\pi s F \frac{V}{I} \tag{4.11}$$

이고, 여기서 F는 시편 측면 가장자리 부근에 탐침 위치, 시편 두께, 시편 직경, 탐침 배치 그리고 시료 온도에 대한 보정이다. 일반적으로 F는 여러 개의 독립적인 보정요소의 곱셈이 탐침 간격보다 두꺼운 시료에 대해서 두께와 측면 가장자리 상호작용 효과 때문에 식 (4.11)의 간단한 독립적인 보정요소는 더 이상 유효하지 못하다. 다행히 시료는 일반적으로 탐침 간격보다 얇고 보정요소는 독립적으로 계산될 수 있다.

모든 반도체 소자는 접촉을 가지고, 모든 접촉은 접촉저항을 가지기 때문에 이러한 접촉을 규명하는 것은 중요하다. 접촉은 일반적으로 금속-반도체 접촉이나 반도체-반도체 접촉일 수도 있다. 여기서 두 반도체는 단결정, 다결정, 비결정일 수 있다. 오옴성 접촉과 접촉저항의 개념상 논의에서 주로 일반적으로 금속-반도체 접촉이 때문에 이 접촉을 중심으로 생각한다. 접촉 형태를 측정하는 기술에 대한 논의는 중요하지 않지만 접촉 재료의 저항은 중요하다.

오옴성 접촉은 선형 또는 준선형 전류-전압 특성을 가진다. 오옴성 접촉이 선형 I-V 특성을 꼭 가져야 할 필요성은 없다. 그러나 접촉은 필요한 소자 전류를 공급할 수 있어야만 하고, 소자의 활성 영역에서 전압강하와 비교하여 접촉부분의 전압강하는 작아야만 한다. 오옴성 접촉은 소자를 상당한 정도로 성능을 저하하지 말아야 하고 소수 캐리어를 주입하지 말아야 한다.

4.1.2 보정요소

다음 보정요소는 동일선 상에 인라인 (in-line) 탐침으로 동일 탐침 간격 s에 대한 것이다. 보정요소 F를 세 개의 독립된 보정요소의 곱으로 적으면

$$F = F_1 \cdot F_2 \cdot F_3 \tag{4.12}$$

이다. 각 요소는 다시 세부항으로 구분될 수 있다. F_1은 시료의 두께에 대한 보정이며, F_2는 시료의 수평 크기에 대한 보정이고, F_3는 시료 끝 가장자리에 탐침을 배치하는 것에 대한 보정이다. 반도체 웨이퍼가 무한히 두꺼운 것이 아니므로 대부분의 측정에서 시료 두께는 보정되어야 한다. 보다 상세한 두께 보정요소는 Weller의 참고문헌에 주어져 있다.[2] 일반적으로 시료 두께는 탐침 간격과 비슷하거나 보다 작은 범주에 있어 보정요소는 아래와 같다.[3]

$$F_{11} = \frac{t/s}{2In\{[\sinh(t/s)]/[\sinh(t/2s)]\}} \tag{4.13}$$

웨이퍼 바닥 표면 경계가 비전도성이며, t는 웨이퍼 두께 또는 층의 두께이다. 만약 시료가 반도체 기판 위에 반도체 층이 있다면, 반도체 기판으로부터 층을 전기적으로 절연해 고립시켜야 한다. 이를 실행하는 가장 간단한 방법은 서로 반대의 전도도 영역을 가지도록 하는 것으로 예를 들면 p형 기판에 n형 층 또는 n형 기판에 p형 층을 만든다. 공간전하 영역은 일반적으로 충분히 전기적 절연을 수행하여 전류를 기판 위의 층에 국한한다.

전도성이 있는 하부 표면에 대한 보정요소는

$$F_{12} = \frac{t/s}{2In\{[\cosh(t/s)]/[\cosh(t/2s)]\}} \tag{4.14}$$

이다. 전도성 있는 하부 표면 경계는 달성하기 어렵다. 심지어 웨이퍼 후면에 금속을 증착해도 전도성 접촉을 확실하게 보장하기 어렵다. 항상 접촉저항이 존재한다. 대부분의 4분 탐침 측정은 절연된 하부 경계로 달성된다.

얇은 시편에 대해서는 식 (4.13)은 간략화 되어

$$F_{11} = \frac{t/s}{2In(2)} \tag{4.15}$$

와 같다. $x \ll 1$인 경우에 $\sinh(x) \approx x$로 근사화 되는 점을 이용하면 식 (4.15)는 $t \le s/2$에 대한 경우에 유효성이 성립한다. 아주 얇은 시료로 F_2 그리고 F_3가 대략 단위 값 1에 근접하면 식 (4.11), 식 (4.12), 식 (4.13)로부터 다음을 구할 수 있다.

$$\rho = \frac{\pi}{In(2)} t \frac{V}{I} = 4.532t \frac{V}{I} \tag{4.16}$$

얇은 층은 Ω/□ (ohms per square) 단위로 표시되는 면저항 R_{sh} (sheet resistance)로 규명된다. 균일하게 도핑된 시료의 면저항은 다음과 같이 주어진다.

$$R_{sh} = \frac{\rho}{t} = \frac{\pi}{In(2)} \frac{V}{I} = \frac{4.532V}{I} \tag{4.17}$$

$t \le s/2$인 제한 조건을 만족시키는 경우 유효성이 성립된다. 확산되거나 이온주입된 층, 에피텍셜 박막, 다결정 층, 금속 전도체와 같은 얇은 반도체 층을 규명하는데 면저항이 사용된다.

면저항은 시료 두께에 걸친 평균한 저항율을 측정한다. 면저항은 면전도도 G_{sh}의 역수이다. 균일하게 도핑된 시료에서

$$R_{sh} = \frac{1}{G_{sh}} = \frac{1}{\sigma t} \tag{4.18}$$

이고, σ는 전도도 그리고 t는 두께이다. 불균일하게 도핑된 시료에서 면저항은 아래와 같다.

$$R_{sh} = \frac{1}{\int_0^t [1/\rho(x)]dx} = \frac{1}{\int_0^t \sigma(x)dx} = \frac{1}{q\int_0^t [n(x)\mu_n(x) + p(x)\mu_p(x)]dx} \tag{4.19}$$

예제 4.1

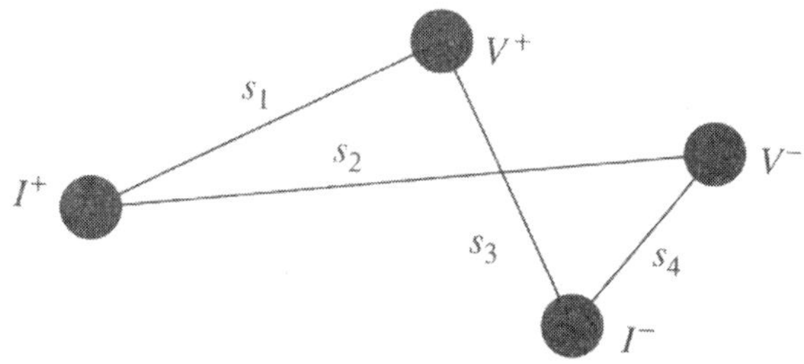

[그림 E4-1]

• **문제** : 면저항 표시를 유도하는 다른 방법이 있는가?

• **풀이** : 시료의 두께 t 그리고 저항율 ρ인 경우를 고찰하자. 4분 탐침은 그림 E1.2에서와 같이 구성한다. 전류 I는 I^+탐침에서 주입되고 원통형 대칭적으로 퍼져 나간다. 대칭성과 전류 보존에 의해서 탐침으로부터 거리 r 에서 전류밀도는

$$J = \frac{I}{2\pi rt} \tag{E4.1}$$

이다. 전계는 다음과 같다.

$$\mathcal{E} = J\rho = \frac{I\rho}{2\pi rt} = \frac{dv}{dr} \tag{E4.2}$$

이 식을 적분함으로써 I^+에서부터 거리 s_1그리고 s_2에 위치한 탐침 사이의 전압강하 V^+그리고 V^-를 다음과 같이 얻는다.

$$\int_{Vs1}^{Vs2} dV = -\frac{I\rho}{2\pi rt}\int_{s1}^{s2}\frac{dr}{r} \Rightarrow V_{s1} - V_{s1} = V_{12} = \frac{I\rho}{2\pi t} In\left(\frac{s_2}{s_1}\right) \tag{E4.3}$$

중첩의 원리에 의해서 I-에서 주입된 전류에 기인한 전압강하는

$$V_{34} = -\frac{I\rho}{2\pi t} In\left(\frac{s_3}{s_4}\right) \quad \text{(E4.4)}$$

으로 다음 식을 낳는다.

$$V = V_{12} - V_{34} = \frac{I\rho}{2\pi t} In\left(\frac{s_2 s_3}{s_1 s_4}\right) \quad \text{(E4.5)}$$

일직선 배열로 $s_1=s_4=s$그리고 $s_2=s_3=2s$인 경우는 다음 식으로 된다.

$$\rho = \frac{\pi t}{In(2)} \frac{V}{I}; \; R_{sh} = \frac{\pi}{In(2)} \frac{V}{I} \quad \text{(E4.6)}$$

4.1.3 임의의 모양을 가지는 시편의 저항률

임의의 형상 시료 측정에 대한 이론적인 기반은 van der Pauw가 개발한 균일한 맵핑에 근간을 두고 있다.[4] Van der Pauw는 임의의 형상으로 평탄한 시료에 아래 조건이 만족된다면 전류 값을 모르고도 비저항 (specific resistivity)이 측정 가능함을 보였다. (1) 접촉은 시료의 테두리에 있다, (2) 접촉은 충분히 작다, (3) 시료는 균일하게 두껍다, (4) 시료 표면은 단일체로 연결된다. 즉, 시료는 빈 동공 구멍을 포함하고 있지 않다.

임의의 모양 전도성 재료의 평탄한 시료에 [그림 4-5]에 도시된 것처럼 상기 조건을 만족하도록 접촉 12, 34를 가지는 경우를 고찰해 보자. 저항 $R_{12,34}$는 다음과 같이 정의된다.

$$R_{12,34} = \frac{V_{34}}{I_{12}} \tag{4.20}$$

여기서 전류 I_{12}는 시료에 접촉 1로 유입되고 접촉 2로 유출되며 $V_{34}=V_3-V_4$는 접촉 3,4 사이에 전압차이다. 유사하게 $R_{23,41}$도 정의된다.

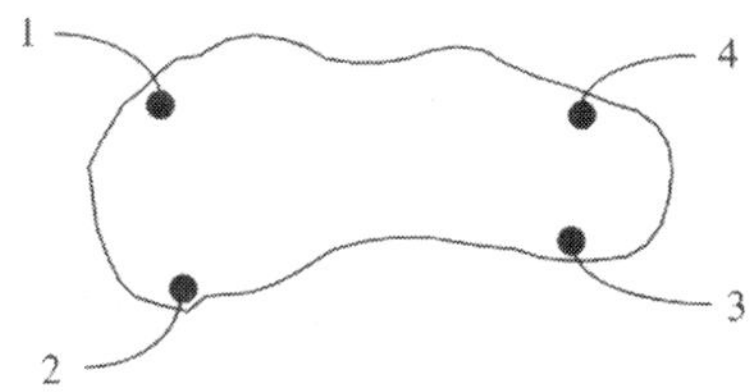

[그림 4-5] 4개 접촉을 가지는 임의의 형상 시료

저항율은 다음과 같이 주어진다.

$$\rho = \frac{\pi t}{In(2)} t \frac{(R_{12,34} + R_{23,41})}{2} F \tag{4.21}$$

여기서 F는 단지 $R_r=R_{12,34}/R_{23,41}$비율의 함수이고, 다음 관계식을 만족한다.

$$\frac{R_r - 1}{R_r + 1} = \frac{F}{In(2)} ar\cosh\left(\frac{\exp\left[In(2)/F\right]}{2}\right) \tag{4.22}$$

원형 또는 정사각형 대칭성 시료에 대한 $R_r=1$이고 F=1이다. 이는 식 (4.21)를 다음과 같이 간략화 한다.

$$\rho = \frac{\pi}{In(2)}\ t\ R_{12,34} = 4.532\ t\ R_{12,34} \tag{4.23}$$

면저항은 다음과 같이 식 (4.23)과 유사한 4분 탐침법 표기와 유사하게 된다.

$$R_{sh} = \frac{\pi R_{12,34}}{In(2)} = 4.532 R_{12,34} \tag{4.24}$$

제시된 형상 이외에도 다른 구조도 사용된다. 그 중에 하나가 [그림 4-6]에 그리스 십자 (Greek cross)이다. 포토리소그래피 기법을 이용해서 이런 구조를 아주 작게 만들 수 있고, 웨이퍼에 많은 수를 만들어서 균일도 검사를 할 수 있다. 측정을 통해서 면저항을 결정할 수 있다. 구조가 L=W인 경우 접촉은 십자의 가장자리로부터 d≤L/6가 되도록 배치해야만 한다.[5] 여기서 d는 가장자리 끝으로부터 접촉의 거리이다. 표면 누설은 만약 L이 너무 크면 오차를 수반한다.[6] 다양한 십자 면저항 구조가 연구되어 왔으며 이들 성능은 기존의 브릿지 형태 구조와 잘 비교 되있다.[7] 십자 그리고 van der Pauw 구조에서 측정한 전압이 기존의 브릿지 형태에서보다 낮다.

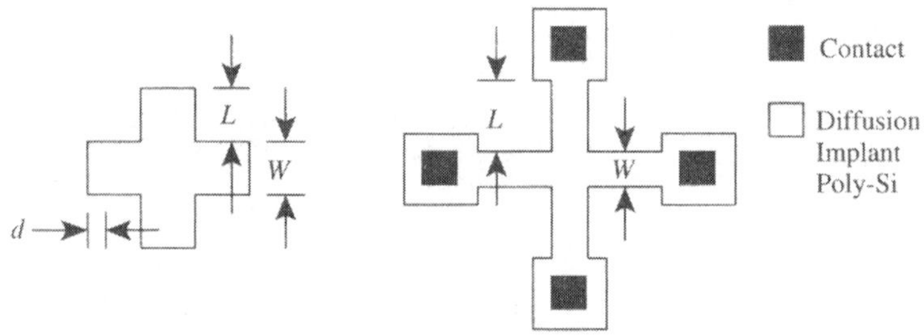

[그림 4-6] 그리스 십자 면저항 테스트 구조 D=끝단에서부터 접촉의 거리

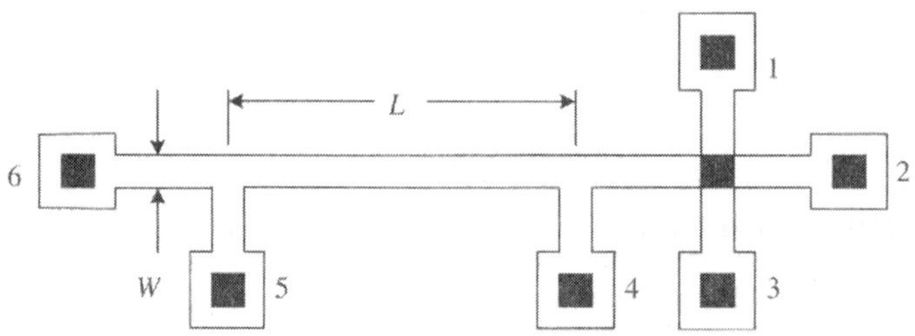

[그림 4-7] 십자 브릿지 면저항 그리고 선 폭 테스트 구조

[그림 4-7]에 그리스 십자와 십자 브릿지 구조를 조합하여 십자-브릿지 구조로 면저항 그리고 선폭 결정이 가능하다. 면저항 결정은

$$R_{sh} = \frac{\pi}{In(2)} \frac{V_{34}}{I_{12}} \tag{4.25}$$

으로 되며, 여기서 $V_{34}=V_3-V_4$그리고 I_{12}는 I_1접촉으로 전류가 흘러 들어가서 I_2접촉으로 빠져 나온다.

[그림 4-7]에 좌측 부분이 선폭 W를 결정하기 위한 브릿지 저항이다. 브릿지 저항에 걸친 전압은

$$V_{45} = \frac{R_{sh} L I_{26}}{W} \tag{4.26}$$

이고, 여기서 $V_{45}=V_4-V_5$그리고 I_{26}은 접촉 2로부터 접촉 6으로 흐르는 전류이다. 식 (4.26)로부터 선폭은

$$W = \frac{R_{sh} L I_{26}}{V_{45}} \tag{4.27}$$

이고, R_{sh}는 십자 구조와 식 (4.25)으로부터 결정된다. 이 측정에서 핵심 가정은 면저항이 테스트 구조 전반에 걸쳐 모두 균일하다는 조건이다.

[그림 4-7]에 브릿지 구조는 저항 측정에 적합하기 때문에 반도체 웨이퍼의 화학적-기계적 연마 동안 발생하는 "접시 (dishing)" 결함을 규명하는데 사용가능하다. 연마 동안 연성 금속 (soft metal)선은 가장자리 보다 중앙 부위 영역이 보다 얇게 연마되는 경향 때문에 불균일한 두께를 초래한다. 이는 특별히 동 (copper)과 같은 연성 금속선에서 중요하다. 저항이 금속선 두께에 역비례하기 때문에 저항 측정으로 "dishing" 정도를 결정하는데 사용할 수 있다.

4.2 접촉저항

4.2.1 금속–반도체 접촉

금속–반도체의 쇼트키 모델은 [그림 4-8]에 도시하였다. 그림에서 위쪽은 접촉 이전의 에너지 밴드 그리고 아래쪽은 접촉 이후의 밴드 구조이다. 금속과 반도체 사이의 접촉은 아무런 계면 층이 없다고 가정하고 고체의 일함수는 진공 준위와 페르미 준위 사이의 에너지 차이로 정의한다. 금속과 반도체의 일함수는 [그림 4-8]에 보였으며 [그림 4-8(a)]에서 금속의 일함수 Φ_m는 반도체의 일함수 Φ_s보다 작다. 일함수는 에너지 Φ_m으로 주어지며 전위 Φ_m와의 관계는 $\Phi_m=\Phi_m/q$이다.

[그림 4-8(b)]에서 $\Phi_m=\Phi_s$이고 [그림 4-8(c)]에서 $\Phi_m>\Phi_s$이다. 이 모델에서 접촉 이후 이상적인 장벽 높이는 다음과 같다.

$$\phi_B = \phi_M - x \tag{4.28}$$

여기서 χ는 반도체의 전자 친화도로써 반도체 표면에서 진공 준위와 전도대의 바닥 사이의 전위 차이로 정의된다. 쇼트키 이론에 따르면 장벽 높이는 금속의 일함수와 반도체의 전자 친화도에만 의존하고 반도체 도핑 농도에는 의존하지 않는다. [그림 4-8]의 3가지 장벽 유형은 적당한 일함수의 금속을 사용하여 장벽의 높이를 손쉽게 조절할 수 있다. 중성 기판에서 다수 캐리어 밀도와 비교하여 다수 캐리어가 축적되거나, 변화가 없거나 (중성), 공핍되기 때문에 축적 (accumulation), 중성 (neutral), 공핍 (depletion)접촉이라 한다.

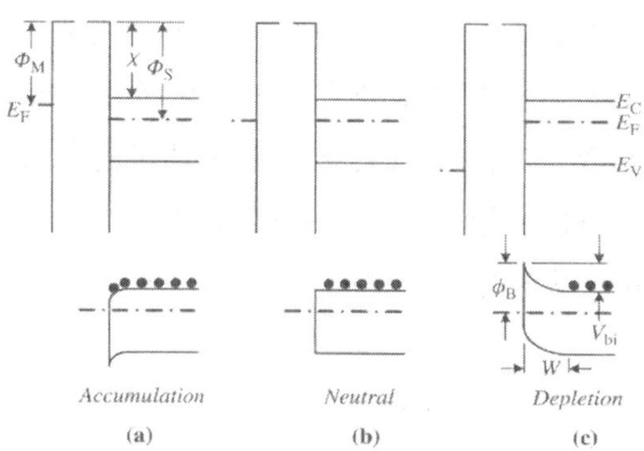

그림에서 상부는 금속–반도체 접촉 전, 하부는 접촉 후이다.

[그림 4-8] 간단한 쇼트키 모델에 따른 금속–반도체 접촉

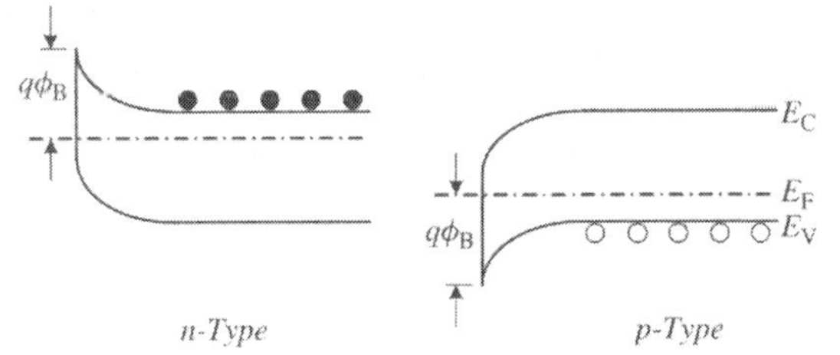

[그림 4-9] n형, p형 기판에 공핍형 접촉

[그림 4-8(a)]로부터 자명하듯이 n형 축적 접촉은 오옴성이 우선되며 금속에서 전자들은 최소의 장벽을 마주치면서 반도체의 안과 밖으로 흐른다. 실제에서는 금속의 일함수를 가변하여 장벽 높이를 변화하기는 어렵다. 일반적인 반도체 Ge, Si, GaAs, 다른 Ⅲ-V족 재료에 대한 장벽 높이는 상대적으로 금속의 일함수와 무관함을 실험적으로 관찰하였다.[8] [그림 4-9]에 보인 것처럼 n형과 p형 기판에서 공핍 접촉이 일반적으로 형성된다. n-형 기판에서 $\Phi_B \approx 2E_g/3$ 이고 p-형 기판에서 $\Phi_B \approx E_g/3$이다.[9]

다양한 일함수 금속에 장벽 높이가 비교적 일정한 것은 페르미 레벨 고정 때문이고 여기서 반도체의 페르미 준위가 밴드갭의 어떤 에너지에 고정되어 공핍형 접촉을 형성한다. 반도체 표면에 완벽하지 못한 표면이 접촉 형성 동안에 중요한 역할을 수행하지만, 쇼트키 장벽의 형성에 관한 완전한 해석은 이루어지지 못했다.

장벽 높이가 금속의 일함수에 상대적으로 무관한 원인이 어떠한 메커니즘 이던 축적형 접촉을 조절하기가 어렵다. 장벽 높이 조절이 비실용적이기 때문에 오옴성 접촉을 실행하기 위한 다른 방안을 찾아야 한다. 오옴성 접촉은 높은 재결합율 지역으로 자주 정의된다. 이는 높게 손상된 영역이 오옴성 접촉의 역할을 한다는 것을 의미한다. 이런 제작 방법은 실질적이지 못하다. 반도체 소자에서 손상은 마지막으로 원하는 것이고 손상 유도된 오옴성 접촉은 반복성이 없다. 접촉을 조절하기 위해서 반도체 도핑 농도가 유일한 대안으로 남게 된다.[10] 이미 언급한 것처럼 장벽 높이는 도핑 농도에 상대적으로 무관하지만 장벽 폭은 도핑 농도에 의존한다. 장벽 높이는 실질적으로 이미지 힘에 의한 장벽이 낮아지는 것을 통해서 도핑 농도에 미약하게 의존한다.

높게 도핑된 반도체는 좁은 공간전하 영역 (scr) 폭 W ($W \sim N_D^{1/2}$)을 가진다. scr 폭이 좁은 금속-반도체에서는 전자는 금속에서 반도체로 그리고 반도체에서 금속으로 터널링 할 수 있다. p형 반도체에서는 홀이 터널링한다. 일부 독자는 금속에서 반도체로 홀이 터널링 하는 개념이 이해가 힘들지 모르지만, 홀이 금속에서 반도체로 터널링 하는 것은 반도체가 전자대로부터 금속으로 전자가 터널링하는 것으로 생각하면 도움이 될 것이다.

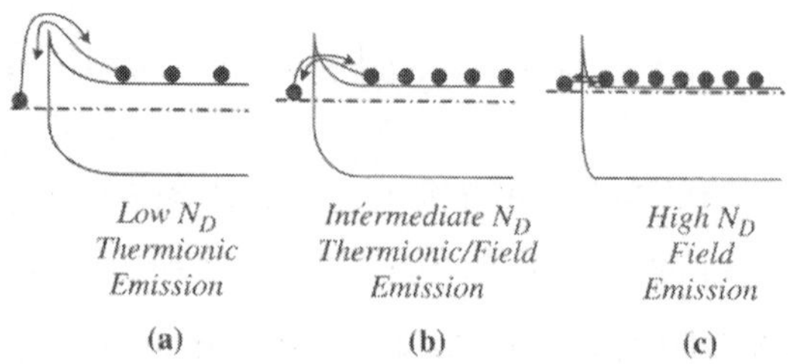

[그림 4-10] 도핑 농도를 증가하면서 n형 기판에 공핍형 접촉. 전자흐름이 전자와 화살표로 개념적으로 표시되었다.

[그림 4-10]에 금속-n형 반도체의 전도 메커니즘을 도시하였다. 낮게 도핑된 반도체에서 전류는 열적 방출 (thermionic emission, TE)의 결과로 [그림 4-10(a)]와 같이 열적으로 여기된 전자가 장벽을 극복하여 전류가 흐른다.[11] 중간범위로 도핑된 반도체에서는 열적-전계 방출 (thermionic-field emission, TFE)이고 터널링이 발생하도록 충분히 좁은 장벽의 에너지까지 열적으로 여기되는 캐리어가 주도한다. 높은 도핑 농도에서는 장벽이 충분하게 좁아서 전도대 바닥의 전자가 직접 통과하며 전계방출 (field emission, FE)이 일어난다. 3가지 영역은 다음과 같이 정의되는 특성 에너지 E_{00}를 고찰하여 분류될 수 있다.

$$E_{00} = \frac{qh}{4\pi}\sqrt{\frac{N}{K_s\varepsilon_0 m^*_{tun}}} = 1.86\times 10^{-11}\sqrt{\frac{N(cm^{-3})}{K_s(m^*_{tun}/m)}}[eV] \tag{4.29}$$

여기서 N은 도핑 농도, m^*_{tun}은 터널링 유효 무게, m은 자유전자 무게이다. 식 (4.29)는 [그림 4-11]에 그래프화 되었다. E_{00}를 열적 에너지 kT와 비교하여 $kT \gg E_{00}$에서 전계방출이 주도한다. 간략화를 위해서 [그림 4-11]에서 구분점을 선택하였다. TE: $E_{00} \leq 0.5kT$, TFE: $0.5kT < E_{00} < 5kT$, FE: $E_{00} \geq 5kT$이다. 실리콘에서 터널링 유효 무게로 0.3m인 경우, $N \leq 3\times 10^{17} cm^{-3}$이면 근사적으로 TE에 해당하고,

$3\times10^{17}<N<2\times10^{20}$ cm^{-3}이면 T_{FE}, $N\geq2\times10^{20}$ cm^{-3}이면 FE에 해당한다. n-Si과 p-Si에 대한 터널링 유효 무게는 서로 다르고 또한 도핑 농도에 따라서도 다르다.

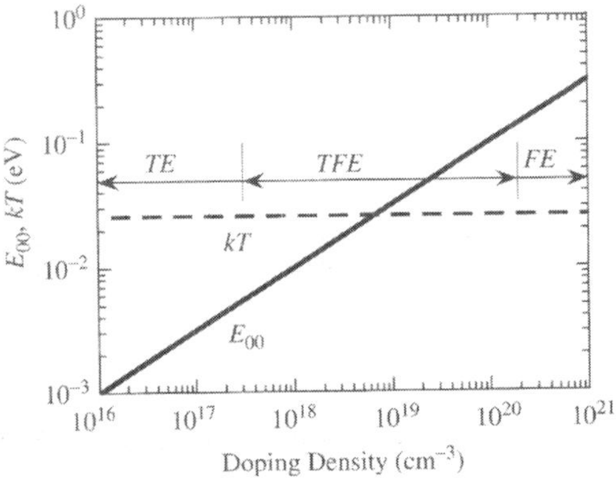

[그림 4-11] Si에서 m^*_{tun}/m=0.3,T=300K인 경우 도핑 농도의 함수로 E_{00}와 KT.

[그림 4-10(c)]의 구조는 대부분 실제 접촉에서는 구현이 안된다. 접촉에서 멀리 떨어진 영역은 [그림 4-10]에 도시된 것처럼 보다 낮게 도핑된다. 접촉저항은 금속-반도체 접촉저항과 n^+n 접촉저항의 합으로 된다. 만약에 이러한 구조에서 접촉저항을 금속-반도체 접합저항이 주도하면 균일하게 도핑된 구조와 비슷한 접촉저항을 가진다. 그러나 접촉저항이 도핑 농도에 의존하면 n^+n 접합이 금속-반도체 접합을 능가하여 특성을 주도할 때에는 접촉저항이 달라질 것으로 예상된다. 접촉저항이 도핑농도에 역비례하는 관계는 고농도-저농도 접합의 저항에 기인한 것이다.[12]

4.2.2 접촉저항

금속-반도체 접촉은 [그림 4-12]에 도시된 것처럼 기본적으로 2가지 분류에 속한다. 전류가 접촉에 수직 또는 수평으로 흐른다. 수직 그리고 수평 또는 측면 접촉은 실제 접촉 면적과 실효 접촉 면적이 다르기 때문에 서로 아주 다르게 거동한다. 절연체 위에 시료 점 A와 B 사이의 총 저항 RT를 3개의 구성요소로 구분한다. (1) 금속 전도체의 저항 R_m,(2)접촉저항 R_c,(3)반도체 저항 R_{semi}이다. 총 저항은 다음과 같다.

$$R_T = 2R_m + 2R_c + R_s \tag{4.30}$$

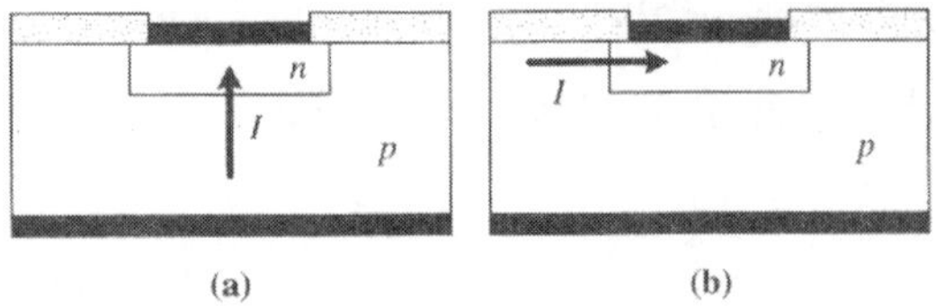

[그림 4-12] (a) 수직, (b) 수평 접촉

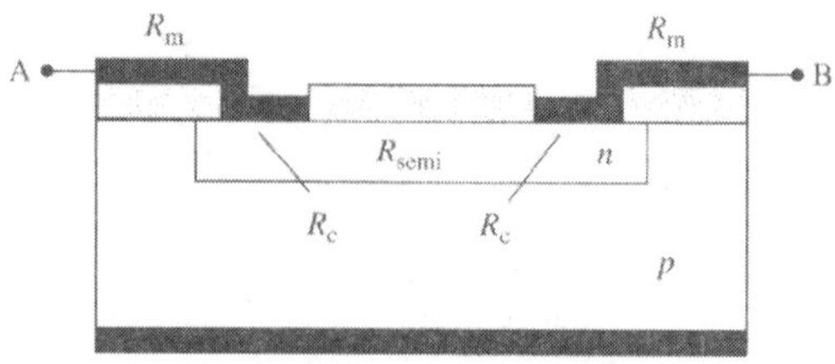

[그림 4-13] 확산된 반도체 층에 두 접촉을 보인 개략도.
금속저항, 접촉저항, 반도체 저항이 표기됨

반도체 저항은 n형의 면저항이 주도한다. 접촉저항은 분명하지 않게 정의된다. 접촉저항은 분명히 금속과 반도체 접촉의 저항을 포함하고 때때로 계면 비저항(specific interfacial resistivity)이라고 한다.[13] 그러나 접촉저항은 금속-반도체 계면 위쪽에 가까운 금속 영역, 계면에 아래쪽에 반도체의 일부 영역을 포함하고, 전류 밀집 효과, 임의의 계면 산화막 또는 반도체와 금속 사이에 존재하는 다른 막을 포함한다. 그러면 도대체 어떻게 접촉저항을 정의할까?

금속-반도체 접촉의 전류밀도는 인가전압 V, 장벽 높이 Φ_B, 도핑 농도 N_D에 의존하며 [그림 4-10]의 3가지 전도 메커니즘은 각 경우에 유사하게 변한다. 이런 의존성을 다음과 같이 쓴다.

$$J = f\left(V, \phi_B, N_D\right) \tag{4.31}$$

접촉저항은 2가지 성분으로 규명된다. 접촉저항 R_c (ohm)그리고 접촉 비저항 ρ_c (ohm·cm^2)때로는 접촉 저항율 또는 접촉 비저항으로 부른다. 접촉 비저항은 실제 계면뿐만 아니라 계면의 위, 아래 부근 영역까지도 포함한다.

계면 비저항 ρ_i (ohm·cm^2)는 다음과 같이 정의된다.

$$\rho_i = \frac{\partial V}{\partial J}\Big|_{V=0} \tag{4.32a}$$

나중에 보겠지만 접촉 면적 또한 접촉의 거동에 역할을 수행한다. 그러므로 ρ_i는 또한 다음과 같이 정의된다.

$$\rho_i = \frac{\partial V}{\partial J}\Big|_{A\to 0} \tag{4.32b}$$

여기서 A는 접촉 면적이다. 이 계면 비저항은 반도체-금속 계면에 관한 이론적인 양이다. 상기에 언급한 다양한 효과 때문에 실질적으로 측정하기는 어렵다. 접촉저항 측정으로부터 결정되는 변수는 접촉 비저항이다. 이 값은 접촉 면적과 무관하고 다양한 크기의 접촉을 비교할 때에 편리하기 때문에 오옴성 접촉에 대해서 아주 유익한 항이다. 금속-반도체 접촉의 이론적 표시를 유도할 때에 ρ_c만을 사용할 것이다. 이하에서 실제 접촉, 이에 대한 측정, 해석 등에 ρ_c를 사용한다.

열적방출이 주도하는 금속-반도체 접촉의 전류밀도는 가장 간략한 형태로는 다음과 같이 주어진다.[14]

$$J = A^* T^2 e^{-q\phi_B/kT}(e^{qV/kT} - 1) \tag{4.33}$$

여기서 $A^*=4\pi qk^2m^*/h^3=120(m^*/m)A/cm^2\cdot K^2$로 Richardson 상수, m은 자유전자 무게, m*유효전자 무게, T는 절대온도이다. 열적방출에 대한 계면 비저항을 식 (4.32a)로 구하면

$$\rho_i(TE) = \rho_1 e^{q\phi_B/kT}; \rho_1 = \frac{k}{qA^*T} \tag{4.34}$$

이고, 열적 전계방출 ρ_i는 다음과 같이 주어진다.[9]

$$\rho_i(TFE) = C_1\rho_1 e^{q\phi_B/E_0} \tag{4.35}$$

전계방출의 경우에 ρ_i[9]는

$$\rho_i\left(FE\right) = C_2\rho_1 e^{q\phi_B / E_{00}} \tag{4.36}$$

이고, C_1과 C_2는 N_0, T, Φ_B의 함수이다. 식 (4.29)에서 E_0는 E_{00}에 다음과 같이 관계된다.

$$E_0 = E_{00} \coth\ (E_{00} / kT) \tag{4.37}$$

식 (4.36)에서 E_{00}를 대치하면 다음을 얻는다.

$$\rho_1(FE) = \exp(C_3/\sqrt{N}) \tag{4.38}$$

여기서 C_3는 상수이고 N은 접촉 아래의 도핑 농도이다. ρ_i(FE)에 대한 실제적 표현은 훨씬 더 복잡하다. 여기서는 가장 단순한 형태로 ρ_i가 도핑 농도와 장벽 높이에 의존하는 것을 표시하였다. 식 (4.38)에서 인지하듯이 ρ_i(FE)는 접촉 아래의 도핑 농도에 아주 민감하다. N은 가장 낮은 계면 비저항을 위해서 가능한 높아야 한다.

4.3 쇼트키 장벽

4.3.1 쇼트키 장벽 높이

n형 기판에 쇼트키 장벽 다이오드의 에너지 밴드 다이어그램을 [그림 4-14]에 보였다. 다이오드가 강하게 순방향 바이어스 될 때에만 이상적인 장벽 높이 φ_{BO}에 근접하게 된다. 실제 장벽 높이 φ_B는 이미지 힘 (image force) 장벽 하강과 다른 요소 때문에 φ_{BO}보다 작다. 내부전위 (built-in potential) V_{bi}그리고 V_0는 반도체 전도대에서 페르미 준위까지의 전위이다. 직렬저항과 병렬저항을 무시한 쇼트키 다이오드

의 열적 전류-전압 관계는 다음과 같이 주어진다.

$$I = AA^{*}T^{2}e^{-q\phi_B/kT}(e^{qV/nkT}-1) = I_{s1}e^{-q\phi_B/kT}(e^{qV/nkT}-1) = I_s(e^{qV/nkT}-1) \tag{4.39}$$

여기서 I_s는 포화전류, A는 다이오드 면적, $A^{*}=4\pi qk^{2}m^{*}/h^{3}=120(m^{*}/m)A/cm^{2}\cdot K^{2}$으로 Richardson 상수, φ^{B} 유효 장벽 높이, n 이상계수이다. 출판된 A^{*}의 값은 <표 4.1>에 주어져 있다.

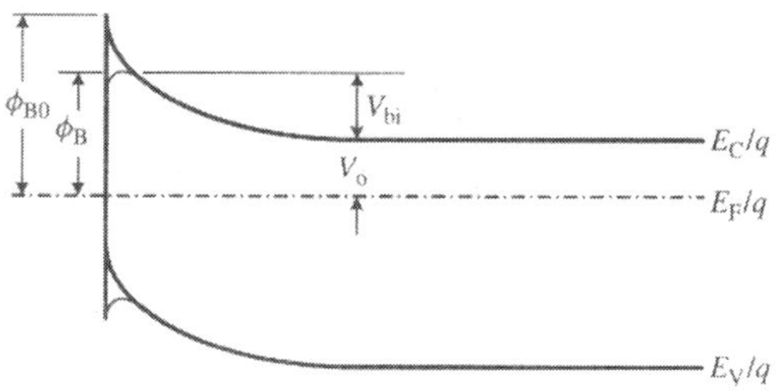

[그림 4-14] 쇼트키 장벽 전위 밴드 다이어그램

<표 4.1> 실험적 Richardson 상수, A^{*}값

Semiconductor	A^{*} (A/cm^2·K^2)	Ref.
n-Si	112 (±6)	95
p-Si	32 (±2)	95
n-GaAs	4-8	96
n-GaAs	0.41 (±0.15)	97
p-GaAs	7 (±1.5)	97
n-InP	10.7	109

이상계수 n는 소자가 비이상적으로 되는 모든 미지 효과를 포함한다. 쇼트키 다이오드는 전체 면적에 걸쳐서 균일하기 어렵다. 장벽 높이의 불균일은 n>1로 나타나며 다른 효과도 설명이 된다. 온도가 증가하면 n은 감소하고 역방향 바이어스가 증가하면 n은 감소한다.[15] 식 (4.39)은 때때로 다음과 같이 표현된다.

$$I = I_s e^{qV/nkT}(1-e^{-qV/kT}) \tag{4.40}$$

식 (4.40)에 따라서 자료를 반로그(semilog) I 대 V 그래프로 그리면 단지 V≫kT/q에 대해서만 [그림 4-15]에 보인 것처럼 선형이다. 식 (4.40)를 사용하여 log[I／(1−exp(−qV/kT))] 대 V 그래프로 그릴 때 [그림 4-15]에 보인 것처럼 V=0까지 모두 선형이다.

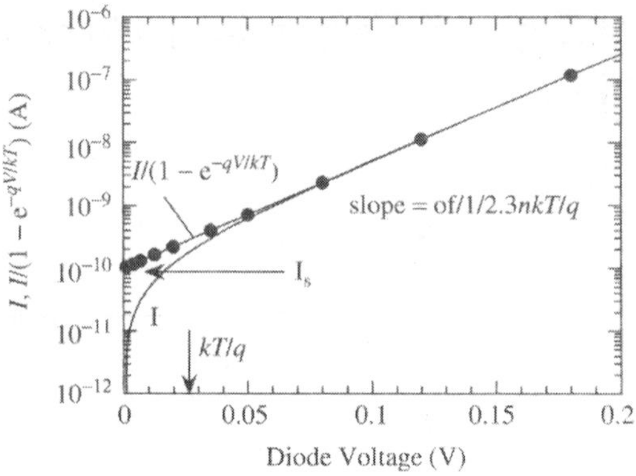

[그림 4-15] 쇼트키 다이오드에 대한 전류-전압 그래프 작성의 두 가지 방법.

4.3.2 전류-전압

전류-전압 방법 중에서 장벽 높이는 가장 일반적으로 포화전류 I_s로부터 계산되며 반로그 I 대 V 곡선에서 V=0으로 외삽하여 결정된다. 장벽 높이 φ_B는 식 (4.41)에서 다음 식에 따라서 I_s로부터 계산된다.

$$\phi_B = \frac{kT}{q} In\left(\frac{AA^*T^2}{I_s}\right) \tag{4.41}$$

장벽높이는 영 바이어스에서 φ_B가결정된다. 식 (4.41)에서 가장 불확실한 변수는 A^*이고, A^*의 정보만큼 이 방법을 정확하게 한다. 다행히, A^*는 “ln”항에서 나타나고 A^*에서 두 가지 오차는 φ_B에단지 0.7 kT/q의 오차만을 낳는다. 그럼에도 오차는 이 불확실성 때문에 발생한다.

실험식 Cr/n-Si 다이오드에 대한 반로그 (semilog) I 대 V 그래프를 [그림 4-16(a)]에 나타냈다. V>0.2 V에서 직렬저항에 기인한 전류는 선형성으로부터 벗어난다.

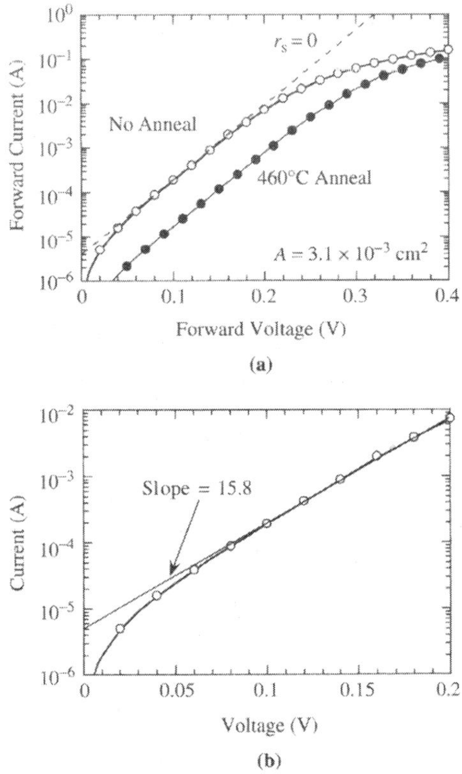

[그림 4-16] (a) 상온에서 측정된 Cr/n-Si 다이오드의 열처리 전,
금속 증착 직후(as-deposited)와 460℃ 열처리 후 전류-전압 특성, (b) (a)의 확대 부분.

쇼트키 장벽 다이오드가 면적 3.1×10^{-3} cm^{2}으로 n-Si에 제작되었다. 소자는 p^+ 보호링을 쇼트키 접합면의 주변에 가지고 있어 접촉 가장자리 끝의 누설전류를 축소하고 쇼트키 접촉으로 Cr을 사용하고, 확산장벽 금속으로 TiW, 금속 위에 층으로 NiV-Au, 후면 오옴성 접촉으로 Cr-Ni-Au를 사용한다. 전면과 후면 금속은 각각 스퍼터링과 진공증발 증착법을 사용하였다. 소자가 온도 T=460℃에서 열처리 되면 장벽 높이가 증가하고 전류는 감소한다. [그림 4-16(b)]에 확장된 I-V 곡선의 기울기로부터 n=1.05 그리고 V=0에서 교점 $I_s = 5 \times 10^{-6}$ A, 식 (4.41)로부터 계산된 장벽 높이 $\varphi_B(I-V) = 0.58$ V이고 이 때 $A^* = 110$ A/cm^{2}K^{2}으로 n-Si 이다.

4.3.3 전류-온도

$V \gg kT/q$에 대해서 식 (4.41)은 다음과 같이 쓸 수 있다.

$$In\left(I/T^2\right) = In\left(AA^*\right) - q\left(\phi_B - V/n\right)/kT \tag{4.42}$$

일정한 순방향 바이어스 전압 $V=V_1$에서 $\ln(I/T^2)$대 1/T의 그래프는 때때로 Richardson plot으로 부르며 곡선의 기울기 $-q(\varphi_B - V_1/n)/k$와 교점 $\ln(AA^*)$를 수직 축에 가진다. 기울기는 일반적으로 잘 정의된다. 그러나 교점으로부터 A^* 추출은 오차를 가지는 경향이 있다. 일반적으로 1000/T 축은 아주 협소한 범위만을 나타내어 약 2.6에서 3.4 정도를 가진다. 좁은 자료의 범위에서 1/T=0까지 외삽하면 긴 거리에 걸친 외삽과 자료에 불확실성은 커다란 A^* 불확실성을 낳을 수 있다.

장벽 높이는 다음과 같이 주어진다.

$$\phi_B = \frac{V_1}{n} - \frac{k}{q}\frac{d\left[In\left(I/T^2\right)\right]}{d\left(1/T\right)} = \frac{V_1}{n} - \frac{2.3k}{q}\frac{d\left[\log(I/T^2)\right]}{d(1/I)} \tag{4.43}$$

알고 있는 순방향 바이어스 전압에서 기울기로부터 장벽 높이를 구하지만 n은 독립적인 방법으로 결정해야 한다. 가끔 $\ln(I_s/T^2)$대 1/T 그래프를 작성하고 반로그 I 대 V 그래프의 교점으로부터 I_s를 구한다. 그런 다음 식 (4.43)에 전류 I는 I_s로 대치한다. Richardson plot 방법에 의한 장벽 높이 결정에 내포된 가정은 온도에 무관한 장벽 높이이다. 장벽 높이는 온도에 관련이 되어야 하며 다음과 같이 φ_B를 쓸 수 있다.

$$\phi_B\left(T\right) = \phi_B\left(0\right) - \xi T \tag{4.44}$$

이러한 온도 의존성 때문에 식 (4.42)은 다음과 같이 된다.

$$In\left(I/T^2\right) = In\left(AA^*\right) + q\xi/k - q\left(\phi_B\left(0\right) - V/n\right)/kT \tag{4.45}$$

Richardson plot은 이제 영 켈빈 (zero Kelvin) 장벽 높이 $\varphi_B(0)$를 주고 교점은 $\ln(AA^*)+q\xi/k$이다. 이제 더 이상 A^*는 결정될 수 없다. 때로는 저온에서 Richardson plot에서 비선형성이 관측된다. 이는 아마도 전류 전도 메커니즘에 열적 방출 이외의 다른 메커니즘의 개입 때문일 것이고 이 경우 일반적으로는 n>1.1 이상의 다이오드 이상계수 (ideality factor)를 가진다. 비선형 Richardson plot은 장벽 높이 그리고 이상계수 모두가 온도에 의존할 때에 또한 관측된다. 정밀한 φ_B 그리고 A^*추출은 불가능하나 만약 nln(I/T^2)대 1/T로 그래프를 그리면 선형성을 회복된다.[16]

4.3.3 정전용량-전압

쇼트키 다이오드의 단위 면적당 정전용량은 다음과 같이 주어진다.

$$\frac{C}{A}=\sqrt{\frac{\pm qK_s\varepsilon_0\left(N_A-N_D\right)}{2\left(\pm V_{bi}\pm V-kT/q\right)}} \tag{4.46}$$

여기서 "+" 부호는 p-형($N_A>N_D$)에 적용되고, "-" 부호는 n형($N_A>N_D$)기판에 적용되며 V는 역방향 바이어스 전압이다. n형 기판에서 $N_D>N_A$, $V_{bi}<0, V<0$인 반면에 p-형 기판에서 $N_D<N_A$, $V_{bi}>0$, $V>0$이다. 분모에 kT/q는 공핍 근사에서는 포함하지 못한 공간전하 영역에서 다수 캐리어 꼬리 (majority carrier tail)에 해당한다. 내부전위는 장벽높이와 다음 관계식을 가진다.

$$\phi_B=V_{bi}+V_0 \tag{4.47}$$

$V_0=(kT/q)\ln(N_C/N_D)$이고 여기서 N_C는 전도대의 유효 상태 밀도이다. $1/(C/A)^2$대 V 그래프 곡선의 기울기는 $2/[qK_s\varepsilon_0(N_A-N_D)]$이고 전압축에 교점은 $V_i=-V_{bi}+kT/q$이다.

장벽 높이는 전압 교점으로부터 결정된다.

$$\phi_B=-V_i+V_0+kT/q \tag{4.48}$$

도핑 농도는 기울기로부터 결정할 수 있다. φ_B(C-V)는 $1/C^2$-V곡선에서 $1/C^2\to0$ 또는 $C\to\infty$ 조건으로 결정되기 때문에 대략적으로 평탄 밴드 장벽 높이를 결정하고 충분히 높은 바이어스는 반도체에서 평탄 밴드 조건이 된다. 다이오드에 대한

$(C/A)^{-2}$대 V는 [그림 4-17]에 도시되어있다. 기울기로부터 $N_A=2 \times 10^{16} cm^{-3}$을 얻고, 식 (4.48)로부터 장벽 높이는 $\varphi_B(C-V)=0.74$ V로 교점 전압 $V_i=-0.53$ V와 상온 $n_i=10^{10}$ cm^{-3}인 Si의 경우를 적용하여 얻었다.

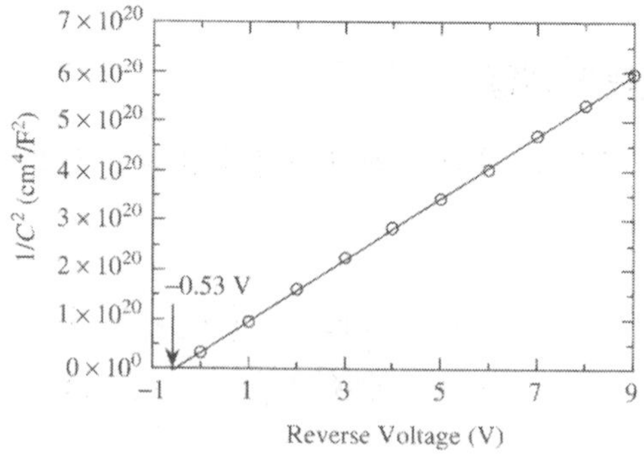

[그림 4-17] 열처리 없이 제조된 다이오드로 역방향 바이어스 $1/C^2$대 전압 측정은 상온에서 수행

4.3.4 광전류

쇼트키 다이오드가 서브 밴드갭 에너지 ($h\upsilon < E_G$)의 광자에 노출되면 [그림 4-18(a)]에 보인 것처럼 금속에서 반도체로 반송자를 여기 할 수 있다.

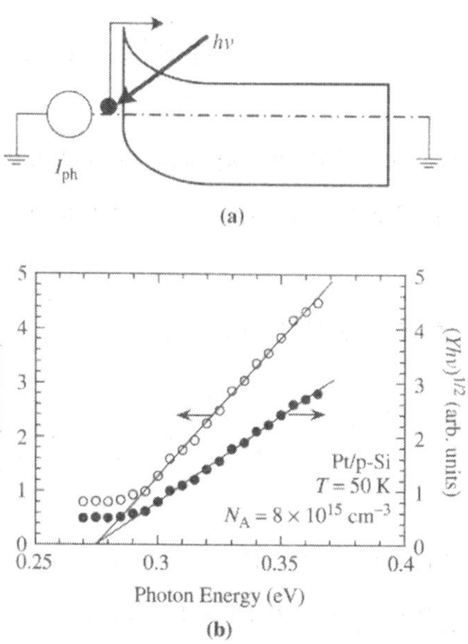

[그림 4-18] Pt/p-Si 쇼트키 다이오드의 광방출 수율.[17]

$h\upsilon > \varphi_B$이면 전자는 금속장벽을 넘어서 반도체로 여기 (excite)되고 광전류 I_{ph}로 검침된다. 빛은 금속으로부터 입사하거나 또는 이러한 광자 에너지에 대해서 반도체는 투과 가능하므로 반도체 측에서 입사할 수 있다. 금속은 충분히 얇아서 빛이 침투할 수 있도록 해야만 한다. 수율 Y는 흡수된 광속에 광전류의 비율로 정의되며 다음과 같이 주어진다.[18]

$$Y = B\left(hv - q\phi_B\right)^2 \tag{4.49}$$

여기서 B는 상수. $Y^{1/2}$대 $h\upsilon$ 그래프를 그리고 곡선의 선형 부분을 $Y^{1/2}=0$까지 외삽하여 장벽 높이를 구하며 때때로 Fowler plot이라고 한다. 수율은 또한 다음과 같이 주어진다.

$$Y = C\frac{(hv - q\phi_B)^2}{hv} \tag{4.50}$$

여기서 C는 다른 상수이다. 예제 그래프가 [그림 4-18(b)]에 도시되어있다. 에너지 0.29 eV 이하의 영역은 광자가 여기 된 열 방출에 기인한 것이다.

Fowler 그래프는 이론상으로 예측된 것처럼 항상 선형은 아니다. 결과가 비선형일 때에 φ_B의 결정은 어렵다. 식 (4.50)에 미분을 취하면 선형성으로부터 벗어남은 기존의 Fowler plot 보다 아주 작다. Fowler plot에 장벽 높이 부분 근방에 확장된 꼬리 부분이 미분에 의해서 제거되기 때문이다. 광전류 기법은 단지 광전류 흐름에 의존하고 터널 전류에는 영향을 받지 않으므로 특히 φ_B가 $h\upsilon \gg \varphi_B$인 조건에서 구해지면 이 경우에는 전자가 장벽높이보다 훨씬 높은 에너지를 가지고 광전류에 기여하기 때문이다.

연습문제

1 미소한 n^+ 영역을 포함한 n형 웨이퍼를 생각해보자. 기존의 직선형 4분 탐침이 상기 웨이퍼에 탐침 1번만 n^+ 영역에 위치하도록 한다. 나머지 3개의 탐침은 웨이퍼의 n형 영역에 위치한다. 이 4분 탐침에서 전류는 탐침 1로 유입하여 탐침 4로 유출되고 전압은 탐침 2와 3 사이에서 측정된다. 탐침 2와 4 사이에는 n^+ 영역은 없다. 이 경우에 측정된 면저항은 정확한가?

2 [그림 P 4-1]에 보인 정사각형 4-분 탐침 간격 s로 측면과 수직으로 무한 길이인 반도체 시료의 저항율에 대한 식을 유도하시오. 전류 I가 탐침 1로 유입하여 탐침 4로 유출되고 전압은 탐침 2와 3 사이에서 측정된다.

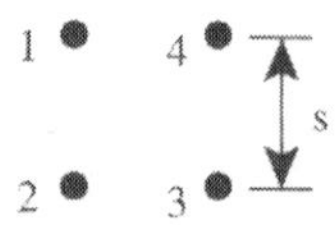

[그림 P 4-1]

3 [그림 P 4-2]에 도시한 4-분 탐침 간격으로 측면과 수직으로 무한 길이인 반도체 시료의 저항율에 대한 식을 유도하시오. 전류 I가 탐침 1로 유입하여 탐침 4로 유출되고 전압은 탐침 2와 3 사이에서 측정된다.

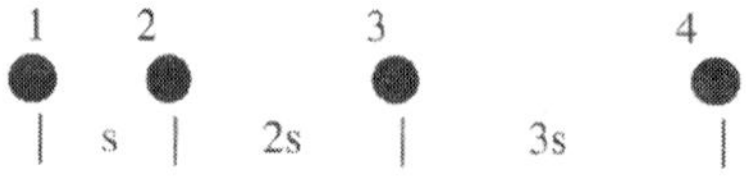

[그림 P 4-2]

4 두 개의 금속 접촉이 n형 반도체 기판에 형성된다. [그림 P 4-3]는 이 경우에 대한 I-V 곡선이다. 접촉 A는 쇼트키 접촉, 접촉 B는 오옴성 접촉이다. 두 접촉 모두가 쇼트키 접촉일 때에 동일한 I-V 곡선에 특성을 그리시오.

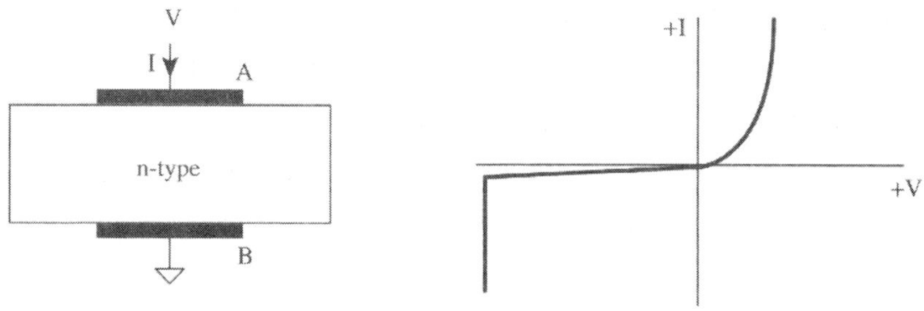

[그림 P 4-3]

5 n층에서 도핑 농도 대 깊이 [그림 P 4-4]에 두 경우에 대하여 보였다. 두 경우에서 접촉 비저항과 면저항을 논의하시오. 꼭 둘이 동일한지, 않은지 그리고 왜 동일한지, 왜 동일하지 않은지를 논하시오.

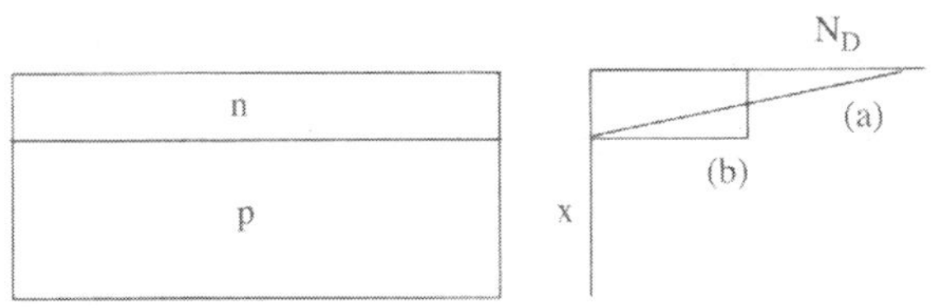

[그림 P 4-4]

참고문헌

[1] D. C. Worledge, Appl. Phys. Lett. 84, 1695 (2004).

[2] R. A. Weller, Rev. Sci. Instrument. 72, 3580 (2001).

[3] J. Albers and H. L. Berkowitz, J. Electrochem. Soc. 132, 2453 (1985).

[4] L. J. van der Pauw, Phil. Res. Rep. 13, 1 (1958).

[5] Y. Sun, J, Shi and Q. Meng, Semic. Sci. Technol. 11, 805 (1996).

[6] M. G. Buehler and W. R. Thurber, J. Electrochem. Soc. 125, 645 (1978).

[7] M. G. Buehler, S. D. Grant and W. R. Thurber, J. Electrochem. Soc. 125, 650 (1978).

[8] W. E Spicer, I. Lindau, P. R. Skeath and C. Y. Su, Appl. Surf. Sci. 9, 83 (1981).; W. Monch, Rep. Progr. Phys. 53, 221 (1990).; L. J. Brillson, J. Phys. Chem. Solids 44, 703 (1983).

[9] C. A. Mead, "Physics of Interfaces," in Ohmic Contacts to Semiconductors, Electrochem. Soc., NewYork, pp.3–16, (1969).

[10] F. A. Kroger, G. Diemer and H. A. Klasens, Phys. Rev. 103, 279, (1956).

[11] S. M. Sze, Physics of Semiconductor Devices, 2nd ed., Wiley, NewYork, pp.255–258 (1981).

[12] D. F. Wu, D. Wang and K. Heime, Solid–State Electron. 29, 489 (1986).

[13] A. Y. C. Yu, Solid–State Electron. 13, 239 (1970).

[14] E. H. Rhoderick and R. H. Williams, Metal–Semiconductor Contacts, 2nd ed., Clarendon, Oxford, (1988).

[15] R.T. Tung, Appl. Phys. Lett. 58, 2821 (1991).

[16] A. S. Bhuiyan, A. Martinez and D. Esteve, Thin Solid Films 161, 93 (1988).

[17] C. Fontaine, T. Okumura and K. N. Tu, J. Appl. Phys. 54, 1404 (1983).

[18] R.H. Fowler, Phys. Rev. 38, 45 (1931).

제 5 장

소재분석 및 물성 평가법

제5장

소재분석 및 물성 평가법

5.1 광학적 규명법

광학적 측정 (optical measurement)은 시료에 최소한의 침투로 거의 접촉하지 않기 때문에 유용한 측정법 중의 하나이다. 특히, 시료 접촉이 실험에 해로운 영향을 주는 경우에 비파괴 광학적 측정법의 장점이 부각된다. 광학적 측정은 크게 3가지의 분야로 크게 나뉠 수 있다. 1) 측광 측정법(photometric measurement): 반사되거나 투과된 빛의 측정, 2) 간섭 측정법(interference measurements): 반사되거나 투과된 위상이 측정되는 것, 3) 편광 측정법(polarization measurements): 반사된 타원면의 찌그러진 정도가 측정되는 것이다. 광학적 측정은 전자기장의 스펙트럼에 있는 자외선으로부터 원적외선까지의 범위를 사용한다. 사용되는 변수는 파장(wavelength: l), 에너지(E 또는 $h\upsilon$), 파수(wavenumber: WN)이다.

파장은 나노미터(1nm=10^{-9}m=10^{-7}cm=10^{-3}㎛), 옹스트롬(Angstrom: 1=10^{-10}m=10^{-8}cm=10^{-4}㎛) 또는 마이크로미터(1㎛=10^{-6}m=10^{-4}cm)로써 표시하고, 에너지의 경우는 전자볼트(eV), 그리고 파수는 파장의 역수(1 WN=1/l)로 나타낸다. 에너지와 파장의 관계는 다음의 식과 같다.

$$E = h\nu = \frac{hc}{\lambda} = \frac{1.2397\times10^{3}}{\lambda(nm)} = \frac{1.2397\times10^{4}}{\lambda(\dot{\mathrm{A}})} = \frac{1.2397}{\lambda(\mu m)}(eV) \qquad (5.1)$$

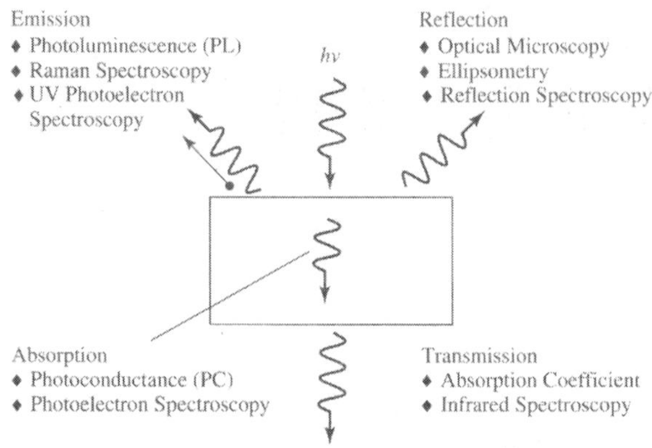

[그림 5-1] 광학적 특성 규명 기법

5.1.1 편광분석기 (Ellipsometry)

편광분석기 (Ellipsometry)는 표면으로부터 반사되는 빛의 편광 변화 측정을 이용한 비접촉, 비투과성 (non-invasive)의 기구이다. 이것은 반사율 또는 투과율 측정의 세기와 비교해서 세기에 의존하는 합성량 (intensity-dependent complex quantities)을 만들게 된다.[1]

편광분석은 주로 선폭, 물질이나 박막의 광학계수, 흡수 물질을 근거로 하여 유전체 박막의 두께를 결정할 때 이용된다.[2] 이것은 박막을 바로 측정하기 보다는 두께나 다른 어떠한 시료의 기준들로부터 광학적 성질들을 이끌어 내는 것을 의미한다. 최근의 동향은 기존의 편광분석에 있어 변환될 수 있는 각이나 파장 편광의 값을 추가하는 것이고 이로 인해, 세밀한 부분에 있어서 두께 측정까지 가능해졌다. 편광분석의 자세한 부분까지 거론하기 전에, 우선 편광의 특성을 이해하는 것이 중요하다.

빛이 단면으로부터 반사될 때, 빛은 보통 그 진폭이 감소되거나 위상변화를 거치게 된다. 다반사면의 반사에 있어선 다양한 반사는 광속들이 상호작용하거나, 입사각 또는 위상 이동을 통해 최고와 최저의 진폭 값을 도출한다. 편광분석이 각 측정에 영향을 받기 때문에 광학적 변수들은 정밀하게 측정되어야 하며, 빛의 세기, 굴절률, 검출 진폭 민감도와는 독립된 값이 되어야 한다. [그림 5-2]에 보여진 표면에 입사된 편광을 생각해 보자. 광점 (light spot)은 보통 그 직경이 밀리미터의 크기로 나타나게 되는데, 100 μm까지 초점이 맞추어질 수 있다. 입사된 편광은 구성성분 p로써 해상되고 입사면과 수평하며, 입사면과 s는 수직적인 관계에 놓이게 된다. 무흡수 재료에서는, 반사된 파의 진폭만이 영향을 받고 선형편광은 있는 그대로 반사되게 된다. 그러나 공기와 물질 사이에 위치하는 막에서, 이 두 구성요소, p와 s는 흡수하는 물질과 여러 방면으로 반사를 하기 때문에, 다른 진폭과 위상변화를 거치게 된다. 수평 성분 반사율은 0°과 90°에서의 값을 제외하고는 수직 입사각 반사율 성분 보다 항상 작은 값을 가진다. 그리고 0°과 90°의 각에선 수평 성분과 수직 성분은 동일한 값을 가진다. 위상변화 차이는 추가적 구성요소를 포함 90°로 편광시키고 이는 반사광을 타원형으로 편광시킨다. 편광분석에서 편광의 중요한 성질 중 하나는 반사에 의해 면편광이 타원형의 편광으로 또는 이 타원형의 편광이 면편광으로 바뀐다는 사실이다.

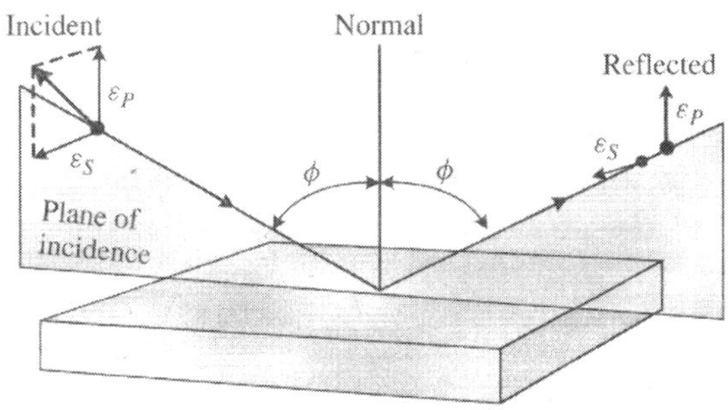

[그림 5-2] 평면 표면으로부터 반사된 편광. f은 입사각

예제 5.1

- 질문 : 편광이란 무엇인가?
- 풀이 : 빛은 전기와 자기의 성분이 서로 수직적인 z 방향으로 전파하도록 구성된 전자기적 파이다. 이러한 원리는 [그림 E 5-1(a)]에 그림으로 나타나 있다. 편광은 전기장 벡터의 위치와 위상에 의해 정의된다. 파의 편광은 다음과 같은데, 두 구성 요소인 ε_x와 ε_y를 x와 y축으로 투사하는 것이라고 보면 된다. 이 두 성분은 같은 방향으로 전파될 때, 이 두 성분은 수직적인 관계에 놓이고 같은 위상 안에 있게 되며 선형 편광 파는 (b)와 같은 결과를 가진다. 두 개의 구성요소가 동일한 진폭을 가지고 있고, (c)에서와 같이 90˚도 위상차를 보인다면 결과물은 원형 편광이 될 것이다. 타원형 편광은 (d)에서 나타나는데 두 개의 구성 성분의 결과물이고, 임의의 위상과 진폭을 가지고 있다. 편광과 편광해석에 대한 더 자세한 논의를 보고자 한다면, J. A. Woollam Co.의 웹사이트 http://jawoollan.com/Tutorial_1.html을 추천한다.

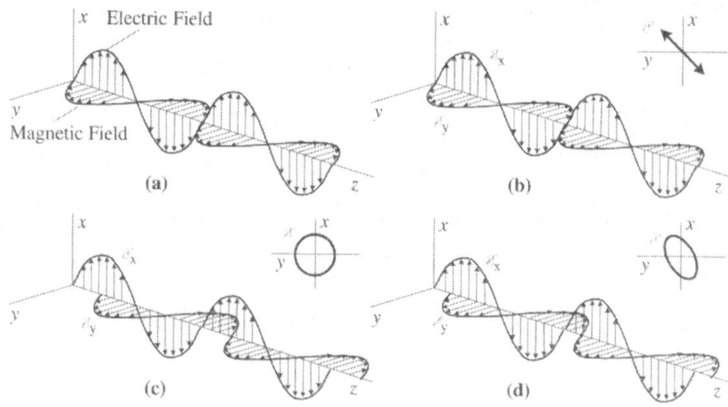

[그림 E 5-1]

[그림 E 5-1]는 J. A. Woollam Co.의 웹사이트 사이트로부터 참조되었음을 밝히는 바이다.

박막 두께 (film thickness): 반도체 물질에서, 얇은 비흡수 박막의 두께와 굴절계수를 규명하는 것이 편광분석의 주요한 적용 분야이다. 그리고 대체적으로 막의 두께를 결정하는 데 있어서 이 방법이 주는 한계가 없다. 막이 1 nm 정도를 가진 얇은 것이라도 측정 가능하다. 그러나 편광분석이 아주 얇은 막의 두께에 대해 어떠한 산술값을 측정한다고 할지라도 그 신빙성은 의심스럽다. 왜냐하면 시료는 일정한 광학적 특성과 확실한 필름과 물질 사이의 경계를 가지도록 가정될 뿐만 아니라, 거시적인 맥스웰의 방정식에 따른 편광분석은 아주 얇은 몇 개로 이루어진 원자의 막에는 적용되지 않기 때문이다. 그럼에도 편광분석 측정은 막 두께에 대하여 수용 가능한 평균적인 결과를 제시해 준다.

두꺼운 막의 경우에는 상기 상황과는 좀 다른 문제들을 가지고 있다. 광학 이동거리에 따라, 두꺼운 막에서의 결과 해석은 좀 더 어려워질 수 있다. [그림 5-3]에서 물질 위의 완전 투과성 막에서는 두 개의 반사된 선이 서로 간섭하고 완전히 동상 (in phase)에 있거나, 완전히 이상 (out of phase)에 있게 된다. Ψ과 Δ의 값이 필름 두께의 순환 함수라고 할 때, 간섭은 두께 측정의 순환적인 조건들을 만든다. 필름 두께에 관한 완전한 순환 반복은 다음의 식과 같이 나타낼 수 있다.

$$d = \frac{\lambda}{2\sqrt{n_1^2 - \sin^2(\phi)}} \tag{5.2}$$

예를 들어 Φ=70°이고 λ=632.8 nm 값이 이라고 했을 때, n_1=1.465의 값을 가진 SiO_2 필름의 순환 두께는 281.5 nm인 것이다. 만약 10 nm 두께의 SiO_2막이 어떠한 편광해석 각을 준다고 할 때, (10+281.5) nm와 (10+563) nm 두께의 막은, 동일한 값의 편광각을 가지게 된다. 따라서, 순환 두께보다 두꺼운 필름의 경우에는, 순환 두께에서 필름의 두께에 대한 독립적인 정보가 필요하다.

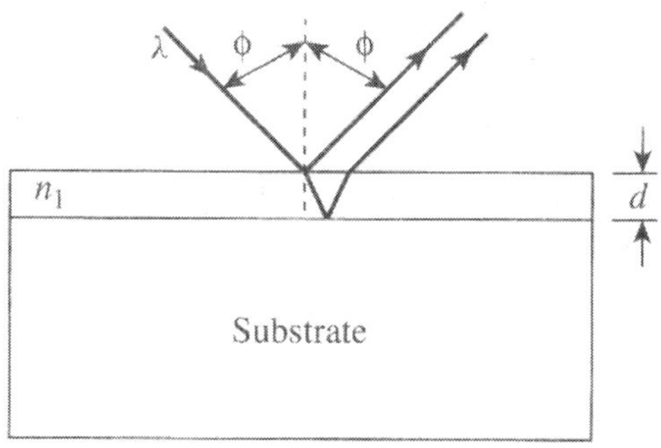

[그림 5-3] 다반사 (multiple reflection)를 도시한 개략도

5.1.2 투과도 (Transmission)

광학투과나 흡수 측정은 광학 흡수 지수나 어떤 불순물을 결정하는데 쓰인다. 불순물들은 진동모드에 의해 특징적 흡수선 (absorption line)을 갖게 된다. 반도체에서 흡수된 광자는 불순물 주변 환경을 즉시 변경하여 국부적인 진동 모드를 형성할 수 있다. 우리는 여기서 광학적 투과 측정과 그 예에 대해서 거론할 것이다.

투과 측정광이 시료에 입사 할 때, 투과된 빛은 [그림 5-3(a)]에 나와 있는 파동의 함수로써 측정된다. 시료는 반사계수 R, 흡수계수 α, 복소수 굴절률 (n_1-jk_1),두께 d, 왼쪽에서부터 입사하는 빛 I_i로 특정화된다. 또한 흡수계수 (absorption coefficient)는 소멸계수 (extinction coefficient) k_1과 $\alpha=4\pi k_1/\lambda$인 관계를 가지고 있다. 투과된 빛 I_t는 절대적으로 측정되거나 아니면 입사한 빛에 대해 투과된 비율로써 알 수 있다. 앞과 뒷면이 동일한 굴절률을 가지고 있는 시료에 빛이 직각으로 입사했을 때, 시료의 투과성 T 값은 아래와 같이 계산된다.

$$T=\frac{(1-R)^2 e^{-\alpha d}}{1+\mathrm{R}^2\mathrm{e}^{-2\alpha d}-2\,\mathrm{Re}^{-2\alpha d}\cos(\phi)} \tag{5.3}$$

그리고 $\phi = 4\pi n_1 d/\lambda$일 때, 반사 값 R은 다음과 같이 나타난다.

$$R = \frac{(n_0 - n_1)^2 + k_1^2}{(n_0 + n_1)^2 + k_1^2} \tag{5.4}$$

경면 처리된 Si에서, 표준화된 I_t 값은 [그림 5-3(b)]에서와 같이 나타난다. 반도체 밴드갭 (semiconductor band gap)은 광자 에너지의 기능 중 하나인 흡수계수 (absorption coefficient)를 측정함으로써 결정할 수 있다. 밴드갭 보다 더 높은 에너지를 가진 빛은 흡수된다. 그러나, $h\nu$가 E_g에 가까울 때 흡수는 미약한 범위의 상당히 낮은 값부터 중간 정도의 값까지 흡수된다.

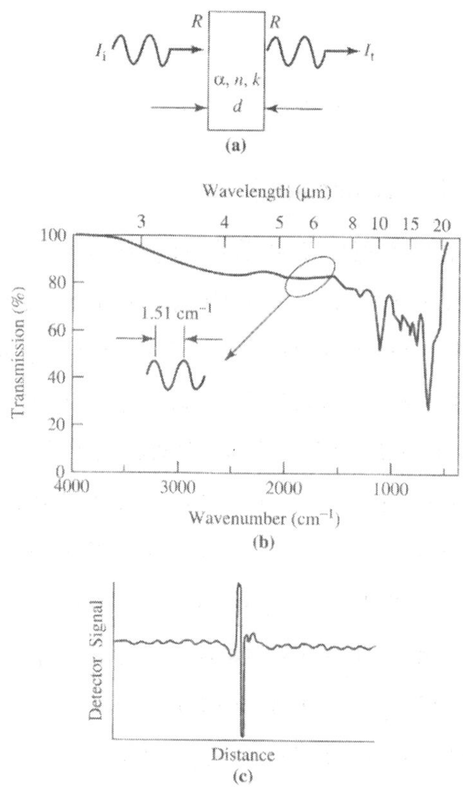

[그림 5-3] (a) 투과측정, (b) 양면이 경면처리된 Si 웨이퍼에서의 표준화된 투과성 곡선(투과성 곡선에선 Δf=4cm^{-1},삽입된 부분에서는 Δf=1 cm^{-1}), (c) 동일한 웨이퍼에서의 간섭도, Δf=4 cm^{-1} (b)에서 1.5cm^{-1} 주기일 때, 웨이퍼 두께는 970 ㎛으로 나타난다.

간접적인 밴드갭을 가진 반도체에서는, $\alpha^{1/2}$값은 $h\nu$값을 기준으로 곡선이 그려지고, $h\nu$축의 절편은 반도체 대역 간격을 알 수 있게 한다. 이러한 그래프는 Tauc plot 이라고 하기도 한다. GaAs와 같은 직접적인 밴드갭 반도체에서, α^2은 $h\nu$와 대역 간격을 기준으로 잡고 그릴 수 있고, 이 결과를 이용해 다시 추정된 절편 값에 의해 밴드갭 값이 결정된다.

반도체는 밴드갭 에너지 보다 작은 값의 광자 에너지에서, 일반적으로 투과성이 있고 (α=0) 투과도는 다음과 같이 나타난다.

$$T = \frac{(1-R)^2}{1+R^2-2R\cos(\phi)} \tag{5.5}$$

$f=2\pi/\lambda$과 $f_1=1/2n_1d$의 값이 특징적 공간 주파수 (spatial frequency)의 값일 때, "cos"는 $\cos(f/f_1)$로 표현될 수 있다. 검출기의 해상도가 충분히 높은 ($\Delta f \leq 1/2n_1d$) 값일 때 진동 투과 곡선을 관찰할 수 있다. 예를 들면, 두께 d=300 μm 값을 가진 Si 웨이퍼의 $\Delta f \leq 4.9\ cm^{-1}$이면 굴절지수는 $n_1=3.42$인 값이다. 만약 이 기기의 해상도가 미세한 구조의 진동을 결정하기 어렵다면, 식 5.5은 다음과 같이 변환된다.

$$T = \frac{(1-R)^2}{1-R^2} = \frac{1-R}{1+R} \tag{5.6}$$

위의 방정식을 이용하면 R=0.3일 때, T≈0.54의 값을 갖게 된다. 웨이퍼의 두께는 주파수 곡선 대 진동 투과의 주기로부터 결정되는데, 이 때 두께 d 값은 아래와 같이 표현되고,

$$d = \frac{1}{2n_1\Delta(1/\lambda)} \tag{5.7}$$

$\Delta(1/\lambda)$의 값은 두 개의 최고값과 최저값 사이의 구간 사이에 위치한다. 그리고 투과 곡선은 파장과 파수의 함수로써 그릴 수 있다 (파수=1/파장).

반도체에 있어서 불순물은 특정한 흡수를 보여준다. 이러한 예로서는, 실리콘에

서 침입형 산소와 치환형 탄소가 있다. 위에 보여진 파장에서, 실리콘 구조의 밀도는 흡수계수와 비례한다. "cos" 항은 진동이 없고 흡수가 있는 투과성으로 아래의 식과 같이 나타낸다.

$$T = \frac{(1-R)^2 e^{-\alpha d}}{1-R^2 e^{-2\alpha d}} \tag{5.8}$$

식 5.8으로부터, 흡수계수는 아래의 5.9과 같이 나타낸다.

$$\alpha = -\frac{1}{d}\ln\left(\frac{\sqrt{(1-R)^4 + 4T^2R^2} - (1-R)^2}{2TR^2}\right) \tag{5.9}$$

R 값은 $\alpha \approx 0$일 때 투과곡선으로부터 결정된다. 어떤 분광 부분에서는 결정진동과 다량의 불순물 첨가 때문에 발생한 자유 반송자 흡수 (free-carrier absorption) 현상으로 흡수가 있을 수 있다. 결정 흡수 계수는 Si에서 산소의 경우 약 0.85~1 cm^{-1}이고, 탄소의 경우 6 cm^{-1}이다. 이 값은 결과 분석에서 고려되어야 할 부분일 것이다.[3]

투과 데이타의 해석은 두 표면이 잘 경면처리 되지 않았을 때 복잡해진다. 표면 거칠기 변화 때문에 투과성은 파장에 따라서 변하게 되고 투과값 T는 한 웨이퍼와 다른 웨이퍼에서 다른 값을 가지게 된다. 만약 투과성이 심각하게 방해를 받았다면 신호 대 잡음비 (signal-to-noise ratio)는 아주 낮은 값이 되고 측정은 의미 없는 것이 된다.[4]

5.1.3 반사 (Reflection)

반사 또는 반사도 측정은 주로 막 두께를 결정하기 위해 사용되는데, 두 가지 모두 반도체 물질의 절연막이나, 에피택시 반도체 막에 이용될 수 있다. [그림 5-4(a)]에 도시한 구조의 반사는 두께 d_1을 가진 흡수막이나 무흡수 물질로 구성될 수 있는데 값은, 식 (5.10) 조건이 성립할 때 아래 식과 같이 된다.[5]

$$R = \frac{r_1^2 e^{ad_1} + r_2^2 e^{-ad_1} + 2r_1r_2\cos(\varphi_1)}{e^{ad_1} + r_1^2 r_2^2 e^{-ad_1} + 2r_1r_2\cos(\varphi_1)} \tag{5.10}$$

$$r_1 = \frac{n_0 - n_1}{n_0 + n_1};\ r_2 = \frac{n_1 - n_2}{n_1 + n_2};\ \varphi_1 = \frac{4\pi n_1 d_1 \cos(\phi')}{\lambda};\ \phi' = \sin^{-1}\left[\frac{n_0 \sin(\phi)}{n_1}\right] \tag{5.11}$$

비흡수 층에서 식 (5.10)에 의해 α=0 값이 된다.

반사율은 m=1,2,3...일 때 파장에서 최고값을 보이는데 다음 식과 같이 표현된다.

$$\lambda(\max) = \frac{2n_1 d_1 \cos(\phi')}{m} \tag{5.12}$$

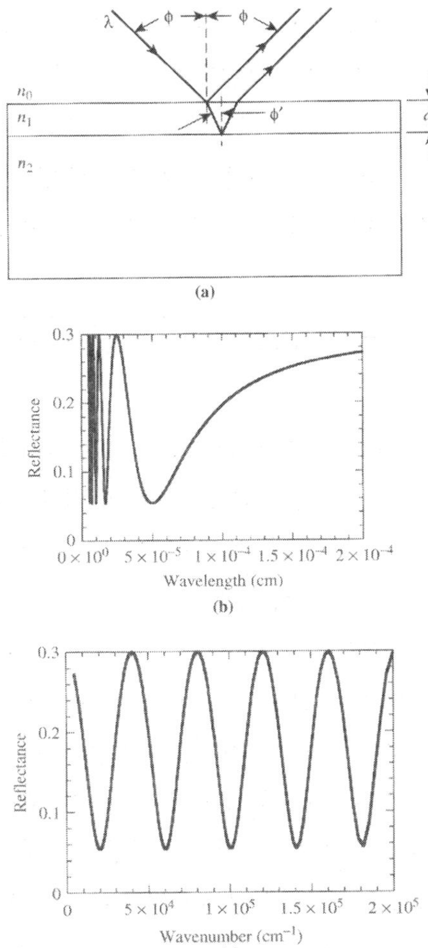

[그림 5-4] Si 위의 SiO_2의 (a) 반사 분광 개략도 (b) 반사도 대 파장,
(c) 파수에 대한 이론적인 반사도 그래프($t_{ox}=10^{-5}$cm, $n_o=1$, $n_1=1.46$, $n_2=3.42$, $\Phi=50^\circ$)

$$d_1 = \frac{i\lambda_0\lambda_i}{2n_1(\lambda_i - \lambda_0)\cos(\phi')} = \frac{i}{2n_1(1/\lambda_0 - 1/\lambda_i)\cos(\phi')} \tag{5.13}$$

식 (5.12)을 이용하여 두 개의 최고점에서 파장을 구하고, 서로 감산하여 차이를 구하면, 막 두께의 값을 구할 수 있는데,[6]이 때 i=λ_0부터 λ_1까지의 완전한 싸이클의 숫자이고, 극대값에선 i=1, 근접한 최소값에선 i=1/2 값이 되고 이와 같은 식으로 계속 싸이클이 이어진다. [그림 5-4(b)]에서 증명되듯이 파장 대 반사도 그래프에서 파장을 결정하기 어렵다. 그러나 1/λ을 기준으로 한 R 값의 그래프에서는 파장값을 구하기가 훨씬 쉽다. 예를 들어 [그림 5-4(c)]에서 처음의 두 극점이 i=1일 때 $1/\lambda_0$ =1.62×10^5 cm^{-1}이고, 1/λ=1.22×10^5 cm^{-1}일 때, 이것으로부터 d_1= 10^5 cm^{-1}인 두께를 구할 수 있다. 똑같은 두께는 다른 두 근접한 정점을 선택하여도 마찬가지인데, i=3이고 $1/\lambda_0$=1.621.62×10^5 cm^{-1}이고 $1/\lambda_3$=4.2×10^4 cm^{-1}일 때도 같은 값이 구해진다. $2n_1\cos(\varphi')$ 값은 실험적 배열이나 필름의 굴절률에 의해 결정되고 입사각 φ로 풀어보면, 아래의 식과 같이 정의된다.

$$2n_1\cos(\phi') = 2\sqrt{n_1^2 - n_0^2\sin^2(\phi)} \tag{5.14}$$

유전막 두께 (dielectric film thickness)는 분광계를 이용하지 않고 백색광을 이용함으로써 측정할 수 있다. 백색광은 가변적 막 두께의 기준과, 알려지지 않은 시료로부터 검출기까지 반사한다. 검출된 결과는 $n_r d_r = n_x d_x$ 값일 때 최대가 되는데 n_r과 d_r은 각각 기준 시료의 굴절률과 두께를 의미하고, n_x, d_x의 값은 알려지지 않은 시료의 굴절률과 두께를 의미한다.[7]

가변적 두께 기준 (variable-thickness reference)은 산화된 Si의 반원형이 될 수 있다. $n_r = n_x$일 때, 검출기의 최대값은 박막의 두께에 상응하는데, 이 때 알려지지 않은 미지의 박막 두께는 참조 필름의 두께와 같음을 의미한다.

다른 방법으로는 푸리에 변환 적외선 분광기를 사용하는 기법이 있다. 간섭도에서 최고값은 선속 분할기로부터 거울까지의 두 광학적 행로가 동일한 값일 때 나타난다. 물질 위에 있는 막의 두께 측정을 위해 막을 통과하는 광학적 여정과 같은 거리만큼 거울이 움직일 때 2차 최고값이 관찰된다. 두께는, 간섭도의 최고점에 비교해 2차 최고점의 x 위치로부터 결정되는데, 이 관계는 아래와 같다.[8]

$$d_1 = \frac{x}{2n_1 \cos(\phi)} \tag{5.14}$$

반사된 광선에서 위상 이동이 모양을 바꾸거나 측면 파열 정점 (side burst peak)의 위치를 바꿀 때, 이 관계는 정확히 맞지는 않다. 위상 이동 분석에 포함시키기 쉽지는 않은데 검출기는 넓은 범위의 파장과 위상 이동을 이용하기 때문이다. 이론적으로는 측면 파열 정점의 위치와 박막 두께의 실험적 관계를 구해낼 수 있다.

유전체 (dielectrics): 반사를 이용한 방법은 유전막 측정을 가능하게 한다. 50 nm 보다 두꺼운 Si를 가진 SiO_2막에서 이 방법이 쓰여 지기도 한다. 그러나 얇은 막 (d<50 nm)에선, 타원분광기를 이용하는 측정이 더 쉽다.

파장을 달리하는 것 외에 파장을 일정한 수로 유지한다거나, 입사각을 달리하는 것도 가능하다. 이러한 기법은 가변각 단색광계 프린지 관찰법 (variable-angel monochromator fringe observation: VAMFO)으로도 알려져 있다. 반도체 위의 유전박막 물질이 눈 또는 현미경에 의해 관찰될 때 간섭효과는 그 두께, 굴절률, 광원의 분광 분포에 따라, 막에 특정 색깔을 부여한다. 조정된 색깔 차트를 사용하여, 두께는 정확히 10에서 20 nm 사이로 결정되어 질 수 있다. 이러한 색깔 차트는 80 nm 보다 두꺼운 산화 박막의 측정에 유용하다.

다른 색수차는 결국 측정량이 꽤 될 때 같은 색깔을 가질 수 있기 때문에, 두께가 300 nm인 SiO_2박막이나 두께가 200 nm인 Si_3N_4에서 반사 방법을 사용하는 것은 무리가 따른다. 잘 훈련된 눈은 아마 색수차에 따른 약간의 색상차도 구별할 수 있을 것이다. 그러나 더 확실한 방법은 각에서 시료를 보는 것이고 같은 각에 놓인 표준화된 시료 값과 비교해보는 것이다. 색수차가 똑같지 않는 한 색상은 이 경우에 일치하지 않을 것이다. 이 차트는 SiO_2나 Si_3N_4박막이 아니라도 사용될 수 있다. 이러한 경우엔 SiO_2박막에서 $d_x=d_0n_0/n_f$의 관계가 성립하는데, 이 때 d_x=알려지지 않은 박막의 두께, d_0=색깔 차트에서의 박막 두께, n_0=원래 박막의 굴절률 (예 SiO_2), 그리고 n_x=측정되지 않은 박막의 굴절률을 의미한다.

5.1.5 라만 분광계 (Raman Spectroscopy)

라만 분광계 (Raman spectroscopy)는 진동하는 분광 기법인데 이 계측기는 유기와 무기종류의 물질이 모두 검출 가능하며, 고체의 결정형을 측정하는 것도 가능하다. 이 계측기는 충전 효과로부터 자유롭고, 반도체 특성 실험에 점점 많이 사용되고 있기 때문에, 여기서 라만 분광계를 잠시 언급하고자 한다. 예를 들어 라만 분광계는 변형에 아주 민감하며, 소자나 반도체 재료에서 응력 (stress)효과를 검출하는데 사용된다. 빛이 아주 작은 크기의 직경으로 조준되기 때문에 작은 범위에 가해진 힘을 측정할 수 있다.

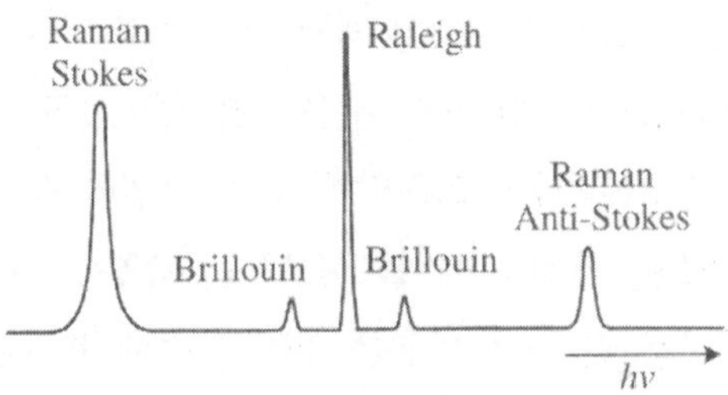

[그림 5-5] 산란광의 에너지 분포

빛이 시료의 표면으로부터 산란할 때, 산란한 빛은 입사광과 물질의 상호작용을 상징하는 낮은 세기 (few parts per million or less)에서 다양한 파장뿐만 아니라 시료에 입사하는 많은 파장을 포함 한다 (레일리 산란). 음향적 (acoustic) 포논과의 상호작용이 Brillouin 산란을 발생하고, 광학적 포논과의 입사광의 상호작용을 라만 산란 (Raman scattering)이라 한다. 광학적 포논은 큰 광학적 에너지 변화를 만드는 음향적 포논 보다 더 큰 에너지를 갖고 있는데 이는 [그림 5-5]에 묘사되어 있다. 하지만 심지어 라만 산란에서도 에너지 이동은 작다. 예를 들어 여기 하는 들뜬 광자 에너지가 몇 eV일 때, Si에서 광학적 포논 에너지는 약 0.067 eV이다. Ar λ =488 nm의 파장을 가진 아르곤 레이저 빛은 $h\nu$=2.54 eV인 에너지 값을 갖는다. 라만 산란한 빛은 매우 약하기 때문에 (10^8분의 1정도), 라만 분광계는 강한 레이저와 같은 단색광원에서 사용되어야 실제 사용이 가능하다.

라만 분광계는 1928년 라만에 의해 처음 발표된 라만 효과에 근거해 만들어졌다.[9] 만약 입사된 광자가 에너지를 포논의 형태로 격자 (lattice)에 부과한다면 (phonon emission), 입사된 광자는 낮은 에너지 광자이다. 이 아래로 전환된 주파수 이동 (down converted frequency shift)은 스톡 이동 산란 (stokes-shifted scattering)으로 알려져 있다. 역 스톡 이동 (stokes-shift)에서는, 광자가 포논을 흡수하고 더 높은 에너지를 띤 형태가 된다. 역 스톡 모드는 스톡 모드 보다 훨씬 약한 형태를 띠고, 대부분의 경우에는 스톡 모드가 관찰된다.

라만 분광 측정하는 동안 레이저 펌프 광선이 시료에 입사된다. 약하게 산란한 빛 또는 신호는 두 개의 단색광계를 지나가는데 이는 레일리 산란 빛을 제거하기 위해서이다. 그리고 라만 이동된 파장은 광 검출기에 의해 검출된다. 라만 미세 탐침(Raman microprobe)에서, 레이저가 상업적 현미경을 통해 시료를 조명한다. 레이저의 전력은 보통 5 mW 보다 낮게 맞춰지는데 이는 시료 가열의 효과를 줄이고 시료 분해를 막는데 있다. 신호를 분리하기 위해서, 광원은 밝은 단색 광원이 되어야만 한다. 강하게 산란한 광원의 방사작용 때문에 약한 신호를 검출하기가 힘들어진다. 신호 대 잡음비는 라만 방사가 광원에 대해 수직적으로 관찰되었을 때 개선된다. 라만 분광계에서의 주요한 한계는 형광에 의한 간섭인데, 이는 불순물이나 시료 그 자체 때문에 일어난다. 형광 배경 문제는 라만 분광계를 푸리에 변형 적외선 분광기와 조합함으로써 제거할 수 있다.

다양한 파장을 가진 레이저를 사용함으로 다양한 흡수 깊이가 도출되는데, 시료를 어떠한 깊이의 정보까지 잡는 것도 가능하다. 이 기법은 비파괴적이고, 시료와의 접촉이 필요하지도 않다. 대부분의 반도체는 라만 분광법에 의해 규명될 수 있다. 산란한 빛의 파장은 분석되고 그리고 인식을 위해서 알려진 선과 비교된다.

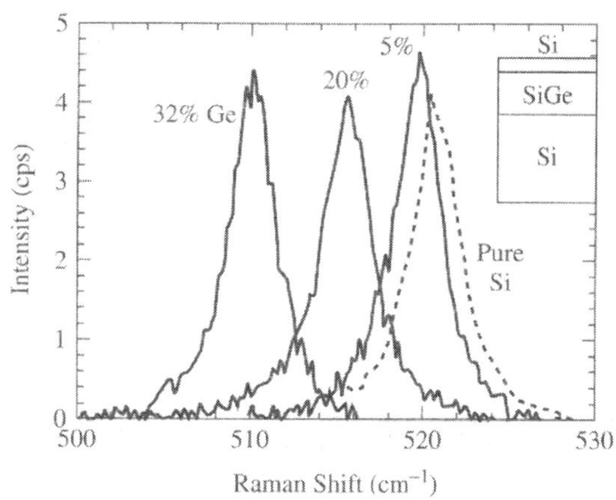

[그림 5-6] Si의 분광과 Si 위에서 성장하는 SiGe에서의 Si.
(퍼센트는 SiGe 막에서의 게르마늄 구성율을 나타낸다.)

라만 분광계에 의해 시료의 다양한 특징들이 특성화 될 수 있다. 특히 그 구성요소가 결정될 수 있다. 라만 분광계는 결정구조에 또한 민감하다. 예를 들어 다양한 결정 배향 (crystal orientation)은 다양한 라만 이동을 보여줄 수 있다. 그러나 손상이나 구조적 불완전성은 금지된 TO 포논에 의해 산란을 유발할 수 있는데, 이는 주입손상을 관찰하게 한다. 또한, 100보다 작은 조직상 크기를 가진 비정질 Si에서 스톡 이동은 확대되고 비대칭화 된다. 라만 이동 (Raman shift) 선은 비결정질의 반도체에서는 아주 넓어지고, 단결정과 다결정에서의 차이를 만들게 한다.[10] SiGe에 의해 도입된 MOS 기법에서의 변형과 다른 접근 방식들은 라만 특성화에 적당하다. 압축 (compressive)과 인장 (tensile)응력 모두 결정 가능하다. 스트레스가 없는 실리콘에서 520 cm^{-1} 피크에서 압축응력 (compressive stress)은 위쪽으로 이동하고 인장응력 (tensile stress)는 기준 피크 아래쪽으로 이동한다. 1/520 cm^{-1}은 0.067 eV의 포논 에너지의 값에 해당한다. [그림 5-6]에 있는 그래프는, Si와 SiGe와 Si위에서 Si의 Raman 분광을 보여준다. 그래프에서는 시료에 의한 입사광으로부터 나온 파수 이동을 보였다.

SiGe는 Si 보다 큰 값의 격자상수를 가진다. SiGe 위에서 성장한 Si는 인장응력을 받기 때문에 아래로 이동을 한다. 더 높은 Ge의 함유량은 더 응력이 높고 이동을 크게 한다. 또한 200 nm 정도 작은 부분도 규명될 수 있다.

라만 미세탐침은 유기 오염물질을 탐지할 수 있는데 이는 2 μm 만큼 작은 입자나 1 μm 만큼 얇은 막으로서 나타난다. 이 기법은 유기물질에서 가장 성공적인 기법인데, 그 이유는 유기 분광 데이터가 존재하기 때문이다. 예를 들어, 실리콘 필름, 테플론, 셀룰로오스 그리고 다른 오염물질이 이 방법으로 검출가능하다. 반도체 공정에서 문제들을 처리할 때 다른 규명 기법과 연결된 라만 분광계는 아주 효과적으로 쓰인다.

5.2 화학적인 규명법과 물리적인 규명법

반도체 물질과 소자의 규명 기술은 삼차원적인 공간상의 불순물의 측정을 흔히 필요로 한다. 전형적인 x-y 분해능은 [그림 5-7]에 나타내었다. 전자빔은 0.1 nm 보다 작은 분해능이 가능하며, 이온빔은 1 ~ 100 ㎛ 범위 내에서, 그리고 X-선은 전형적으로 100 ㎛ 이상의 분해능을 가지고 있다. 작은 크기의 물질들의 특성 측정에는 모순되는 측면이 있는데 일반적으로 낮은 빔 배율은 낮은 감도를 나타내며, 고감도를 위해서는 대면적의 여기 빔 크기가 필요하다. 모든 분석 장비들에는 유사한 원리들에 기초하고 있는데, 1차 전자, 이온, 포톤 (photon) 빔은 입사되는 입자-파동의 역산란이나 투과와 2차 입자-파동의 방출을 야기한다. 방출되는 무게, 에너지, 파장 등은 타겟 원소나 화합물에 따라서 서로 다른 고유한 특성을 가진다. 알려지지 않은 물질의 분포는 x-y 평면으로 검사하고, 또한 때로는 깊이 분포까지 포함한다. 각각의 기술은 특별한 장단점을 가지고 있고 한 가지 이상의 방법이 명백한 검증을 위해 사용되어야 한다. 다양한 기술 사이의 차이점은 민감도, 원자 혹은 분자 정보, 공간적인 분해능, 파괴성, 기질 (matrix)효과, 속도, 이미지화 능력과 가격을 포함한다.

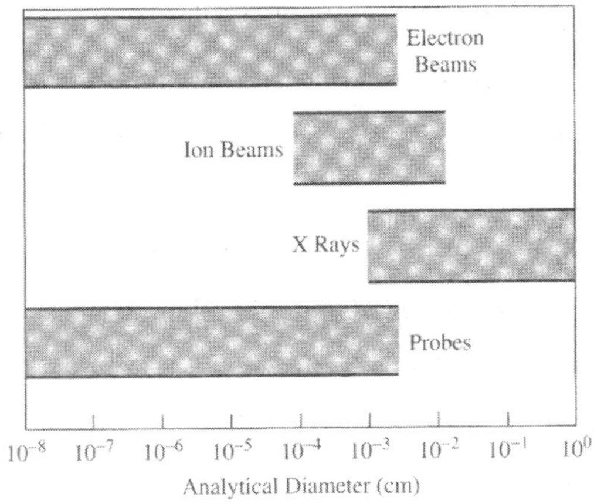

[그림 5-7] 전자빔, 이온빔, X-선 탐침 규명기법의 분석 직경 범위

5.2.1 주사 전자 현미경법 (SEM)

전자 현미경은 시편의 확대된 이미지를 만들기 위하여 전자빔 (e-빔)을 사용한다. 전자 현미경에는 주사, 투과 그리고 방출 전자 현미경의 세 가지 형태가 있다. 주사 전자 현미경과 투과 전자 현미경에서는 시편에 입사되는 전자빔이 이미지를 생성하는데 반해 방출 전자 현미경의 경우에는 시편 자체가 전자들의 공급원이 된다. 주사 전자 현미경은 전자총, 렌즈 시스템, 주사 코일, 전자 검침기, 그리고 CRT 모니터로 구성된다. 전자 에너지는 대부분의 시편에서 10-30 keV이지만, 절연체 시편의 경우에는 수 백 eV일 경우도 있다. 전자의 사용은 광학 현미경에 비해 두 가지 큰 장점을 가지고 있는데, 전자의 파장이 포톤의 파장 보다 더욱 작기 때문에 더

욱 확대된 영상을 획득할 수 있고 전계의 한계가 더욱 높다는 것이다.

1923년에 De Broglie는 입자가 파동과 같은 행동을 보인다는 논리를 제시하였다.[11] 전자의 파장은 식 (5.15)와 같이 전자의 속도나 가속 전압에 의존하는데, 가시광선 영역의 파장인 400-700 nm 이상의 파장을 가짐으로 인해 SEM의 분해능이 광학 현미경 보다 더욱 뛰어나게 된다.

$$\lambda_e = \frac{h}{mv} = \frac{h}{\sqrt{2qmV}} = \frac{1.22}{\sqrt{V}}(nm) \tag{5.15}$$

SEM에서의 초점이 맞도록 집속된 전자빔을 사용하여 시편을 주사하고, 2차 그리고/또는 역산란 전자를 검출함으로써 이미지를 생성한다. 전자와 포톤들은 각각의 빔 위치에서 방출되고 검출된다. 2차 전자들은 기존의 SEM 이미지를 형성하고, 역산란 전자들 또한 이미지를 형성하는 것이 가능하다. X-선은 전자 마이크로 프로브에서 사용되는데, 방출된 빛은 음극선 발광 (cathode luminescence)로 알려져 있으며 흡수된 전자는 전자빔 유도 전류 (EBIC, electron beam induced current)로서 측정된다. 모든 신호들은 SEM에서 시료에 주사와 동시적으로 CRT의 밝기를 조절하기 위하여 검출되고 증폭된다. 따라서 디스플레이의 각 지점과 시편의 각 지점 사이에 1:1 대응이 만들어 진다. 배율 M은 주사된 샘플의 면적에 대해서 CRT 에서의 주사된 면적의 비율이다.

$$M = \frac{Length\ of\ CRT\ display}{Length\ of\ sample\ scan} \tag{5.16}$$

만약 100 μm의 길이를 가진 시편이 10 cm의 CRT에 디스플레이 상의 배율은 1000배가 된다. SEM을 사용하면 100,000배 이상의 배율로 확대가 가능하나 낮은 배율로의 측정은 어렵게 된다. 일반적 SEM 장비는 대면적 관찰용 CRT 와 사진을 위한 2500 라인의 해상도를 가진 고해상도 CRT를 포함하고 있다.

SEM의 콘트라스트는 많은 요인들에 의존한다. 평면이고 균일한 시편의 경우에는 이미지가 콘트라스트를 보이지 않는다. 그러나 만약 이 시편이 다른 원자번호를 가진 물질로 구성 되고, 신호가 역산란 전자들로부터 얻어진다면 역산란계수가 원자번호 (Z)에 따라 증가하기 때문에 콘트라스트가 가능하다. 그러나 신호가 2차 전자로 얻어지는 경우에는 2차 전자 방출계수는 원자번호에 대해 의존적인 함수가 아니므로 원자번호 변화에 따라서 명확한 콘트라스트를 얻을 수 있는 것은 아니다. 또한 콘트라스트는 표면 조건과 국소적인 전기장에 영향을 받는다. 그러나 SEM의 콘트라스트에 영향을 미치는 주요한 요인은 시편의 구조적 특징이다.

2차 전자들은 시편 표면의 상부표면 10 nm 정도에서 방출 된다. 시편 표면이 보통의 빔 입사로부터 기울여졌을 때, 이 10 nm 내에 위치한 전자빔 경로가 1/cosθ 만큼 증가하게 된다. 여기서 θ는 수직 법선과 이루는 입사각이다 (수직 법선 입사각 θ=0°이다). 시편과 입사된 빔의 상호작용은 경로 길이를 증가시키고, 2차 전자 방출계수도 증가하게 된다. 콘트라스트 C는 식 (5.17)과 같이 각에 의존한다.[12]

$$C = \tan(\theta)d\theta \tag{5.17}$$

θ=45°일 경우 1도의 각도 변화 (dθ)는 1.75%의 콘트라스트를 보이나 60°일 경우는 같은 각도 변화에서 3%의 콘트라스트 증가를 나타낸다.

시편의 스테이지는 SEM에서 매우 중요한 요소이다. 적절한 각도에서 관찰되어야 하는 시편에서는 기울기와 회전 시에 정확한 이동이 필요하다. SEM 이미지의 삼차원적 특징은 각도 효과에 의한 것이나. SEM에서 놀라운 정도의 사진은 신호수집에 의한 것이다. 2차 전자들은 시편이 검출기로부터 멀어짐에도 불구하고 검출기에 수집된다. 이런 현상은 광학 현미경의 경우에는 발생하지 않는 일인데 검출기 (눈)로부터 멀리로 반사된 빛은 관찰되지 않기 때문이다. SEM은 광학 현미경과는 확연히 다른 방법으로 이미지를 형성하는데, 시편으로부터 반사된 렌즈를 통하여 진행하고 이미지를 형성하게 된다. SEM에서 실제적인 이미지는 존재하지 않는다. 종래의 SEM 이미지를 구성하는 2차 전자들이 수집되고, 2차 전자들의 밀도는 증폭되고 CRT에 디스플레이 된다. 이미지는 시편 공간으로부터 CRT 공간으로 정보를 변형하는 매핑 (mapping)으로 형성 된다.

5.2.2 투과 전자 현미경 (Transmission Electron Microscopy)

투과 전자 현미경은 고배율로 확대된 시료 이미지를 위해서 사용되었다. 나중에 전자 에너지 손실 검사기나 X-선 검침기와 같은 분석 기능이 설비에 추가되었으며,

이제 이런 기법은 분석적 투과 전자 현미경 (analytical transmission electron microscopy, AEM)으로 알려져 있다.[13] TEM, SEM, AEM에서 "M"은 현미경이나 현미경 분석법을 의미한다. 투과 전자 현미경과 광학 현미경은 원론적으로 유사하며, 두 가지 모두 시료를 확대하기 위한 일련의 렌즈를 포함하고 있다. TEM의 주요 강점은 극히 높은 분해능으로 0.08 nm에 이른다. 이런 고분해능의 이유는 분해능 방정식 S=0.61λ/NA에서 찾을 수 있다. 광학 현미경에서 개구수 NA≈1이고 λ=500 nm이므로 S≈300 nm이다. 전자 현미경에서 NA는 약 0.01로 전자 렌즈의 미완도 때문에 작지만 파장은 훨씬 더 짧다.

투과 전자 현미경의 개략도를 [그림 5-8]에 도시하였다. 전자총에서부터 전자는 고전압 (일반적으로 100~400 kV)으로 가속되고 집속 렌즈에 의해서 시료에 초점이 맞도록 한다. 시료는 직경이 수 mm로 작은 구리 그리드 위에 배치한다. 정전빔의 직경은 수 마이크로미터를 가진다. 시편은 극히 얇아야만 하고 (수십에서 수백 nm) 전자가 투과할 수 있어야 한다.

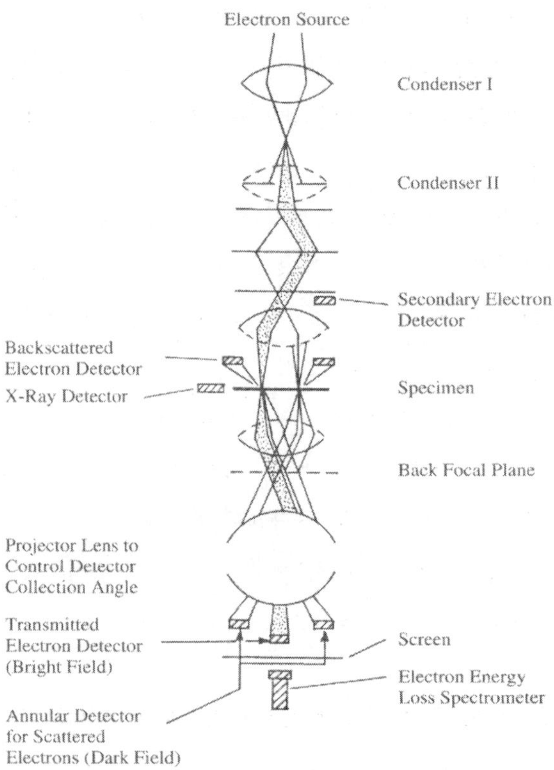

[그림 5-8] 투과 전자 현미경의 개략도

시료가 아주 얇아지면 전자빔이 퍼지는 가능성이 없기 때문에 분해능 문제를 극복한다. 투과되고 전진 산란된 전자는 배면 초점면 (back focal plan)에 회절 패턴을 형성하고 상평면 (image plane)에는 확대된 상을 형성한다. 추가적인 렌즈로 이미지 상 또는 회절 패턴 중에 하나가 형광 스크린에 투사되어 관찰이 전자적 또는 사진으로 기록된다. 회절 패턴 (diffraction pattern)을 형성할 수 있기 때문에 시편의 구조적인 정보를 얻을 수 있다.

3가지 기본 상 모드는 명시야상 (bright-field), 암시야상 (dark-field), 고분해능 (high resolution) 현미경이다. 이미지 계조 (contrast)는 광학 현미경에서와 같이 흡수도에 크게 의존하지 않으며 보다 더 영향을 주는 요소는 시료에서 전자의 산란과 회절이다. 오직 투과되는 전자로 형성된 이미지는 명시야상이고 특정 회절 된 빔으로 형성된 이미지는 암시야상이다. 소수의 전자가 시료에서 흡수되고, 흡수된 전자는 시료를 가열한다.

고분해능 투과 전자 현미경 (high resolution TEM, HRTEM)은 원자 크기 수준에서 구조 정보로 격자 이미지가 가능하여 계면 분석에 아주 중요하게 되었으며 TEM 현미경법은 반도체 집적회로 개발에 중요하게 되었다. 예를 들면 우리는 산화막-반도체, 금속-반도체, 반도체-반도체 계면 연구에서 HRTEM 이미지로부터 수혜를 받았다. 격자 이미지에서 수 개의 서로 다른 회절된 빔역을 조합하여 계면 이미지를 제시한다. [그림 5-9]에서 poly-Si/SiO_2/Si 구조에서 1.5 nm 두께 산화막을 가지는 측면도를 도시하였다. 아래의 Si 영역에서 흰점은 Si 원자 (실제로는 Si 원자열)로 선명하게 원자 분해능을 보인다.

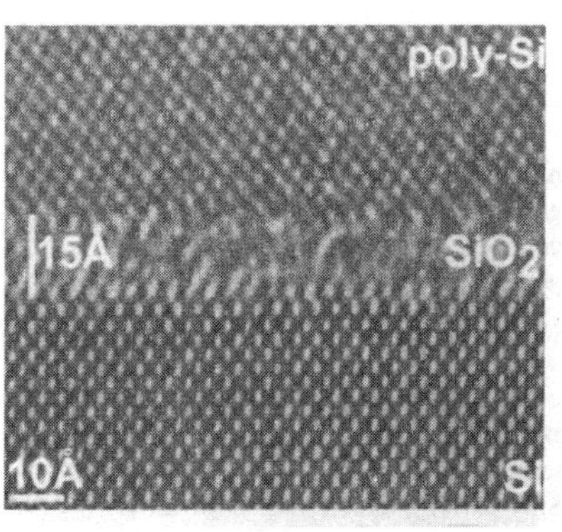

[그림 5-9] poly-Si/ SiO_2/Si 구조의 TEM 이미지

5.2.3 2차 이온 무게 분석계 (SIMS)

2차 이온 무게 분석계는 또한 이온 미세 탐침과 이온 미세현미경으로 알려져 있으며 반도체 분석에서 가장 강력하고 다양한 분석기법이다.[14] SIMS는 원소 인식이 가능하고 모든 원소 검침 뿐만 아니라 동소체 분자 종류도 식별 가능하다. 모든 빔 기법 중에서 가장 민감한 설비로 일부의 원소에 대해서는 만약 배경 간섭 신호가 미약하면 10^{14}에서 10^{15} cm^{-3} 범위의 검침 한계를 가진다. 측면 분해능은 일반적으로 100 ㎛ 이지만 작게는 0.5 ㎛까지 가능하고 길이 분해능은 5에서 10 nm 정도이다.

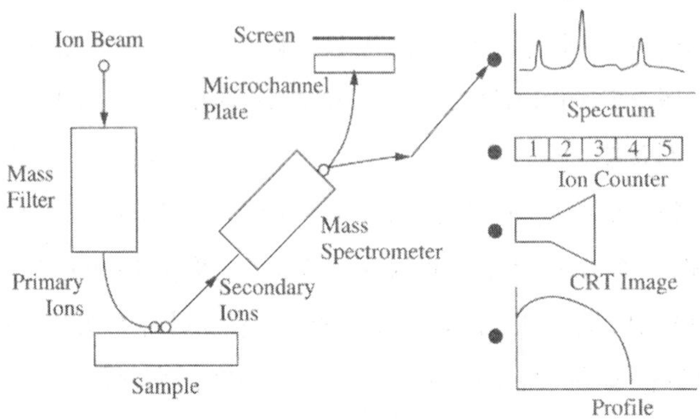

[그림 5-10] SIMS 개략도

[그림 5-10]에 보인 것처럼 SIMS의 기본은 스퍼터링으로 시료에서부터 물질을 제거하여 무게 분석기로 이탈된 재료를 분석하는 파괴적인 방법이다. 시료에 1차 이온이 충격을 가하고 시료로부터 원자가 스퍼터되어 이탈된다. 대부분의 이탈된 원자는 중성이고 기존의 SIMS 방법에서는 검침할 수 없었지만 이탈된 물질의 일부는 양으로 또는 음으로 하전 된다. 이온의 무게/전하 비율이 분석되고, 무게 스펙트럼으로 검침되는 수를 세고 형광 스크린에 디스플레이 된다. 무게/전하 비율의 검침은 문제 요소를 가지고 있다. SIMS 진공 시스템에서 일반적으로 발견되는 가벼운 원소로 H, C, O, N 등과 스퍼터된 이온 사이에 스퍼터링 과정에서 다양한 혼합종을 만들 수 있기 때문에 검침에 문제가 된다. 무게 스펙트럼계는 오로지 총무게/전하 비율만을 인지하고 특정 이온과 또 다른 입자와 서로 식별을 못할 수 있다. 스퍼터링은 입사하는 이온이 고체에서 멈추면서 운동량 전달을 하여 이온의 에너지를 잃는 과정이다. 이 과정에서 이온은 시료 내의 원자를 변위 시킨다. 입사하는 이온으로부

터 표면 근처 원자가 충분한 에너지를 받을 때에 시료로부터 입사 이온이 이탈된다. 스퍼터된 원자의 이탈 깊이는 1차 이온 에너지가 10에서 20 keV로 일반적으로 SIMS에서 사용되는 에너지에서 수 원자 층이 스퍼터된다. 1차 이온은 충돌 과정에서 에너지를 잃고 시료 표면 아래의 수십 nm에서 멈추게 된다. 이온 충돌 가격은 스퍼터링 뿐만 아니라 이온주입도 하게 되며 격자를 손상시킨다. 스퍼터링 수율은 입사하는 1차 이온당 스퍼터된 평균 원자수이다. 수율은 시료, 타겟 물질, 결정학적 방향, 결정학적 성질, 에너지, 1차 이온의 입사각도 등에 따라서 변한다. 복합체가 서로 다른 수율을 가지면 복합체 또는 다결정 타겟에서 선택적 또는 우선적인 스퍼터링이 발생할 수 있다. 수율이 낮은 성분이 표면에 풍부해지고 반면에 수율이 높은 물질은 소진된다. 그러나 일단 평형에 도달하면 표면을 떠나 스퍼터된 물질은 본체 물질과 동일한 조성을 가지고 SIMS 분석에서 우선적인 스퍼터링은 문제시 되지 않는다. Cs^+, O_2^+, O^-, Ar^+ 이온으로 1에서 20 keV 에너지로 SIMS 분석의 수율은 1에서 20 정도 범위이다. 중요한 것은 수율이 아니고 오직 이온만이 검침되기 때문에 이온화되어 이탈되는 원자의 수율 또는 2차 이온 수율이 중요하다. 2차 이온 수율은 총 수율 보다 상당히 낮고, 1차 이온의 종류에 의해서 영향을 받는다. 전자음극성 (electronegative) 산소(O^{2+})는 주로 양성 (positive) 2차 이온을 생성하는 전자 양극성 (electropositive) 원소 (B, Al, Si에서) 종을 증가한다. 전자 음극성 원소 (electronegative elements)로 Si에서 P, As, Sb등은 전자 음극성 이온으로 셀슘 (Cs^+)과 같은 전자 양극성 이온으로 스퍼터될 때에 높은 수율을 가진다. 원소에 대한 2차 이온 수율은 약 10^5에서 10^6배까지 차이가 난다.

SIMS는 다른 원소별로 2차 이온 수율에 아주 넓은 변화를 가질 뿐만 아니라 서로 다른 시료와 기질 (기질 효과, matrix effect)에서 2차 이온 수율에 큰 변화를 보인다. 예를 들면 2차 이온 수율은 산화된 표면이 산화막이 없는 원래 표면 보다 1000배나 높다. 놀라운 예가 산화된 Si 웨이퍼를 통해서 스퍼터링해서 산화된 Si으로 B 또는 P 이온 주입한 시료의 SIMS 프로파일이다. SiO_2 내에 Si의 수율이 Si 기판으로부터 Si 수율 보다 100배는 높다. 수율 대 스퍼터링 시간 그래프는 시료가 SiO_2-Si 계면에서 스퍼터될 때에 아주 급격한 하강을 보인다.

SIMS는 3가지 유형의 결과를 보인다. 낮은 입사 이온빔 전류 또는 낮은 스퍼터링 비율 (0.1 nm/hr)에서는 완벽한 무게 스펙트럼이 기록될 수 있고 표면 분석은 0.5 nm 정도 바깥쪽에 해당된다. 이 모드 동작은 정적 SIMS라고 한다. 동적 SIMS에서는 한 가지 특정한 무게에 대한 한 가지 피크 세기를 시료가 높은 스퍼터율 (10 ㎛

/hr)로 스퍼터링 되는 시간의 함수로 기록하여 깊이 프로파일을 얻는다. 피크의 세기를 2차원 이미지로 디스플레이할 수 도 있다.

정량적인 깊이 프로파일은 의심할 여지없이 SIMS의 장점이다. 한 개의 선택된 무게가 2차 이온 수율 대 스퍼터링 시간으로 그래프를 그릴 수 있어 이런 그래프는 농도 대 깊이로 변환되어야 한다. 원론적으로는 신호세기를 농도로 변환하는데 1차 이온빔 전류, 스퍼터 수율, 이온화 효율, 분석할 이온의 원자비, 설비적 요소 등을 알면 계산할 수 있다. 일부 요소는 일반적으로 정확히 알기 어렵고 일상적으로 정량적인 SIMS 분석기법에 확실한 기술은 아직 출현된 상태는 아니다. 조성이나 기질이 검사할 시료와 유사하거나 동일한 표준 시료를 사용하는 방법이 있다. 이온 주입된 표준 시료는 아주 편리하고 또한 매우 정확하다. 이온 주입된 표준 시료의 주입 도즈는 5% 정도의 정확도로 제어 가능하다. 이런 표준이 측정될 때에 SIMS 시스템 보정은 전체 프로파일에 걸쳐서 2차 이온 수율 신호를 적분하여 수행한다. 그러므로 보정된 표준은 SIMS 측정의 정확도에 아주 중요하다. 시간을 깊이로 변환하는 것은 일반적으로 스퍼터된 홈의 길이를 SIMS 분석이 완료된 이후에 측정하여 수행된다. 수율의 변환 또는 세기 대 시간을 농도 대 깊이 프로파일로 변환하는 예가 그림 5-11에 주어져 있으며 가공 전 SIMS 그래프의 원래 자료와 도핑농도 프로파일 모두를 도시하고 있다.

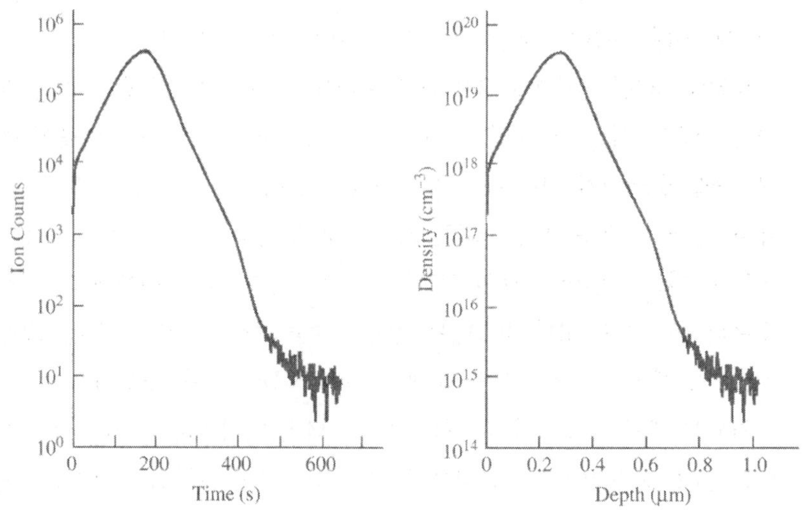

[그림 5-11] 자료 가공전의 "B+ 2차 이온 신호 대 스퍼터링 시간
그리고 실리콘 기판으로 붕소를 이온주입한 붕소 프로파일

5.2.4 X선 광전자 스펙트럼계 (XPS)

X-선 광전자 스펙트럼계는 또한 화학분석을 위한 전자 스펙트럼계 (electron spectroscopy for chemical analysis, ESCA)로 알려져 있으며 고에너지 버전 광전자 효과는 1887년에 Hertz에 의해서 발견되었다. XPS는 주로 시료 표면에 화학종을 식별하는데 사용되었으며 수소와 헬륨만을 제외한 거의 모든 원소 검침이 가능하다. 원론적으로는 수소와 헬륨도 검침이 가능하나 아주 우수한 스펙트럼계가 필요하다. 광자 에너지가 낮은 경우(≤ 50 eV) 고체가 입사한 광자는 가전자 밴드에 전자를 이탈시키고 이는 자외선 광전자 분광계 (ultraviolet photoelectron spectroscopy, UPS)로 알려져 있다. XPS에서 광자는 핵 준위의 전자와 상호작용을 하는 X-선이다.[15] X-선 에너지가 결합 에너지를 초과하면 전자는 어떤 궤도에도 광방출로 발산한다.

XPS 방법은 [그림 5-12]에 에너지 밴드 다이어그램으로 도시되었고 [그림 5-13]에 개략도가 도시되 있다. 1~2 keV에너지의 1차 X-선은 시료로부터 광전자를 이탈시킨다. 이탈된 전자 스펙트럼계에서 측정된 에너지는 E_{sp}로 페르미 에너지에 참조되는 결합에너지 E_b와 관계된다.

$$E_b = h\nu - E_{sp} - q\phi_{sp} \tag{5.18}$$

여기서 $h\nu$는 1차 X-선의 에너지이고, ϕ_{sp}는 스펙트럼계의 일함수 (3~4 eV)이다. E_b가 X-선 에너지에 종속되므로 입사하는 X-선 에너지는 단색광 이어야 함은 중요하다. 스펙트럼계와 시료는 페르미 레벨을 정열 하도록 접합된다. 금속의 페르미 에너지는 잘 정의 된다. 그러나 반도체와 절연체는 E_F가 시료와 또 다른 시료 사이에 변동이 있으므로 XPS 자료 분석에 주의를 해야만 한다.

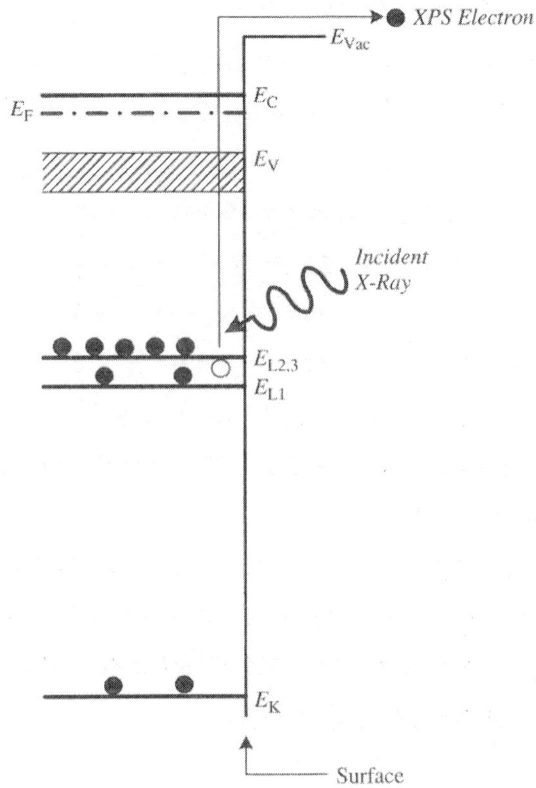

[그림 5-12] XPS에서 전자적 과정

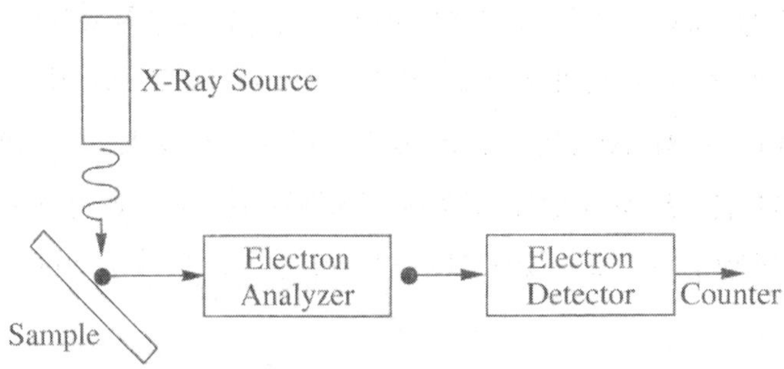

[그림 5-13] XPS 측정 개략도

전자 결합에너지는 화학적 요소에 의해서 영향을 받으므로 E_b가 화학적 상태를 결정하는데 적합하다. 이는 XPS의 주요 장점으로 화학적 원소적 식별이 가능하다. 단위 원소와 화합물의 결합 에너지 핸드북과 그래프가 이용 가능하다. X-선은 보다 덜 파괴적이고, 이는 XPS가 AES 보다 유기물과 산화막 분석에 보다 적합하도록 한다. 때로는 XPS 전하 충전을 하지 않는다고도 한다. X-선이 전하를 보유하고 있지 않으면 사실이지만, 시료로부터 전자가 방출되면 시료는 양으로 충전될 수 있고 특히 절연체의 경우 가능성이 높다. 이는 전자 흐름 층을 이용해 보상이 가능하다. XPS 동안에 X-선에 유도된 Auger 전자 방출도 발생한다. 이런 Auger 선은 XPS 선과 서로 간섭할 수 도 있지만 Auger 선은 장점으로 이용될 수 도 있다. 예를 들면 입사하는 X-선 에너지를 가변하여 XPS 에너지를 변화시킬 수 있지만 Auger 전자의 에너지는 변경할 수 없다.

1차 전자빔과 비교하여 1차 X-선이 깊이까지 침투함에도 불구하고 방출되는 광전자가 시료의 상부 표면 0.5~5 nm이기 때문에 Auger 전자에서와 마찬가지로 XPS는 표면에 민감하다.[16] 깊이는 전자 이탈 깊이에 의해서 주도되거나 또는 전자 평균 자유 여정과 관계된다. 시료 내부 깊은 곳에서 여기 되는 전자는 표면 밖으로 나오지 못한다. 깊이 프로파일은 이온 빔 스퍼터링이나 또는 시료를 기울여서 가능하다. 그러나 스퍼터링은 화합물의 산화 상태를 변경할 수 있다. 시료를 기울이는 것은 각도 분해된 XPS (angle-resolved XPS)의 근간이고 이때 깊이는 $\lambda \sin\theta$이고 여기서 θ는 시료 표면과 방출되는 광전자의 궤적 사이의 각도이다.

XPS의 주요 사용처는 화합물 식별로 시료 원자의 화학적 구조의 변화 때문에 에너지 이동이 있는 것을 이용한다. 예를 들면 산화막은 순수한 원소와 다른 스펙트럼을 보인다. 정확하게 자료를 분석하기 위해서는 주의가 요망된다. 예측하지 못한 피크가 다양한 이유 때문에 나타난다. XPS는 AES 보다 화학적 상태 분석에 보다 진보된 것이다.

화합물 또는 단위 원소 물질은 미분되지 않은 XPS 스펙트럼에서 에너지 피크 위치로 식별된다. 농도-결정은 더욱 어렵다. 농도를 결정하기 위해서 피크 높이와 피크 면적에 적당한 보정요소를 사용한다. 그러나 XPS는 농도 보다 주로 물질인지를 위해서 사용되는 방법이다. X-선 기법은 일반적으로 대면적 방법으로 일반적으로 1 cm^2 면적을 가진다. 현재는 10 μm 정도 면적이 분석 가능한 가장 작은 면적이다. 이런 소면적 분석은 X-선을 단색관계 결정으로 초점을 맞추거나 또는 대면적 X-선 빔이지만 시료의 국부적인 면적으로 나오는 전자만이 전자 분석기로 유입되도록 해서 소면적 분석 구현이 가능하다. XPS 민감도는 약 0.1% 또는 5×10^{19} cm^{-3}로 깊이 분해능은 약 10 nm이다.

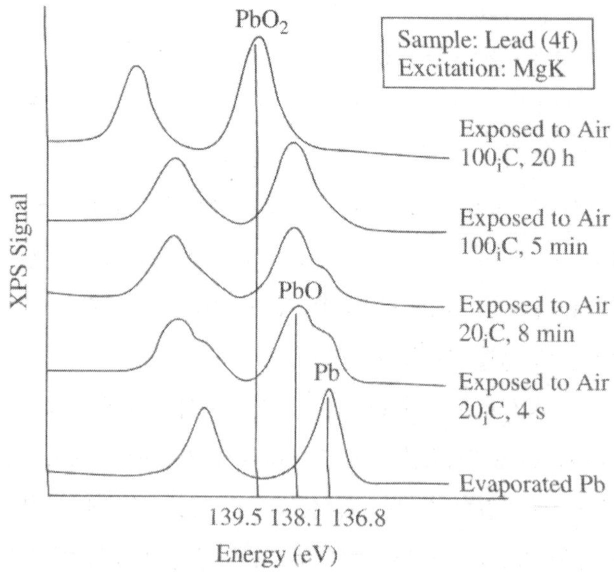

[그림 5-14] 산화막 형태인 Pb의 XPS 결합 에너지 이동.

XPS는 주로 표면의 화학적인 정보를 위해서 사용된다. XPS는 특별히 유기물, 고분자, 산화막 분석에 유용하다. 예를 들면 원소의 산화를 조사하기 위해서 사용되었다. [그림 5-14]에 납 (Pb)의 XPS를 도시하여 순수한 형태와 Pb가 산화되어 PbO와 PbO_2일 때의 스펙트럼 변화를 볼 수 있다. 2P 피크가 산화가 되지 않은 실리콘의 Si 2P 피크로 정규화하면 실리콘 산화막과 관련된 2P 피크의 세기는 산화막 두께에 비례한다. X-선 광전자 스펙트럼계는 적어도 한층의 불완전한 실리콘 산화막 또는 아산화층 (sub-oxide layer)의 존재를 보인다.[17]

연습문제

1 광학적 투과도 측정에서 반도체 시료의 두께 d, 굴절율 n_1인 시편의 투과도 T가 결정된다. 알맞은 방정식은 식 (5.3)이고, 여기서 α는 무시 가능할 만큼 작다고 가정하여 α≈0 이다. 본 측정에서 $\Delta(1/\lambda) = 14.3cm^{-1}$이다. 식 (5.8)으로 설명할 수 있는 또 다른 측정이 수행된다. 대부분의 곡선에서 α=0이고 T=0.504이다. α_i가 불순물의 흡수계수일 때 불순물농도$N_i = 3\times10^{17}\alpha_i cm^{-3}$에 기인하여 T대 곡선의 특정 파장에서 움푹 들어간 부위의 투과도는 0.482이다. R, n1,d,를 α_1 결정하시오. N_{ii}, k_i는 무시할 만큼 작고 n_0=1이다.

2 라만 분광법의 주요 응용처에 대하여 간략히 논의하라

3 Si 기판 위에 절연체의 반사도 곡선을 [그림 5-4]의 개략도에 따라서 φ=50°로 측정하였다. 이는 절연체 두께를 결정하는 일반적인 방법이다.

(a) 식 (5.10)~(5.13)을 사용하여 d_1을 결정하시오. n_0=1, n_1=1.46, n_2=4를 사용하시오. R_{max}와 R_{min}에 대한 파장은 다음과 같다.

R_{max}	$\lambda(\mu m)$	R_{min}	$\lambda(\mu m)$
0.36	0.066	0.093	0.08
0.36	0.1	0.093	0.132
0.36	0.199	0.093	0.398

(b) n_0=1, n_1=1.46, n_2=4, d_1=1000Å, φ=70°, 파장범위는 0.1≤λ≤0.8μm에서 R 대 λ 그리고 R 대 1/λ 그래프를 그리라.

4 독자가 30,000피트 고도에서 날아가는 비행기 안에서 창 밖을 보고 있다고 하자. 독자가 눈으로 볼 수 있을 만한 지상의 물체 크기는 얼마인가? 미터 단위로 답하라. s(눈)=2.5×10^{-3}cm 그리고 눈의 초점 길이는 2cm이다.

5 SEM에서 확대 배율을 결정하는 요소를 설명하라.

참고문헌

[1] H. G. Tompkins, A User's Guide to Ellipsomery," Academic Press, Boston, 1993; ASTM Standard F576-90, "Standard Test Method for Measurement of Insulator Thickness and Refractive Index on Silicon Substrates by Ellipsometry," 1996 Annual Book of ASTM Standards, Am. Soc. Test. Mat. West Conshohocken, PA, (1996).

[2] R. M. A. Azzam and N. M. Bashara, Ellipsometry and Polarized Light, North-Holland, Amsterdam, (1989).

[3] P. Stallhofer and D. Huber, Solid State Technol. 26, 233 (1983).

[4] K. L. Chiang, C. J. Dell'Oca and F. N. Schwettmann, J. Electrochem. Soc. 126, 2267 (1979).

[5] H. Anders, Thin Films in Optics, The Focal Press, London, Ch.1, (1967).

[6] W. R. Runyan and T. J. Shaffner, Semiconductor Measurements and Instrumentation, McGraw-Hill, NewYork, (1997).

[7] M. Horprathum, P. Chindaudom, P. Limonothakul, P. Eiamchai., N. Nuntawong, V. Pattanasettakul, A. Pokaipisit, and P. Limsuwan, *J. Appl. Phys.* 108, 013522 (2010).

[8] J. R. Sandercock, J. Phys. E: Sci. Instrum. 16, 866 (1983).

[9] C. V. Raman and K.S. Krishna, Nature 121, 501 (1928).

[10] G. H. Loechelt, N.G.Cave and J. Menendez, Appl. Phys. Lett. 66, 3639 (1995).

[11] L. de Broglie, Compt. Rend. 177, 507 (1923).

[12] J. I. Goldstein, D. E. Newbury, P. Echlin, D. C. Joy, C. Fiori and E. Lifshin, Scanning Electron Microscopy and X-Ray Microanalysis, Plenum Press, New York, (1984).

[13] W. R. Runyan and T. J. Shaffner, Semiconductor Measurement and Instrumentation, McGraw-Hill, New York, (1998).

[14] C. G. Pantano, "Secondary Ion Mass Spectroscopy," in Metals Handbook, 9th Ed, Am. Soc. Metals, Metals Park, OH, 10, 610-627, (1986).

[15] P. K. Gosh, Introduction to Photoelectron Spectroscopy, Wiley-Interscience, New York, 1983; D. Briggs and M. P. Seah (eds.), Practical Surface Analysis, Vol. 1: Auger and X-Ray Photo-electron Spectroscopy, Wiley, Chichester, 1990; J. B. Lumsden, "X-Ray Photoelectron Spectroscopy," in Metals Handbook, 9th Ed. (R.E. Whan, coord.), Am. Soc. Metals, Metals Park, OH, 10, 568-580, 1986; N. Martensson, "ESCA," in Analytical Techniques for Thin Film Analysis(K. N. Tu and R. Rosenberg, eds.), Academic Press, Boston, 1988, 65-109.

[16] S. Tanuma, C. J. Powell, and D. R. Penn, Surf. Sci. 192, L849 (1987).

[17] A. C. Diebold, D. Venables, Y. Chabal, D. Muller, M. Weldon, E. Garfunkel, Mat. Sci. Semicond. Proc. 2, 103 (1999).

제 6 장

결정질 태양전지모듈 분석 및 평가법

제6장

결정질 태양전지모듈 분석 및 평가법

6.1 결정질 태양전지모듈 구성 요소

6.1.1 결정질 태양전지모듈 정의

태양광발전시스템의 최소단위를 태양전지(solar cell)라고 한다면, 태양전지모듈(photovoltaic module)이란 다수의 태양전지를 직·병렬 연결하여 회로를 구성한 후 결정되는 전기적 성능을 확보하고, 가혹한 외부환경에서의 물리적인 파손, 습기침투, 절연파괴, 단선, 셀 파손, 변형 등 다양한 내구성능을 확보하여 장기간(약 25년 이상) 사용할 수 있도록, 진공상태에서 열 봉합 한 후 프레임과 단자박스를 연결하여 필드에서 설치 및 결선이 용이하도록 만든 최초의 태양광발전장치를 말한다.

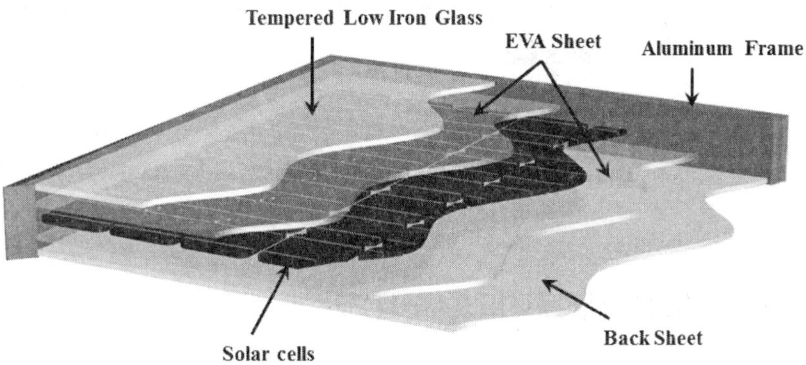

[그림 6-1] 결정질 태양전지모듈 일반 구조

태양전지모듈은 설치방식에 따라서 크게 일반 지상용 태양전지모듈과 건자재일체형 태양전지모듈(BIPV; Building Integrated PhotoVoltaic module)로 구분할 수 있으며, 특수목적으로는 수상용 모듈, 사막용 모듈, 집광형 모듈 등으로도 나눌 수 있다. 최근에는 소비자의 요구에 맞춘 다양한 형태의 모듈이 소개되고 있으며, 컬러 태양전지모듈, 휘어지는(flexible) 태양전지모듈 등도 있다.

6.1.2 결정질 태양전지모듈 구조

태양전지모듈(PV; photovoltaic module)은 적절한 용량의 전압과 전류를 생성하기 위하여 여러 개의 태양전지를 서로 직렬 또는 병렬로 연결하고 외부환경으로부터 보호하기 위하여 충진재, 표면유리, 후면재 등과 함께 구조 층을 구성하여 진공 상태에서 적층(lamination)한 것이다. 결정질 실리콘계 태양전지모듈은 여러 개의 태양전지를 얇은 도체선(Cu ribbon)으로 직렬 또는 병렬 연결하여 적층(lamination) 한 후에 프레임과 단자박스 등을 조립 및 부착하게 된다.

현재 지상용으로 상용화되어 있는 결정질 태양전지모듈의 구조는 일반적으로 표면유리－충진재－직렬연결된 태양전지－충진재－후면재－실재－프레임재－단자박스 등 총 7점으로 구성된다.

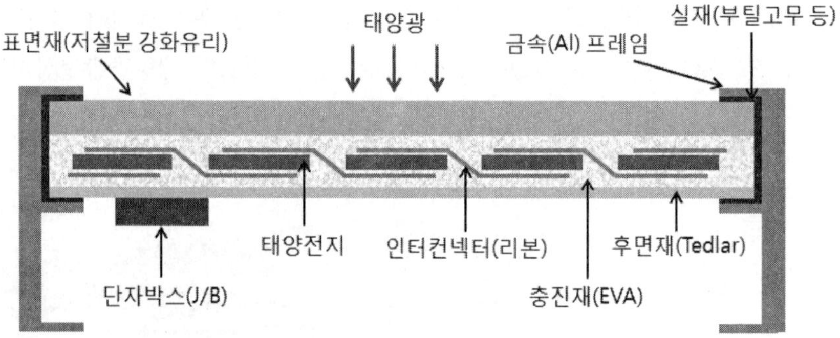

[그림 6-2] 지상용 결정질 태양전지모듈의 단면도

6.1.3 결정질 태양전지모듈 구성 재료

6.1.3.1 표면재(저철분 강화유리)

결정질 태양전지모듈에 사용되는 유리는 열적 저항성, 강도, 높은 광투과율, 화학적 안정성, 구성물질의 균질성, 평평도 및 열충격 저항성을 골고루 갖추고 있어야 한다. 특히, 결정질 태양전지모듈 표면재로 사용되는 유리는 철분함량이 약 0.02%

로 가시광선 영역에서 광투과율이 높은 저철분유리(low iron glass)를 사용하게 되는데, UV cut-off wavelength는 약 280 nm로 일반유리의 310 nm보다 30 nm정도 짧으며 가시광선 영역에서 약 3%정도 높은 광투과율을 나타낸다. 또한, 결정질 태양전지모듈의 경우 300 nm에서 1200 nm 범위의 태양빛에 의해 발전하는 특성을 갖고 있기 때문에 750 nm부터 1100 nm영역에서는 저철분유리의 광투과율이 일반유리의 광투과율에 비해 약 8%높은 특성을 나타낸다.

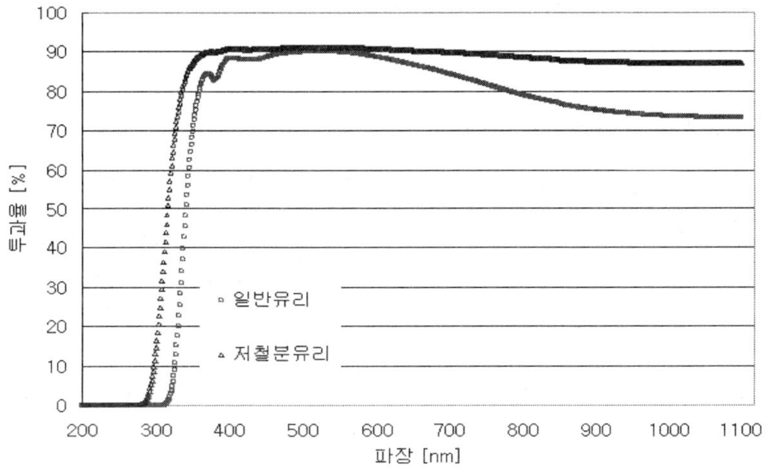

[그림 6-3] 일반유리와 저철분유리의 광투과율 특성

6.1.3.2 충진재(EVA; Ethylene Vinyl Acetate Sheet)

태양전지모듈 제조과정에서 충진재로 사용되고 있는 EVA Sheet는 투과율이 높고 접착력이 좋아야하며, 가교결합(crosslink)이 잘되어야 만 가혹한 외부환경에서 태양전지모듈의 수명을 높일 수 있다. 따라서 태양전지모듈에 사용되기 위한 충진재의 필요 요건은 다음과 같다.

- 태양전지모듈 제조 시 취급이 간편해야 한다.
- 급변하는 온도에도 태양전지모듈의 형태 변화가 없어야 한다.
  (특히 이탈, 공기층 형성, 변색, 탈착 등)
- 수명이 반영구적이어야 한다.(약 25년 이상)
- 높은 투과율이 유지되어야 한다.(400~1,200 nm의 파장 범위에서 90% 이상)
- 85℃~-40℃에서도 구성품의 변형 및 파손이 없어야 한다.

- 외부환경과 물리적인 충격에도 태양전지의 파손이 없어야한다.
- 전기적으로 절연이 잘 되어있어야 한다.
- 염해 및 온도의 변화에 따라서 모듈에 스트레스가 없어야 한다.

충진재는 제품의 특성에 적정한 공정 조건으로 태양전지모듈을 제조하여야만 수명을 연장하고, 신뢰성을 확보할 수 있게 된다. 즉, 충진재가 장기간 외부에 노출될 경우 습기 침투로 인해 태양전지 전극의 부식 등을 유발시켜 전기적인 특성을 저하시킬 우려가 있으며, 또한 변색으로 인해 태양전지에 도달하는 광 투과율을 저하 시킬 수 있다.

6.1.3.3 후면재(Back Sheet)

태양전지모듈용 후면재는 방수, 절연 및 자외선을 차단시키는 역할을 함과 동시에, 태양전지모듈의 수명을 연장시키기 위하여 높은 온도 및 습도에서도 잘 견딜 수 있어야한다. 일반적으로 후면재는 3개의 기능 층으로 적층된 필름으로 구성되어 있으며 내습성이 뛰어난 PET 필름을 내후성이 뛰어난 기재 필름(대표적으로 PVF 필름)으로 양면에서 감싸는 형태의 구조로 되어 있다. 즉, 최 외부 층은 내후성이 뛰어난 필름이나 시트 재료, 중앙부에는 수증기 차단성이 높은 필름이나 재료, 반대 면에는 내열, 내습, 전기적, 기계적 특성이 좋은 필름이나 재료를 사용하게 되는데, 중간층인 내습 기능 층에는 고가인 알루미늄 호일 대신 알루미나(Al_2O_3), 실리카(SiO_2)가 증착된 PET필름이 사용되기도 한다. 기존에 많이 사용되어 오던 불소계 PVF 필름은 수증기 차단성과 기계적 강도에서 문제가 있고, 가격적인 측면에서 고가이기 때문에 최근에는 PET필름으로 대체가 진행되고 있다.

6.1.4 결정질 태양전지모듈 제조공정

결정질계의 태양전지모듈을 제조하는 방법은 제조 공정 조건과 사용하는 재료가 다소 차이가 있을 수 있으나 일반 지상용 모듈이나, 건자재일체형(BIPV; building integrated photovoltaic)모듈이나 동일하다.

태양전지모듈의 제조공정 순서는 셀을 등급별로 분류하는 태양전지 선별(cell sorting)공정, 셀과 셀을 직렬로 연결해 주기위해 도체리본(conductive inter-connection ribbon)을 납땜하는 테빙스트링(tabbing & string)공정, 셀을 중심으로 전면부에는 표면유리와 완충 재료인 EVA 시트를 적층하고 셀을 중심으로 후면부에는 백시트와 완충 재료인 EVA 시트를 적층하여 라미네이션(lamination) 공정에 투입할 수 있도록 모듈구조를 형성하는 레이업(lay-up)공정, 적층된 태양전지모듈을 진공상태에서 열을 가하여 봉입하는 라미네이션(lamination)공정, 모듈 내부에서 구성 재료로 사용되는 EVA 시트를 가교시키는 큐어링(curing)공정, 그리고 라미네이션 과정에서 발생되는 가장자리의 부스러기를 제거하는 절단(edge trimming)공정 및 프레임(frame)과 단자박스를 결합하는 조립(assembly)공정 등으로 전개할 수 있으며, 최종적으로 인공광원법에 의해 쏠라시뮬레이터(solar simulator)를 이용하여 전압-전류, 출력을 결정함으로써 출하시험을 실시하게 된다.

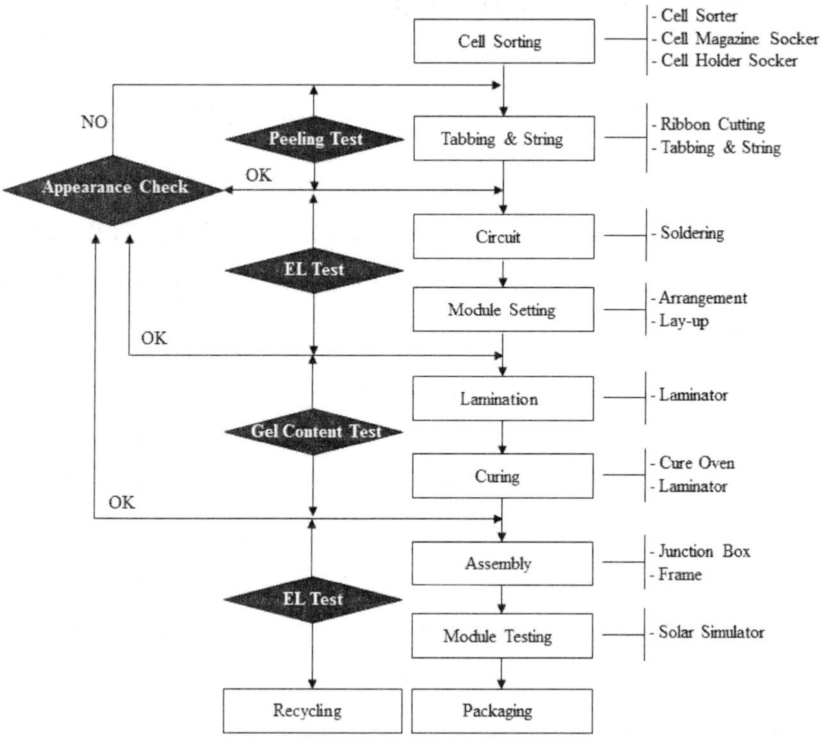

[그림 6-4] 결정질 태양전지모듈 제조 공정도

이밖에도 appearance check, peel strength test, EL test, gel content test 등이 있는데, 이러한 과정은 제조 과정 중에 발생될 수 있는 다양한 불량률을 최소화하고, 빠른 발견으로 경제적 손실을 최소화 하는데 목적이 있다. 또한, 제조공정 중

에 이러한 불량의 사전 발견은 태양전지모듈 뿐만 아니라 태양광발전시스템의 성능 향상과 수명연장에도 많은 기여를 하게 된다.

따라서, 다음 절에서는 결정질 태양전지모듈 제조과정 중에 꼭 체크해야 되는 중요한 체크항목 3가지, 즉, 태양전지를 직렬 연결하는 도체리본의 접착강도 테스트, 라미네이션 공정에서 EVA의 cross-linking 정도를 평가할 수 있는 가교율 테스트, 그리고 공정중에 발생될 수 있는 태양전지의 마이크로 크랙 정도를 검사할 수 있는 EL 테스트 등에 대해서 설명하고자 한다.

6.2 태양전지모듈 제조 평가

6.2.1 도체리본의 접착강도(Peel Strength) 측정

태양전지모듈의 제조공정은 태양전지에 리본을 직접 납땜하여 직렬로 연결한 다음 glass−EVA−string cell−EVA−back sheet의 구조로 각각 적층 한 후 라미네이션 공정을 거쳐 프레임과 단자박스를 부착함으로써 완성된다. 이렇게 완성된 태양전지모듈은 다양한 공정조건과 원인에 의해 출력손실과 내구성능을 결정하게 되는데, 그 중에서 테빙스트링 공정은 태양전지와 리본이 직접적으로 납땜되는 과정으로 태양전지와 리본의 전기적인 접촉뿐만 아니라 물리적인 접착력도 장기간 모듈이 안정적인 발전 상태를 유지하는데 결정적인 요인으로 작용된다. 따라서, 이러한 테빙스트링 공정 이후에 태양전지와 리본 사이의 최적화된 접합 여부를 확인하는 방법은 통상적으로 리본의 접착강도 테스트(peel test)를 진행하게 된다.

접착강도 테스트는 스카치 테잎(Scotch tape)의 접착력을 정량적으로 측정할 수 있도록 고안된 방법으로써 현재 전자 산업에서 금속 박막과 절연 기판 사이의 접착력을 측정하는 가장 일반적인 방법 중에 하나이다. 접착강도 테스트는 일정너비의 유연한 스트립(strip)을 기판으로부터 일정속도로 떼어내면서 인가되는 하중을 측정한 후, 측정된 하중을 스트립의 너비로 나누어 접착강도(peel strength)로 환산하여 평가한다. 분리되는 스트립과 기판 사이의 다양한 각도에 따라 분류하며 태양전지모듈에서는 180°의 각으로 접착강도 테스트가 주로 이루어진다. 이 측정 방법은 비교적 간단하고, 다양한 시편에 적용이 용이하며, 측정결과에 대한 재현성이 우수하여 현재 태양전지 모듈 제조 공정 평가 방법으로 많이 사용되고 있다.

접착강도 테스트 구성장치는 크게 태양전지를 고정시키는 고정부, 리본을 일정한 속도로 당기면서 힘을 측정하는 측정부로 구성되어 진다. [그림 6-5]와 같이 일정한 각도로 리본을 당기면 태양전지와 리본의 접착력의 한계를 넘어 분리하는데 필요한 에너지 G_a는 식(6.1)과 같이 나타낼 수 있다.

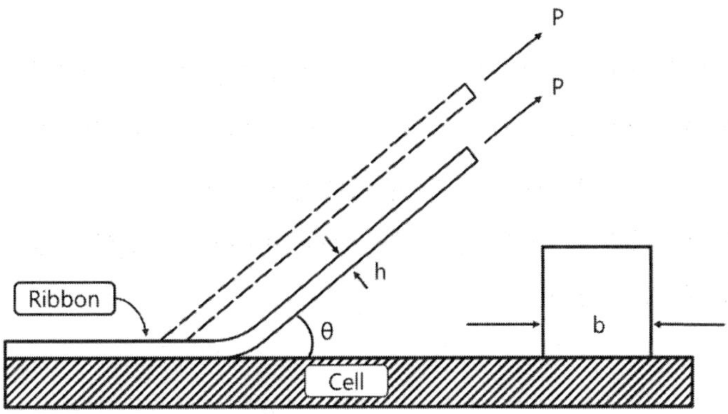

[그림 6-5] 태양전지와 리본 사이의 Peel test

$$G_a = \frac{1}{b}\left(\frac{dU_{ext}}{da} - \frac{dU_s}{da} - \frac{dU_{dt}}{da} - \frac{dU_{db}}{da}\right) \tag{6.1}$$

여기서 dU_{ext}는 외부에서 인가되는 에너지이며, 리본에서 변형 및 장력에 의해 발생되는 에너지 손실을 각각 dU_S와 dU_{dt}로 표현하였다. 또한 리본을 당기면서 발생하는 휨에 의한 손실을 dU_{db}로 나타내었다. P는 측정된 힘, θ는 리본을 당기는 각도, b는 리본의 폭, ε_a는 리본의 변형률, h는 리본의 두께, σ는 리본의 응력을 각각 나타낸다.

$$dU_{ext} = Pda(1+\varepsilon_a - \cos\theta) \tag{6.2}$$

$$d(U_s + U_{st}) = bhda\int_0^{\varepsilon_a} \sigma d\varepsilon \tag{6.3}$$

다시 G_a는 리본의 인장(또는 늘어난 길이)에 대한 변형을 포함하여 식 (6.4)로 나타낼 수 있다. 이는 접착강도 테스트를 진행하면서 리본의 변형과 균열이 동시에 진행함으로써 발생하는 에너지 손실을 반영하여 표현하였다.

$$G_a = \frac{P}{b}(1+\varepsilon_a - \cos\theta) - h\int_0^{\varepsilon_a} \sigma d\varepsilon - G_{db} \tag{6.4}$$

다양한 각도를 통해 접착강도 테스트를 하였을 때 발생되는 리본과 태양전지 사이의 분리 에너지 G_a의 값은 달라진다. [그림 6-6]에서와 같이 테스트 각도가 90°, 135°, 180°일 때 보다 45°일 때 상대적으로 큰 분리 에너지가 필요하다. 따라서 태양전지와 리본사이의 납땜 상태를 보다 정확하게 확인하기 위해서는 테스트 각도에 대한 영향을 충분히 고려해야 한다.

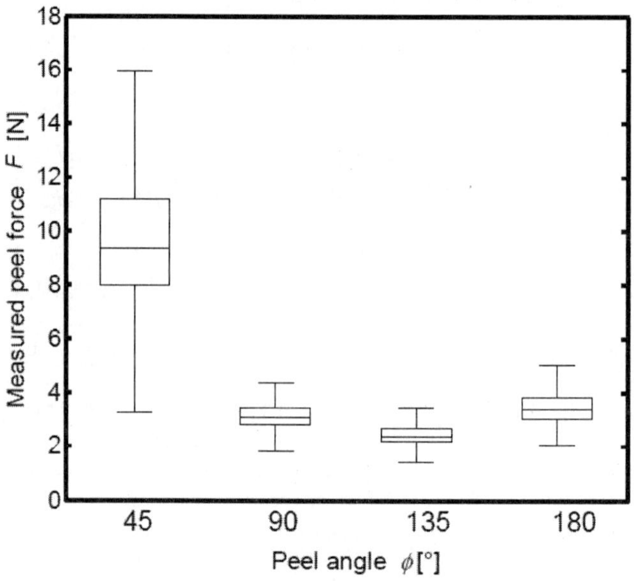

[그림 6-6] Peel Strength Test 각도에 따른 분리 에너지

6.2.2 EVA의 가교율(Gel Content) 측정

6.2.2.1 Gel Content 측정의 중요성

태양전지모듈용 봉지재로 주로 사용되는 EVA(Ethylene Vinyl Acetate)는 라미네이션(lamination) 공정을 통해 가교(cross-linking)가 적절히 잘 되어야만 외부 환경으로부터 장기간 동안 태양전지를 보호할 수 있다. 가교반응(cross-linking reaction)은 라미네이션 공정이 끝난 후 큐어링(curing) 과정에서 일어나게 되는데, 이러한 가교 정도(degree of cross-linking)를 알아볼 수 있는 방법으로는 gel content 측정이 많이 이용된다.

일반적으로 EVA의 gel content는 80% 이상이 되어야 하며, 90%를 넘지 않아야 한다. Gel content가 너무 높을 경우에는 EVA의 전단 탄성률(shear Modulus)이 낮아지고 경도(hardness)가 높아져 미세한 크랙이나 충격으로부터 태양전지가 파손되기 쉬워진다. 반대로 gel content가 낮을 경우에는 접착력이 약하거나 중력에 의해 휘어지는 creep 현상이 일어나 태양전지의 변형을 초래한다. 또한 태양전지모듈용 봉지재는 400~1200 nm 파장 영역 대에서의 광투과율이 90% 이상 되어야 하는데, 가교율이 낮거나 높을 경우 황변 또는 백화현상 등 변색이 가중되어 태양전지모듈의 성능을 저하시키는 원인이 된다.

EVA의 가교율이 낮을 경우에는 표면유리와 후면재, 태양전지 등과 접착력이 줄어들게 되어 박리(delamination) 현상이 쉽게 일어난다. 이는 공기 중에 있는 산소와 수분에 노출됨으로써 EVA의 고유 물질특성에 변형이 일어나기 때문이다. 수분이 침투할 경우 친수성인 EVA의 Vinyl Acetate(VA) 작용기(functional group)와 반응하여 아세트산(Acetic Acid)을 생성하게 되고, 이것은 태양전지 및 리본 등과 같은 모듈 구성소재를 부식시킬 뿐만 아니라 EVA 자체의 질량이 손실됨으로써 모듈의 열화를 가속시키게 된다.

EVA에 열에너지가 가해지면 반응 개시제(initiator)가 활성화되면서 Peroxide가 자유라디칼(free radical)을 생성하게 되는데, [그림 6-7]과 같이 Vinyl Acetate계가 탄소를 공격하여 라디칼을 형성한 후 두 EVA 공중합체(copolymer)가 공유결합하게 된다. 이와 같은 반응이 연쇄적으로 일어나 EVA의 가교가 이루어지게 되면 3차원의 그물구조를 형성하게 되는데, 이러한 가교점이 많아질수록 가교밀도가 증가하게 됨으로써 높은 gel content 결과를 얻게 된다. 또한 가교결합이 일어난 이후,

EVA는 열에너지에 의해 분자 사슬의 상대위치가 변할 수 없기 때문에 그 형태를 유지하면서 태양전지를 보호하게 된다.

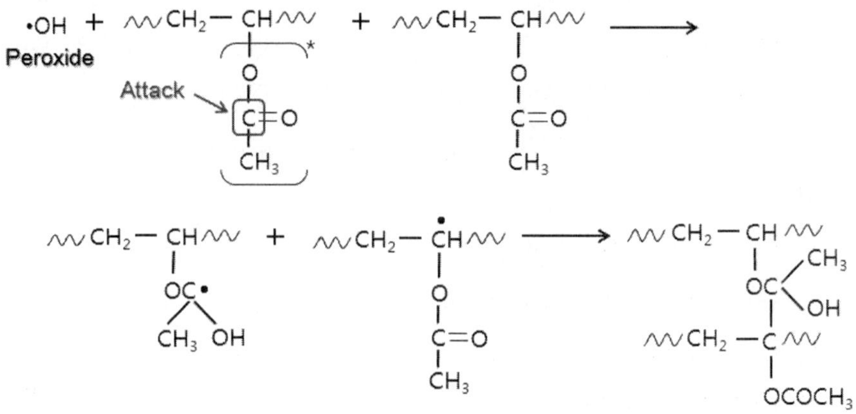

[그림 6-7] EVA의 가교 반응

일반적으로 EVA와 같은 열경화성 고분자는 가교 후 용매에 의해 녹지 않으며, 3차원 그물 구조로 된 탄소 사슬의 빈 공간에 용매 분자가 들어가 팽윤(swelling)하여 겔(gel)과 같은 형태가 되는데, 이러한 원리를 이용하여 gel content를 측정하게 된다.

6.2.2.2 EVA gel content 측정방법

EVA의 가교율은 초기 EVA 시료 질량 대비 가열된 용매에서 함침 후 수집된 EVA 시료를 건조 후 질량을 비교하여 수득률(yield)을 구하게 되는데 이를 'gel content'라 하며 용매는 주로 톨루엔(Toluene)을 사용하게 된다. 태양전지모듈용 EVA의 gel content 측정방법은 〈표 6-1〉, 〈표 6-2〉와 같다.

실험도구 및 장비는 아래와 같다.

- 채취된 작은 EVA 조각 약 2g
- Toluene 용액 100ml
- 400ml 이상의 비이커(비이커를 덮는데 사용될 수 있는 알루미늄호일)와 커버
- 거친 여과지

- 여과지에 맞는 깔때기
- 삼중저울대 혹은 분석 저울
- 배기 후드(Exhaust hood)

〈표 6-1〉 Gel Test용 시료 준비

순서	방법
1	가교된 EVA sheet 중간부분에서 약 5 cm×5 cm 크기로 시료를 채취한다. (실제 라미네이션 되어진 EVA는 위치에 따라 가교율의 차이가 존재할 수 있다.)
2	실험 오차를 줄이기 위해 소수점 4자리까지 시료무게를 측정한다(약 2g).(W_1) (이 때 여과지 무게도 측정한다.)
3	용매와 접촉하는 면적을 넓히기 위하여 채취한 시료를 약 1 cm×1 cm 조각으로 자른다.

〈표 6-2〉 EVA 시료 함침 및 가열/건조

순서	방법
1	유리 비커에 톨루엔 100 ml 를 채운 후 시료를 넣고 60℃로 4시간 가열한다. (톨루엔 증발을 최소화하기 위해 알루미늄 호일로 씌운다.)
2	톨루엔 용액에 담겨진 시료를 여과지에 여과한다.
3	110℃로 세팅된 오븐에 여과된 시료를 넣고 3시간 건조시킨다.
4	여과지가 포함된 시료의 무게를 측정하고, 미리 측정해 둔 여과지의 무게를 뺀 값으로 계산한다.(W_2)

아래의 식 (6.5)를 이용하여 EVA의 gel content를 계산할 수 있다.

$$gel\ content\ (wt\%) = \frac{W_2}{W_1} \times 100(\%)(W_1 \geq W_2) \tag{6.5}$$

	장치 및 기구	시료
시료준비 및 무게측정		
함침 및 용해		
여과		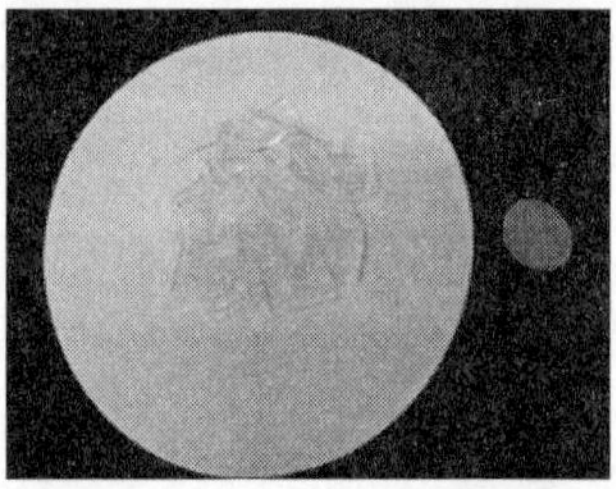
건조 및 무게측정		

[그림 6-8] gel content 측정 장치 및 시료

참고

주의사항

- 가교도 측정 시 사용되는 톨루엔 용액은 가연성, 유독성을 가진 무색의 액체이며, 화기 근처에 증기가 있을 경우 폭발위험이 있으므로 반드시 통풍이 잘되는 배기 후드(exhaust hood) 내에서 사용하여야 한다.

- 톨루엔은 반드시 유리재질의 용기를 사용해야한다.
- 톨루엔과 관련된 물질 안전 보건 자료(MSDS; Material Safety Data Sheet)를 숙지하여야 한다.
- 올바른 폐기물 처리를 위해서 남은 톨루엔 폐액은 따로 폐기하고, 배수구에 버리지 않도록 한다.
- 안전을 위하여 실험 시 실험복, 보안경, 내화학성 장갑 등을 꼭 착용하여야 한다.

6.2.3 마이크로 크랙(EL; Electro luminescence) 검사

6.2.3.1 Electro luminescence(EL) 원리

전계발광(Electroluminescence, 이하 EL)은 전자의 흐름이 빛의 발산으로 변형되는 현상을 말한다. 이는 LED와 같은 원리에 따른 것으로 태양전지에 전류를 인가했을 때 태양전지가 갖는 고유한 파장대의 빛을 방출하는 효과를 이용한 검사방식이다. EL검사는 태양전지 혹은 태양전지모듈에서 우리가 육안 상 확인할 수 없는 마이크로 크랙(micro-crack), 전극 또는 태양전지 파손, 불순물, 핑거결함 등을 확인할 수 있다.

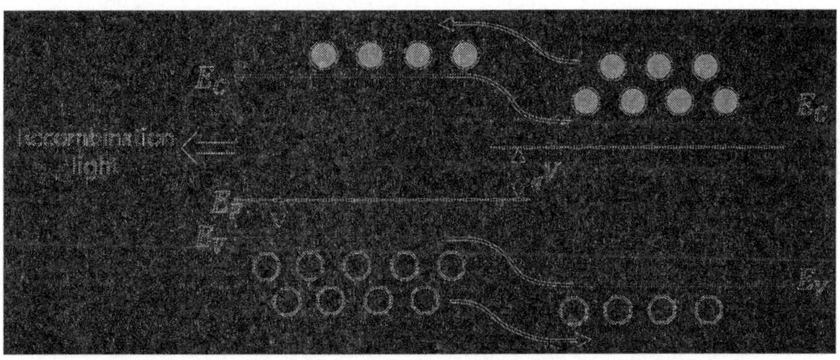

[그림 6-9] 캐리어 재결합에 의한 빛 발산

EL검사의 기본적 원리는 [그림 6-9]와 같이 p-n junction에 순방향 바이어스(forward bias)를 인가하면, n-type 반도체의 전자는 p-type 반도체 쪽에, p-type 반도체의 정공은 n-type 반도체 쪽으로 각각 이동하여 소수 캐리어

(minority carrier)로서 확산(diffusion)되고, 이 과정에서 바이어스에 의한 다수 캐리어(majority carrier)와 재결합(recombination)할 때, 전자와 정공의 에너지 차이 $E_g=h\upsilon$에 해당하는 파장을 방출하는 것이다. 다시 말해, 반도체의 전도대(conductive band)에 존재하는 전자가 외부에서 인가된 바이어스 에너지에 의해 가전자대(valence band)로 이동될 때, p-n 접합의 재료에 따라 $E_g=h\upsilon=hc/\lambda$에 해당되는 파장의 빛을 내는 현상이라 할 수 있다.

6.2.3.2 EL장비구성 및 측정방법

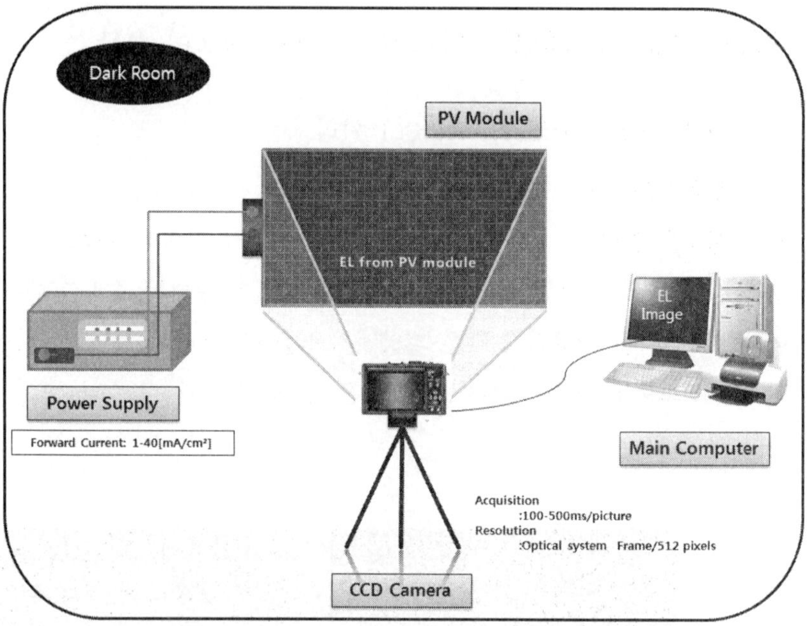

[그림 6-10] EL측정 장비 구성도

(a) 장비 제어 및 분석용 컴퓨터 : 외부전원장치 및 카메라를 통해 들어온 정보를 사용자가 볼 수 있도록 화면에 표시하고 영상을 소프트웨어적으로 처리하여 분석 및 판단한 후 순수영상 및 처리된 영상, 분석된 결과들을 저장 및 출력할 수 있다.

(b) 가시광/근적외선 카메라 (Visible/Near Infrared CCD Camera) : 가시광선(300~800 nm) 및 근적외선(800~1800 nm) 대역까지의 빛을 측정할 수 있는 카메라로써, 근적외선영역 촬영 시 적외선필터를 장착 후 측정 가능하며 태양

전지의 크랙이나 결함 상태를 확인하기 위한 용도로 사용되어진다.

(c) 전원공급장치 (DC Power Supply) : 순방향 바이어스로 단락전류 만큼의 전류를 모듈에 흘려주기 위해 사용되어진다.

EL측정은 [그림 6-10]에서와 같이 우선 모듈을 거치대에 고정시킨 후, 전원공급장치를 이용해 일정 전류를 모듈에 흐르게 하면서 암실에서 CCD카메라로 모듈 표면의 이미지를 촬영한다. 일반적으로 실리콘 태양전지의 경우 1.12 ㎛ 대의 파장의 빛을 발산하며, CIGS 태양전지는 화합물의 조성에 따라 0.52 ㎛~1.19 ㎛ 대의 파장을 방출하게 된다.

6.2.3.3 EL에 의한 모듈 검사

[그림 6-11]에서와 같이 모듈 내부에 위치하고 있는 태양전지에 크랙이나 결함이 있는 부분은 캐리어가 적게 흐름으로써 어두운 영역 및 선으로 나타나는 것을 볼 수 있다. 연한 선으로 보이는 마이크로크랙의 경우 당장 모듈 출력에는 큰 영향을 미치지 않지만 급격한 온도 변화가 있는 환경에 장기간 노출될 경우 크랙이 지속적으로 성장하여 모듈 전체의 출력을 감소시키게 된다. 이와 같이 태양전지모듈 제조 과정에서 사전에 태양전지의 크랙 또는 결함 상태를 확인하는 것은 완제품에 대한 품질 확보와 태양광발전시스템 전체의 내구성능 향상에 매우 기여하게 될 것이다.

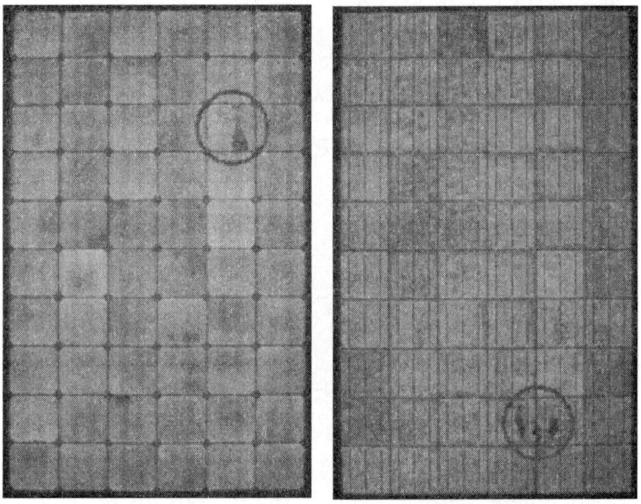

[그림 6-11] 모듈 제작 중 태양전지 파손 사례(EL Image)

6.3 태양전지모듈 인증평가

6.3.1 태양전지모듈 인증 평가 개요

태양전지모듈이 제품으로써 인정받고 필드에 설치되기 위해서는 각 국가에서 인정하는 인증평가에 통과되어야만 한다. 결정질 태양전지모듈 시험기준으로써, 전세계적으로 통용되는 IEC61215 시험기준은 우리나라 신재생에너지설비 인증시험기준에서도 그대로 번역하여 사용되고 있는데, 우리나라에서는 KS C 8561:2015라고 칭한다. [그림 6-12]는 결정질 실리콘 태양광발전 모듈(성능) 인증평가를 위한 시험항목 및 시험절차를 나타내고 있다. 여기에서 IEC61215 시험기준과 우리나라의 KS C 8561:2015 시험기준의 차이점은 염수분무시험이 의무사항으로 포함되어 있다는 것이다.

각각의 시험항목에 대한 판정기준은 발전성능시험 결과 값을 포함하는 전기적 성능평가를 기준으로 결정하게 된다. 즉, 최초에 발전성능시험을 포함하는 전기적 성능평가를 실시한 후 그 값을 기준으로 각각의 시험항목에 따라 기계적 시험과 환경적 시험 등 내구성능 시험을 실시 한다. 그 후 또 다시 발전성능시험을 포함하는 전기적 성능평가를 실시 한 후 그 결과 값을 토대로 초기의 발전성능시험 값과 비교하여 8%를 초과하지 않아야 하고, 외관상 큰 변화가 없어야 하며, 절연시험과 습윤누설전류 시험 판정기준에 만족해야만 한다.

태양전지모듈 인증시험에 필요한 시료 수는 총 9매로써, 모니터링용 시료 1매 외에는 모두 내구성능 시험 시료로 사용되게 된다.

시험 시료의 선정방법은 하나 또는 복수의 생산군으로부터 IEC 60410에 주어진 절차에 따라 무작위로 채취한다. 생산된 모듈에는 명확하고 지워지지 않도록 다음 사항이 표시되어 있어야 한다.

- 제조자명, 모노그램 또는 심벌
- 형식 또는 형식 번호
- 제조 번호
- 단자 혹은 리드선의 극성
- 모듈에 적용한 최대 시스템 전압

특히 제조일자와 제조 장소는 모듈에 표기되거나 또는 제조 번호로부터 판별이 가능해야 한다.

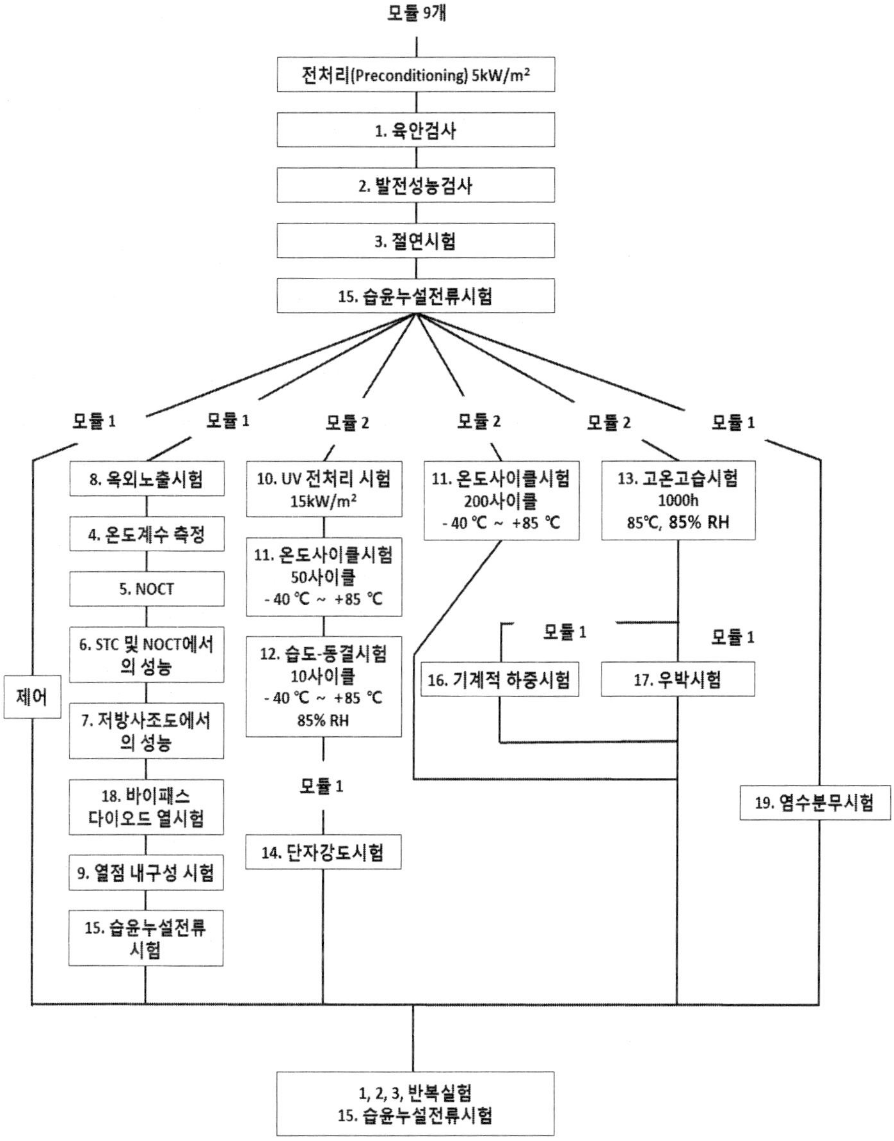

비고 1. KS C IEC 61853-1에 따를 경우 생략될 수 있다.

비고 2. 방형 선반형 가대에 장착되도록 설계되지 않은 모듈의 경우, 공칭 태양전지 동작 온도(NOCT)를 제조자가 권장한 모듈 설치 방법에 따라 표준 기준 환경에서 평형 상태에서의 평균 태양전지 온도로 대신할 수 있다.

[그림 6-12] KS C 8561:2015 인증시험 절차

〈표 6-3〉 KS C 8561:2015 인증시험 항목 및 조건

시험	제 목	시험 조건
1	육안검사	• 태양전지, Glass, J-Box, 프레임, 접지단자, 출력단자 등 평가(KS C IEC 61215, 10.1 참조)
2	최대 전력 결정	• 개방전압(Voc), 단락전류(Isc), 최대전압(Vm), 최대전류(Im), 최대출력(Pmax), 곡선율(FF), 효율(Eff) 등의 발전성능을 시험(KS C IEC 61215, 10.2 참조)
3	절연 시험	• 출력단자와 모듈 또는 접지단자 사이의 절연 시험(KS C IEC 61215, 10.3 참조)
4	온도 계수의 측정	• 모듈의 온도계수 측정(KS C IEC 60904-10, KS C IEC 61215, 10.4 참조)
5	공칭 작동 셀 온도 (NOCT)의 측정	• 경사면 방사조도 : 800W/m², 주위 온도 : 25℃, 풍속 : 1m/s에서의 동작 특성 시험(인용 표준;KS C IEC 61215, 10.5 참조)
6	STC와 NOCT에서의 특성	• 태양전지 온도 25℃, NOCT KS C IEC 60904-3의 기준 태양광 분광 방사조도 1,000W/m²과 800W/m²에서의 성능(KS C IEC 61215, 10.6 참조)
7	낮은 방사 조도에서의 특성	• 태양전지 온도 25℃, NOCT KS C IEC 60904-3의 기준 태양광 분광 방사조도 200W/m²에서의 성능(KS C IEC 61215, 10.7 참조)
8	옥외 폭로 시험	• 총 방사조도 60kWh/m²에서의 성능(KS C IEC 61215, 10.8 참조)
9	과열점 내구성 시험	• 태양전지의 성능 불균형, 크랙 또는 국부적인 그림자 영향에 의해 발생되는 열점 내구성 시험(KS C IEC 61215, 10.9 참조)
10	자외선(UV) 시험	• 자외선 노출에서 태양광발전 모듈 재료의 열화정도 시험(KS C IEC 61215, 10.10 참조)
11	온도 사이클 시험	• 환경온도의 불규칙한 반복에서 구조나 재료 간의 열전도나 열팽창률에 의한 스트레스의 내구성 시험(KS C IEC 61215, 10.11 참조)
12	결로 동결 시험	• 고온, 고습, 영하의 저온에서 열팽창률의 차이나 수분의 침입, 확산, 호흡작용 등의 구조나 재료의 영향을 시험(KS C IEC 61215, 10.12 참조)
13	고온 고습 시험	• 고온, 고습 상태의 열적 스트레스와 접합재료의 밀착력 등의 적성 시험(KS C IEC 61215, 10.13 참조)

<계속>

시험	제 목	시험 조건
14	단자 강도 시험	• 단자부분이 부착, 배선 또는 사용 중에 가해지는 외력에 대한 강도 시험(KS C IEC 61215, 10.14 참조)
15	습윤 누설 전류 시험	• 강우에 노출되는 경우의 적성 시험(KS C IEC 61215, 10.15 참조)
16	기계적 하중 시험	• 바람, 눈 및 얼음에 의한 하중에 대한 기계적 내구성 시험(KS C IEC 61215, 10.16 참조)
17	우박 시험	• 우박의 충격에 대한 태양광발전 모듈의 기계적 강도 시험(KS C IEC 61215, 10.17 참조)
18	바이패스 다이오드 열 시험	• 모듈의 열점현상 등으로 발생되는 바이패스 다이오드의 장기 내구성을 위한 적정 온도 설계 시험(KS C IEC 61215, 10.18 참조)
19	염수 분무 시험	• 모듈의 구성재료 및 패키지의 염분에 대한 내구성 시험(KS C IEC 61701 참조)
비고	인증품목에 대한 유사모델은 KS C 8561:2015 부속서 A에 따라 시험한다.	

6.3.2 태양전지모듈 인증 평가 항목 및 시험 방법

6.3.2.1 육안검사(Visual Test)

육안검사는 인증시험 시작 전 또는 시험 중에 발생할 수 있는 육안상의 결함을 찾아내는 것을 목적으로 하는데, 1,000룩스(lux) 이상의 광 조사상태에서 모듈외관, 태양전지 등에 크랙, 구부러짐, 갈라짐 등이 없는지를 확인하고, 태양전지 간 접속 및 다른 접속부분에 결함이 없는지, 태양전지와 태양전지, 태양전지와 프레임상의 접촉이 없는지, 접착에 결함이 없는지, 태양전지와 모듈 끝부분을 연결하는 기포 또는 박리가 없는지 등을 검사한다.

검사항목으로는

- 모듈외관 : 크랙, 구부러짐, 갈라짐 등이 없는 것
- 태양전지 : 깨짐, 크랙이 없는 것
- 태양전지 간 접속 및 다른 접속부분에 결함이 없는 것
- 접착에 결함이 없는 것
- 태양전지와 태양전지, 태양전지와 프레임의 접촉이 없는 것

- 접착에 결함이 없는 것
- 태양전지와 모듈 끝부분을 연결하는 기포 또는 박리가 없는 것 등

6.3.2.2 발전성능시험(Performance at STC)

태양전지모듈의 발전성능시험은 전 세계적으로 IEC60904-1의 "태양광 전류-전압 특성 측정" 방법에 의해 실시된다. 이 시험기준에서는 자연 또는 인위적 태양 빛에서의 결정형 실리콘 태양광 소자의 전류-전압 특성의 측정 절차를 기술하고 있다.

이때 일반적 측정 요구사항으로는 교정된 표준 소자를 모니터링용 소자로 사용해야 하고, 교정된 표준 소자는 시편과 동일한 관련 스펙트럼 응답특성을 갖고 있어야 한다.

또한, 표준 소자와 시편의 온도는 ±1℃의 정확도로 측정되어야 하며, 시편의 표면은 표준 소자의 표면과 ±5°에서 동일 평면상에 있어야 하며, 전류-전압의 측정값은 ±0.5%의 정확도로 측정되어야 한다고 규정하고 있다.

[그림 6.13]은 태양전지모듈의 I-V 측정장치 기본 개념도를 보여주고 있다.

태양전지모듈의 발전성능시험은 인증시험에서도 합격, 불합격을 결정하는 가장 중요한 시험항목으로 STC(standard test condition)에서의 성능이라고도 한다. 이때 STC는 시험온도 25℃와 광원의 세기 1,000 W/㎡를 의미한다.

STC에서의 태양전지모듈 발전성능시험은 시험시료에 대한 최대 전력을 결정하는 것을 목적으로 하기 때문에 시험의 재현성이 가장 중요한 요소이다.

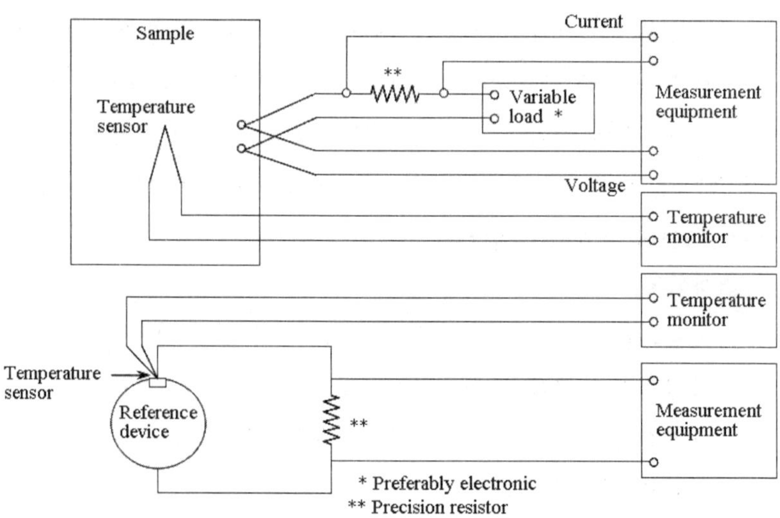

[그림 6-13] 태양전지모듈 I-V 측정장치 기본 개념도

STC에서의 발전성능을 시험하기 위한 방법으로는 자연광원법과 인공광원법으로 나눌 수 있으나, 외부환경의 영향과 날씨 및 온도 등의 영향을 많이 받는 자연광원법은 시험의 재현성에 문제가 있어 많이 사용되지 않고 있으며, 실내에서 인공적으로 광원을 만들어 사용하는 인공광원법이 많이 사용되어 지고 있다.

그러나 인공광원법 또한 시험장비의 정밀도, 계측의 정확도, 온도 등 다양한 시험환경의 영향으로 계측 값에 대한 재현성에 많은 문제점을 내포하고 있기 때문에 최대 출력 측정의 반복성(repeatability)은 ±1% 이하가 되어야 한다고 규정하고 있다.

(a) 자연 태양광에서의 측정

자연광원법에 의한 태양전지모듈의 전류-전압 측정을 위해서는 측정하는 동안 ±1% 이상 태양 빛의 강도가 변동되지 않을 경우에만 측정하여야 하며, 표준 시험 조건과의 비교를 위한 측정인 경우, 태양 빛의 강도는 최소 800 W/㎡ 이상이 되어야 한다.

또한, 표준 소자(기준 태양전지)를 시편에 최대한 가깝게 놓아야 하며, 표준 소자와 시편은 모두 ±10° 이내에서 직접적인 태양 빛을 받아야한다. 이때 표준 소자와 시편의 온도를 기록해야 하며, 주변의 환경으로 인한 온도변화가 잦을 경우에는 온도를 조절하기 위한 장치 또는 대기 온도와 시료의 온도가 동일해 질 때까지 태양 빛 또는 바람을 가려야 하며, 대기온도와 표준소자, 시편의 온도가 동일 할 때 측정을 해야 한다.

위와 같이 표준소자와 시편의 온도가 동일하게 유지된 상태에서 얻어낸 측정 결과 값은 시편에 대한 전류-전압 온도계수 값에 의해 표준시험조건(STC; standard testing condition)에서의 태양전지모듈 발전성능시험 기준인 1,000 W/㎡의 일사강도와 25℃의 측정온도 조건으로 환산해 주어야 한다.

(b) 인공 태양광에서의 측정

인공광원법에 의한 STC에서의 태양전지모듈 전류-전압 측정을 위해서는 IEC60904 "솔라 시뮬레이터의 성능 요구 사항" 기준을 만족시키는 솔라 시뮬레이터를 사용해야 한다.

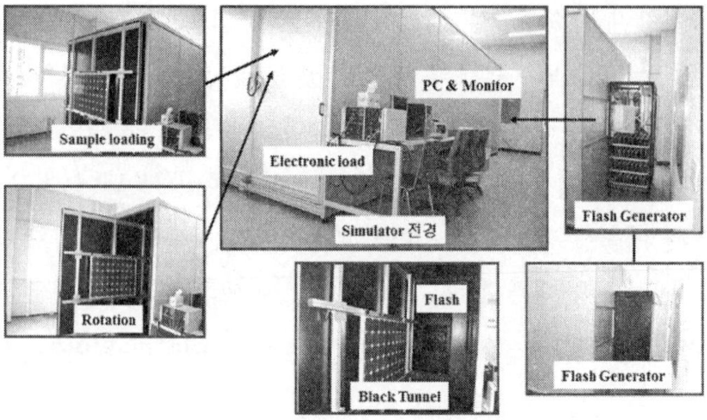

[그림 6-14] 솔라 시뮬레이터 구성

솔라 시뮬레이터는 현재 두가지 유형의 시뮬레이터가 사용되고 있으며, 그 첫 번째로 "안정적(연속광원)" 유형(예를 들어, 필터 제논, 이색성 필터 텅스텐 또는 텅스텐 전극을 이용하여 수정된 수은)은 단위 태양전지와 작은 모듈에 적절하다. 이 유형의 이점은 시료의 온도를 제어할 수 있도록 되어 있기 때문에 주변 온도의 변화에도 큰 문제가 없어 쉽고 정확하게 측정할 수 있다.

두 번째로 인위적 펄스형 시뮬레이터는 대면적 모듈 측정에 이점이 있으며, 광원이 연속적이지 않기 때문에 광원의 직사광선에 의한 시료의 온도변화에 영향을 주지 않는 이점이 있다. 그러나 태양전지의 분광 응답 특성을 고려하여 충분한 펄스 광원이 보장되어야만 정확한 측정을 할 수 있다.

시뮬레이터는 시험에서 표준 소자를 이용하여 측정한 1,000 W/m²의 표준 방사조도 및 요구될 수 있는 더 높거나 낮은 방사조도를 생산 가능해야 한다. 또한, 시뮬레이터의 분광 방사조도 분포는 〈표 6.4〉에서 솔라 시뮬레이터의 해당등급으로 지시된 범위로 표준 분광 방사조도 분포를 조화시켜야 한다.

〈표 6-4〉 시뮬레이터의 등급 분류

특성	A 등급	B 등급	C 등급
스펙트럼 조화 (표 3.2에 지정된 각 파장 간격에 요구되는 %와 경사면 방사조도의 실제 %의 비율)	0.75~1.25	0.6~1.4	0.4~2.0
광원의 균일도	≤ ±2%	≤ ±5%	≤ ±10%
광원의 안정도	≤ ±2%	≤ ±5%	≤ ±10%

태양전지모듈은 파장에 따라 의존하는 반응감도 특성을 가지고 있기 때문에 태양전지모듈 성능은 자연광에서는 장소, 날씨, 시기 및 시간에 따라 변하며, 솔라 시뮬레이터에서는 유형 및 조건에 따라 변화하는 입사 방사조도의 스펙트럼 분포에 의해 분명하게 영향을 받는다.

이러한 이유로 IEC 60904-3에서는 〈표 6.5〉에서와 같이 표준 분광방사조도 분포 특성을 갖는 솔라 시뮬레이터를 사용하도록 요구하고 있다.

〈표 6-5〉 표준 분광 방사조도 분포

파장(λ) 간격, μm	0.4 ~ 1.1μm에서의 경사면 방사조도 %
0.4 ~ 0.5	18.5
0.5 ~ 0.6	20.1
0.6 ~ 0.7	18.3
0.7 ~ 0.8	14.8
0.8 ~ 0.9	12.2
0.9 ~ 1.1	16.1

솔라 시뮬레이터의 스팩트럼 이외에 측정 결과에 영향을 미치는 광원의 균일도는 시험가능 범위에 도달하는 인공광원의 강도를 측정하여 측정된 모든 위치에서 균일도가 ±2% 범위 내에 포함되어야 한다.

일반적으로 인공광원의 강도는 기준태양전지 또는 별도로 제작된 태양전지를 이용하여 측정하게 되는데, 최소 16 포인트 이상 측정한 후 식(6.6)에 의해 계산한다.

$$Light\ Uniformity = \frac{Max.Value - Min.Value}{Max.Value + Min.Value} \times 100(\%) \tag{6.6}$$

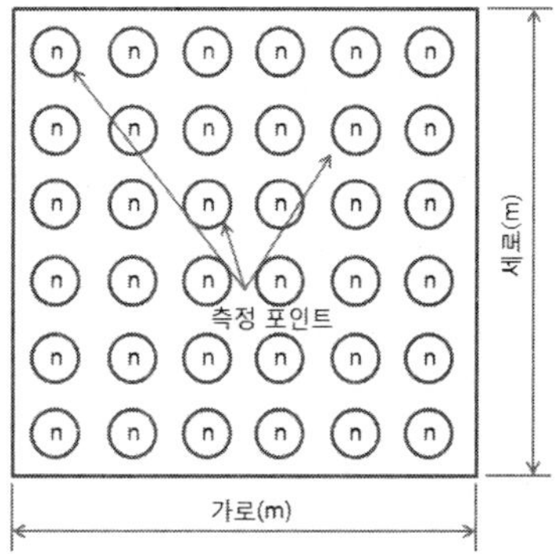

[그림 6-15] Light Uniformity 측정 개념도

또한, 광원의 안정도는 측정되는 짧은 시간(1 ms~800 ms)동안 인공광원의 미세한 흔들림 정도를 측정하는 지표로서 개념도는 [그림 6-16]과 같으며, 전류 전압 값을 측정하는 각각의 포인트에 도달할 때의 빛의 세기를 측정하게 되는데 안정도 역시 ±2% 범위내에 포함되어야 한다. 이때, LTI(long time instability)는 측정되는 총 펄스시간에 포함되는 불안정도를 말하며, STI (short time instability)는 측정되는 총 펄스시간내의 측정 포인트에 대한 불안정도를 말한다.

안정도를 계산하는 방법은 식(6.7)과 같다.

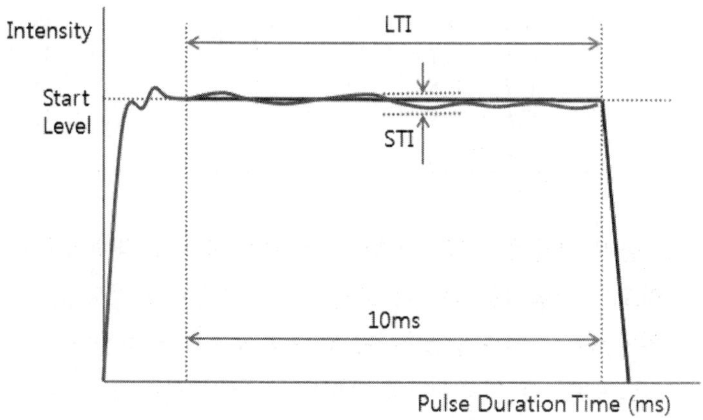

[그림 6-16] 광원의 안정도 측정 개념도

$$Light\ Stability = \frac{Max.Value - Min.Value}{Max.Value + Min.Value} \times 100(\%) \tag{6.7}$$

(c) 태양전지모듈의 발전성능 시험 기준

STC조건인 일사강도 1,000W/㎡, 표면온도 25℃의 표준 시험조건에서 얻어낸 태양전지모듈의 발전성능은 각 제품에 대한 정격출력으로 결정되며, 그 정격출력의 범위는 일반적으로 ±5% 이내로 정하고 있다.

그러나, 솔라 시뮬레이터는 시험장치, 시험환경, 시험자의 숙련도에 따라서 그 측정결과 값은 매우 차이가 날 수 있기 때문에, 제조사마다 제시하는 정격출력에는 큰 편차가 있을 수 있다. 따라서 우리나라에서는 시험시료 10매의 평균출력 (T_{sp-ave})은 정격출력 ($P_{nominal}$) 이상이 되어야 하며, 평균출력에 대한 균일도 (T_{sp-uni})는 ±3% 이내이어야만 한다고 하는 매우 엄격한 심사 기준이 적용되고 있다.

$$TS = T_{sp-ave} \geq P_{nominal} \text{ and } T_{sp-uni} \leq \pm 3\% \ of \ T_{sp-ave} \tag{6.8}$$

이때, TS는 PV모듈의 발전성능에 대한 국가시험기준을 의미한다.

(d) 태양전지모듈의 발전성능 시험 결과

태양전지모듈의 발전성능 시험 결과 값을 알 수 있는 방법은 솔라 시뮬레이터에서 얻어낸 I–V 측정 값을 보면 알 수 있다.

[그림 6–17]에서와 같이 I–V 측정 값에는 다양한 기록 값을 보여주게 되는데, 이때,

- Mean Irradiance는 측정된 광원의 강도(Intensity)
- Calibration Value는 Reference Cell의 교정 값
- Module Temp는 측정 시료(모듈)의 표면 온도
- Ref. Cell Temp는 기준 태양전지의 측정 온도
- Cell Area는 셀의 가로 x 세로 측정 값
- Module Area는 측정 시료(모듈)의 가로 x 세로 측정 값
- Cells in Parallel은 측정 시료 내부 셀의 병렬 회로 수
- Cells in Series는 측정 시료 내부 셀의 직렬 회로 수
- I_{sc}는 단락전류
- V_{oc}는 개방전압
- I_{mp}는 최대전류
- V_{mp}는 최대전압
- P_{max}는 최대 출력
- Fill Factor는 곡선율
- Cell Efficiency는 셀 효율
- Module Efficiency는 모듈 효율을 의미한다.

이때

$$P_{\max}(W) = V_{mp} \times I_{mp} \tag{6.9}$$

$$FillFactor(\%) = \frac{V_{mp} \times I_{mp}}{V_{oc} \times I_{sc}} \tag{6.10}$$

$$Efficiency(\%) = \frac{P_{\max}}{I_{rr} \times A} \times 100 \tag{6.11}$$

로 계산된다.

여기에서 I_{rr}은 측정에 사용된 일사강도 mW/cm^2, A는 모듈 면적 cm^2

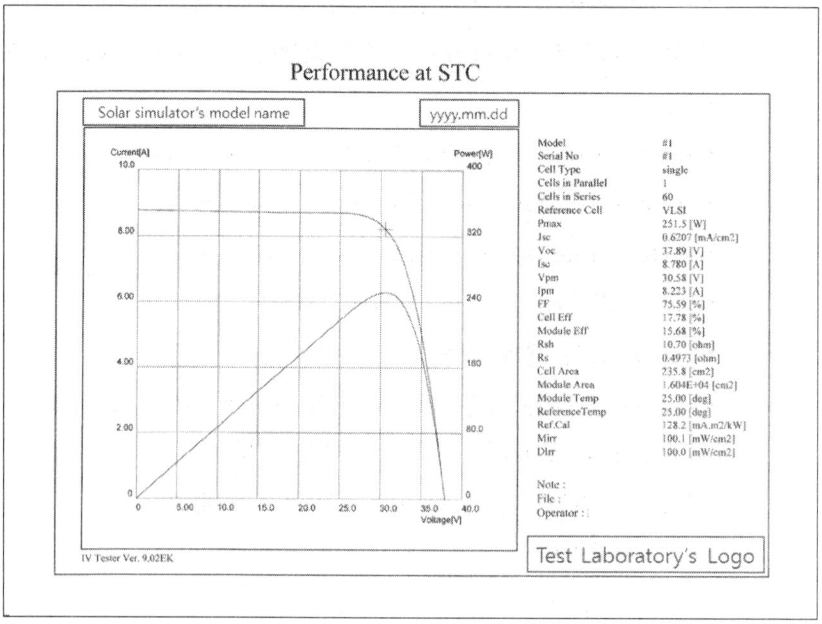

[그림 6-17] 태양전지모듈의 I-V Curve

6.3.2.3 절연시험(Insulation Test)

절연시험은 모듈의 전류 통전 부분과 프레임 간에 충분하고 적절한 절연이 되는지를 결정하기 위해 실시된다.

(a) 절연저항 시험장치

절연저항 시험장치로는 모듈의 최대 시스템 전압의 2배와 500 V 또는

1,000 V를 인가할 수 있는 전류 제한을 갖는 DC 전압 공급장치를 사용한다. 시험조건으로는 주변 대기의 온도 및 75%를 초과하지 않는 상대 습도에서 시험을 수행해야 한다.

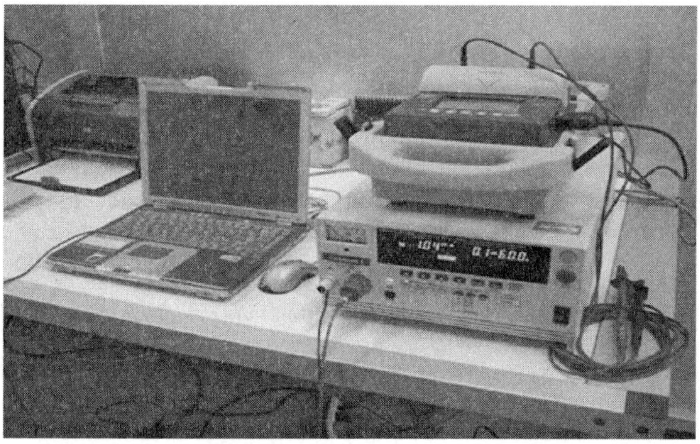

[그림 6-18] 절연시험장치 사진

(b) 절연저항 시험절차

- 단락된 모듈의 출력 단자를 전류 제한 가능한 직류 절연 시험기의 양극 단자에 접속한다.
- 모듈의 노출된 금속 부분을 시험기의 음극 단자에 연결한다. 모듈에 프레임이 없는 경우나 프레임의 도전성이 낮은 경우에는, 모듈의 끝단과 모듈의 등판 부분을 도전성이 있는 포일(foil)로 감싼다. 포일을 시험기의 음극 단자에 접속한다.
- 시험기에 의해 최대 시스템 전압의 두 배에 1,000 V 를 더한 것과 같은 전압을 최대 500 V/s이하의 상승률로 태양전지모듈의 출력단자와 모듈 또는 접지단자(프레임)에 1분간 유지한다. 다만 최대 시스템 전압이 50 V 이하일 때는 인가 전압은 500 V 로 한다.
- 절연저항 시험은 시험기 전압을 500 V/s을 초과하지 않는 상승률로 500 V 또는 모듈 시스템의 최대 전압이 500 V 보다 큰 경우 모듈의 최대 시스템 전압까지 올린 후 이 수준에서 2분간 유지하며 절연 저항을 측정한다.
- 인가전압을 0으로 낮춘다. 모듈에 유기된 전압을 방전시키기 위해 시험 기기의 단자를 단락시킨다.

- 단락을 제거하고 시험기기를 모듈로부터 분리시킨다.

(c) **절연저항 시험 기준**

- 절연시험 하는 동안 절연 파괴 또는 표면 균열이 없어야 한다.
- 모듈의 측정 면적에 따라 0.1 ㎡ 미만에서는 400 MΩ 이상이어야 한다.
- 모듈의 시험 면적에 따라 0.1 ㎡ 이상에서는 측정 값과 면적의 곱이 40 MΩ/m² 이상이어야 한다.

6.3.2.4 습윤 누설 전류 시험(Wet leakage current test)

습윤 누설 전류 시험은 젖은 운전 조건에서 모듈의 절연 특성을 점검하고, 또한 비, 안개, 이슬 또는 녹은 눈 등으로 생긴 물기가 모듈 회로의 활전부로 침투되지 않는지를 확인하기 위한 목적으로 시험된다. 이러한 현상은 부식의 원인, 접지의 결함 또는 안전의 위험을 야기시킬 수 있다.

(a) **습윤 누설 전류 시험 장치**

- 얕은 물통 또는 모듈을 평평하게 수평으로 용액에 프레임까지 잠길 수 있는 정도의 크기를 갖는 얕은 물통 또는 물탱크, 이 곳에는 다음과 같은 특성을 갖는 용액이 있어야 한다.
  - 저항 특성 : 3,500 Ω·cm 이하
  - 표면 강도(Surface tension) : 0.03 N/m 이하
  - 온도 : 22℃±3℃

  용액의 깊이는 정션 박스(junction box)를 제외한 침수가 가능하도록 설계된 모든 표면이 침수될 수 있어야 한다.
- 같은 용액을 장치에 뿌리는 기구
- 전류 제한을 갖는 직류 전압 공급 장치(500 V 또는 모듈의 최대 정격 시스템 전압 그 이상의 전압을 공급할 수 있어야함)
- 절연 저항을 측정할 수 있는 장치

(b) **습윤 누설 전류 시험 절차**

모든 연결은 권고된 현장 설치시와 동일한 방법으로 연결하고, 누설 전류가 연결된 장치로부터 모듈로 인입되지 않도록 한다.

- 침수되지 않도록 설계된 정션 박스를 제외한 모든 표면을 담글 수 있는 깊이의 용액이 들어 있는 탱크에 모듈을 침수시킨다. 전선(케이블)의 인입부에는 용액을 충분히 뿌린다. 침수할 수 있도록 설계된 연결 부위를 갖는 모듈의 경우, 시험 동안 연결 부위를 침수시킨다.
- 단락시킨 출력 단자를 시험 기기의 양의 단자(positive)에 연결하고, 액체 시험 용액(적절한 금속 도체를 사용한 시험 지그 사용)에 시험 기기의 음의 단자에 연결한다.
- 시험 기기의 시험 전압을 500 V/s을 넘지 않는 속도로, 500 V 또는 모듈의 최대 시스템 전압까지 올린다. 둘 중에 큰 쪽의 전압을 적용한다. 이 전압에서 2분 동안 유지한다. 이때의 절연 저항을 측정한다.

(c) **습윤 누설 전류 시험 기준**

- 모듈의 측정 면적에 따라 0.1 ㎡ 미만에서는 절연 저항이 400 MΩ 이상일 것
- 모듈의 측정 면적에 따라 0.1 ㎡ 이상에서는 절연저항 측정 값과 모듈 면적의 곱이 40 MΩ/㎡ 이상일 것

6.3.2.5 바이패스 다이오드 열 시험(Bypass Diode thermal Test)

바이패스 다이오드 열 시험은 모듈의 핫스폿 현상에 대한 유해한 결과를 제한하기 위해 사용된 바이패스 다이오드가 열에 대한 내성 설계가 얼마나 잘 되어 있는지 그리고 유사한 환경에서 장시간 사용할 경우 신뢰성이 확보 되었는지를 평가하는 것을 목적으로 한다.

(a) **바이패스 다이오드 시험 장치**

- 75℃±5℃의 온도로 모듈을 가열할 수 있는 항온항습 챔버
- 모듈의 온도를 ±1℃의 정밀도로 측정하고 기록할 수 있는 장치
- 모듈과 함께 제공되는 바이패스 다이오드의 온도를 측정할 수 있는 장치 (이때 다이오드 특성의 변화 또는 다이오드 자체의 열전달 통로의 변화를

최소화하도록 주의해야 함)

- 시험 모듈의 STC 조건에서 단락 전류의 1.25배와 같은 전류를 적용할 수 있는 장치와 시험하는 동안 모듈을 통한 전류의 흐름을 모니터링할 수 있는 장치

(b) 바이패스 다이오드 시험 절차

- 태양전지모듈에 장착된 어떠한 블로킹 다이오드들도 전기적으로 단락시킨다.
- 라벨이나 사용 설명서로부터 모듈의 정격 STC에서의 단락 전류를 결정한다.
- 시험하는 동안 바이패스 다이오드들의 온도를 측정할 수 있도록 준비한다.
- 제조자가 제시한 최소한의 권선 굵기를 갖는 전선을 모듈의 출력 터미널에 연결한다. 전선을 제조자가 제시한 대로 전선 연결부에 연결하고 연결 뚜껑을 덮는다.
- 모듈을 75℃±5℃까지 가열시킨다. 모듈의 전류가 STC ±2%에서 측정된 모듈의 단락 전류와 같도록 작동시킨다. 1시간 후에, 각 바이패스 다이오드의 온도를 측정한다. 다이오드 제조사로부터 제공된 정보를 이용하여, 다음과 같은 공식을 사용하여 측정된 케이스의 온도로부터 정션(junction) 온도와 다이오드에서 소비된 전력을 계산한다.

$$T_j = T_{case} + R_{THjc} \times U_D \times I_D \tag{6.12}$$

여기에서 T_j : 다이오드의 정션 온도

T_{case} : 측정 다이오드 케이스 온도

R_{THjc} : 정션 온도와 케이스 온도 사이에 상관 관계를 제조자에 의해 제시된 값

U_D : 다이오드 전압

I_D : 다이오드 전류

- 모듈의 온도를 75℃±5℃로 유지한 채, STC에서 측정된 모듈의 단락 전류의 1.25배까지 전류를 증가시킨다. 1시간 동안 전류 흐름을 유지한다.
- 다이오드가 동작되고 있는지를 점검한다.

(c) 바이패스 다이오드 시험 기준

- 결정된 다이오드 정션 온도는 다이오드 제조자가 제시한 정격 최대 정션 온도를 초과하지 않아야 한다.
- 현저한 육안 결함이 없어야 한다.
- 절연저항은 초기 측정의 경우와 동일한 요구사항을 만족해야 한다.
- 최대 출력 전력의 저하는 시험 이전에 측정된 값의 5%를 초과해서는 안된다.
- 다이오드는 시험이 끝난 후에도 다이오드의 기능을 유지해야 한다.

6.3.2.6 자외선 시험(UV Test)

온도사이클 시험 및 결로-동결 시험 전에 자외선(UV) 열화에 민감한 재질과 압착 본드의 특성을 점검하기 위하여 자외선을 모듈에 사전 방사한 후 육안상 변화나 전기적 성능의 변화를 관찰하기 위한 목적으로 한다.

(a) 자외선(UV) 시험 장치

- UV광원이 방사되는 동안 모듈의 온도를 제어할 수 있는 장치, 이 장치는 모듈의 온도를 60℃±5℃로 유지할 수 있어야 한다.
- ±2℃의 정밀도를 가지고 모듈의 온도를 측정하고 기록할 수 있는 장치가 있어야 하고, 온도 센서는 모듈의 중심부 근처의 정면과 뒷면의 표면에 부착되어야 한다. 1개 이상의 모듈이 동시에 시험될 경우 1개의 대표 시험품의 온도를 모니터링 하는 것으로 충분하다.
- 모듈 평면에서 UV광원에 의해 방사되는 UV 광의 방사량을 측정할 수 있는 장치, 이 장치는 ±15%의 정밀도로 파장이 280~320 nm와 320~385 nm 범위의 UV 방사량을 측정할 수 있어야 한다.
- UV광원은 모듈의 시험 평면 위에서 ±15%의 방사 균일도를 갖는 UV 방사를 할 수 있어야 한다. 또한 280 nm 이하 파장 범위의 방사는 감지할 수 있는 정도 이하여야 한다.

(b) 자외선(UV) 시험 절차

- 모듈의 시험 평면에서 방사를 측정할 수 있는 교정된 방사량계를 사용하여, 280 nm~385 nm의 파장 범위 사이에 방사량이 250 W/㎡를 초과하지 않는지를 점검하고(참고, 자원광 수준의 약 5배), 모듈의 시험 평면에서 균일도가 ±15% 이내인지를 점검한다.
- 출력단자가 개방된 모듈을 시험평면에 장착하고, UV 방사빔을 정상적으로 맞춘다. 이때 모듈의 온도를 60℃±5℃로 유지한다.
- 총 UV 방사량이 280~385 nm 파장 범위에서 15 kWh/㎡이 되도록 방사하며, 280~320 nm 파장 범위에는 적어도 5 kWh/㎡이 되도록 한다.

(c) 자외선(UV) 시험 기준

2~4시간의 회복 시간 이후에 발전성능시험, 절연시험, 습윤누설전류시험을 실시한다. 이때,

- 현저한 육안 결함이 없어야 한다.
- 절연저항은 초기 측정의 경우와 동일한 요구사항을 만족해야 한다.
- 최대 출력 전력의 저하는 시험 이전에 측정된 값의 5%를 초과해서는 안 된다.

6.3.2.7 온도 사이클 시험(Thermal Cycling Test)

온도사이클 시험은 온도변화의 반복에 따라 일어나는 열적 부정합, 피로, 기타 스트레스에 대한 모듈의 내구성을 조사하는 것을 목적으로 한다.

(a) 온도사이클 시험 장치

- 자동제어장치, 내부의 공기를 순환시키며, 시험 중 모듈의 결로를 방지하기 위한 수단을 가지고 하나 이상의 모듈을 [그림 6-20]의 열 사이클로 노출시킬 수 있는 환경 시험 챔버
- 주위 공기의 자유로운 순환이 가능하도록 시험 챔버에 모듈을 설치 또는 지지하는 수단, 받침대와 지지체의 열전도성은 모듈이 열적으로 분리될 수 있도록 낮아야 한다.
- 모듈 온도를 ±1℃의 정밀도로 측정 및 기록하기 위한 수단. 온도 센서는 모듈의 전·후면 또는 거의 중간에 장착되어야 한다. 복수의 모듈을 동시에

시험하는 경우, 1매의 대표되는 모듈 온도를 감시하면 좋다.

- 시험 중 각 모듈의 STC에서의 최대 전류와 동등한 전류를 제공할 수 있는 장비
- 시험 중 각 모듈의 전류를 측정할 수 있는 장비

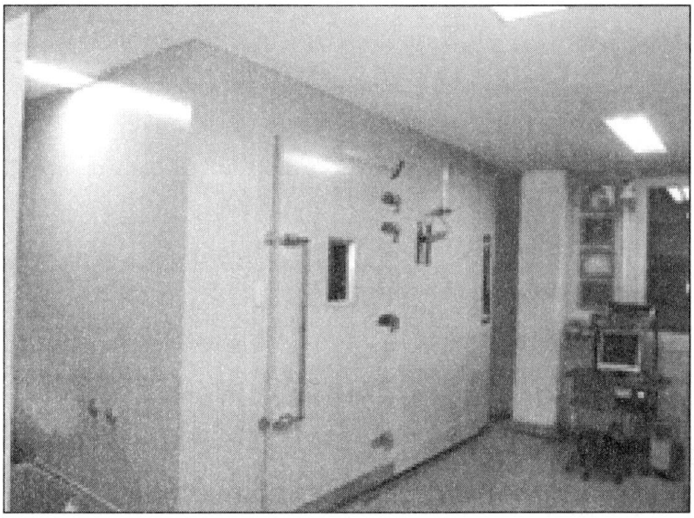

[그림 6-19] 항온 항습 챔버 전경

(b) 온도사이클 시험 절차

- 실온의 모듈을 시험 챔버에 설치한다.
- 온도 감시 장치를 온도 센서에 접속한다. 각 모듈에 적당한 전류를 공급하기 위해서 모듈을 전원 소스와 연결한다. 그리고, 전류를 측정된 STC에서의 최대 전류의 ±2% 내로 공급하고, 200사이클 동안 시험한다. 이때 모듈의 온도는 약 25℃로 유지한다. 50사이클 동안은 전류를 공급하지 않는다.
- 시험 챔버를 닫고 [그림 6-20]의 특성에 따라 모듈의 온도를 -40℃±2℃와 +85℃±2℃와의 사이에서 주기적으로 변화시킨다. 하한 및 상한 간의 온도 변화 속도는 100℃/h를 초과하면 안된다. 또, 모듈 온도는 각 상하한에서 적어도 10분간 안정적으로 유지되어야 한다. 모듈이 높은 열용량을 위해서 긴 사이클이 요구되지 않는다면 1사이클 시간은 6시간을 초과하면 안된다.

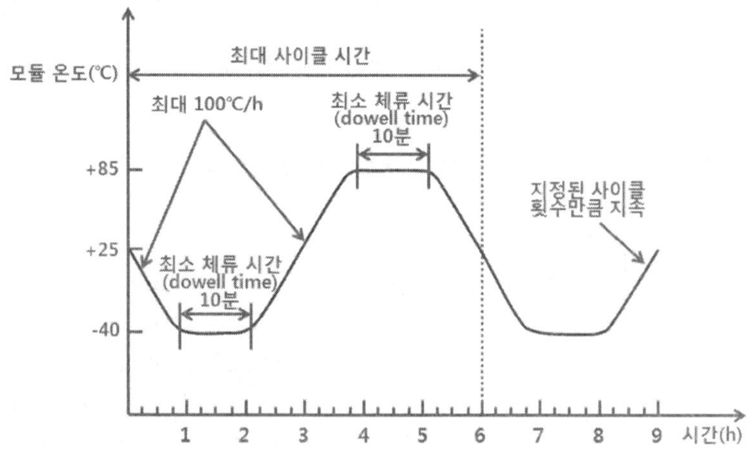

[그림 6-20] 온도사이클 시험 조건

(c) 온도사이클 시험 조건

2~4시간의 회복 시간 이후에 발전성능시험, 절연시험, 습윤누설전류시험을 실시한다. 이때,

- 현저한 육안 결함이 없어야 한다.
- 절연저항은 초기 측정의 경우와 동일한 요구사항을 만족해야 한다.
- 최대 출력 전력의 저하는 시험 이전에 측정된 값의 5%를 초과해서는 안된다.

6.3.2.8 결로-동결 시험(Humidity Freeze Test)

결로-동결 시험은 고온 및 고습도 이후에 온도가 0도 이하로 떨어질 경우의 내구성을 조사하는 것을 목적으로 한다. 이것은 열 충격 시험이 아니다.

(a) 결로-동결 시험 장치

- 자동제어장치가 있고, 하나 이상의 모듈을 결로-동결 사이클로 노출시키는 것이 가능한 환경 시험 챔버
- 챔버 안에서 주위 공기와 자유롭게 통풍이 될 수 있게 모듈을 지지할 수 있는 설치대
- 모듈 온도를 ±1℃의 정밀도로 측정 및 기록하기 위한 수단(복수의 모듈을 동시에 시험하는 경우, 1매의 대표되는 모듈 온도를 감시하면 좋다.)
- 시험 중 각 모듈의 내부 회로 연속성을 감시하기 위한 수단

(b) 결로-동결 시험 절차

- 적절한 온도 센서를 모듈 전·후면의 거의 중앙에 장착한다.
- 실온의 모듈을 챔버에 설치한다.
- 온도 감시 장치를 온도 센서에 접속한다.
- 시험 챔버를 닫고, [그림 6-21]에 따라서 모듈에 10사이클을 실시한다. 온도의 하한 및 상한은 규정값의 ±2% 이내, 상대 습도는 실온 이상의 모든 온도에서 규정값의 ±5% 이내로 유지되어야 한다.
- 시험 중 모듈 온도를 기록한다.

(c) 결로-동결 시험 조건

2~4시간의 회복 시간 이후에 발전성능시험, 절연시험, 습윤누설전류시험을 실시한다. 이때,

- 현저한 육안 결함이 없어야 한다.
- 절연저항은 초기 측정의 경우와 동일한 요구사항을 만족해야 한다.
- 최대 출력 전력의 저하는 시험 이전에 측정된 값의 5%를 초과해서는 안 된다.

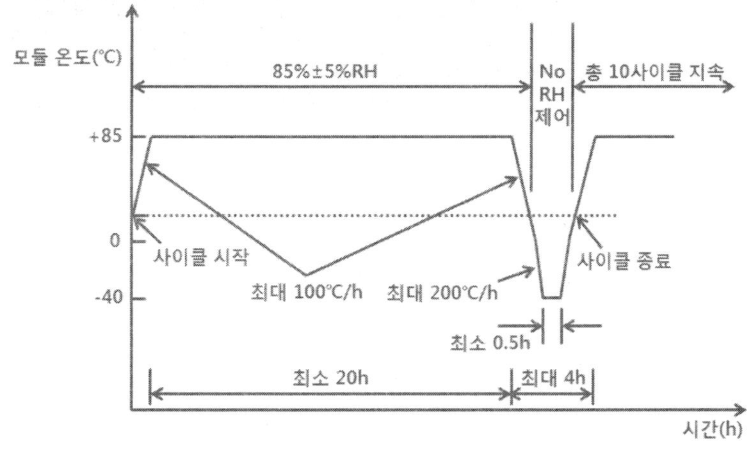

[그림 6-21] 결로-동결 시험 조건

6.3.2.9 기계강도 시험(Mechanical Load Test)

기계강도 시험은 모듈의 바람, 눈, 정지 하중 또는 얼음 하중에 대한 내구성을 조사하는 것을 목적으로 한다.

(a) 기계 하중 시험 장치

- 모듈의 옆면의 위아래로 설치하여 고정할 수 있는 시험대, 이 시험대는 부하를 적용하는 동안 자유롭게 기울어질 수 있도록 해야 한다.
- 시험하는 동안 모듈의 전기적 연속성을 측정할 수 있는 장비
- 부하를 서서히, 균일한 방법으로 적용할 수 있도록 적당한 무게 및 압력을 가할 수 있는 장치

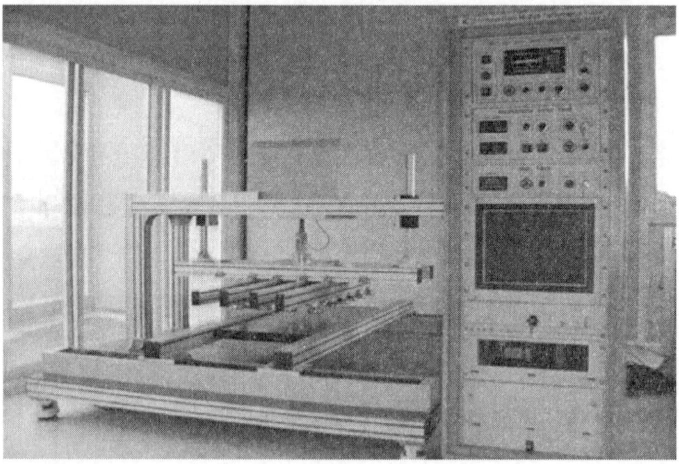

[그림 6-22] 기계 강도 시험 장치 사진

(b) 기계 하중 시험 절차

- 내부 회로의 전기적 연속성을 시험 중에 연속적으로 감시할 수 있도록 모듈을 준비한다.
- 제조자가 지시하는 방법에 따라서 견고한 지지 구조체에 모듈을 장착한다.(단, 여러 가지 가능성이 있는 경우 고정점 간의 거리를 최대로 하는 최악의 방법을 사용한다.)
- 모듈의 표면에 일정한 하중을 2,400 Pa이 될 때까지 천천히 가한다.(이 하중은 공기압 또는 전 표면적을 덮을 수 있는 물로 채운 포대로 가하여도

좋다. 후자의 경우 모듈은 수평으로 설치하여야 한다.) 이 하중을 1시간 유지한다.

- 모듈 뒷면에 동일한 절차를 적용한다.
- 총 3회를 반복한다.

이때, 2,400 Pa은 돌풍에 대한 안전 계수 3을 더한 130 km/h의 풍압(약 ±800 Pa)에 상당한다. 모듈이 눈 및 얼음의 무거운 더미에 견디는 것을 증명하여야 할 경우, 모듈 표면에 가하는 하중은 2,400 Pa에서 5,400 Pa로 증가시켜야 한다.

(c) 기계 하중 시험 조건

2~4시간의 회복 시간 이후에 발전성능시험, 절연시험, 습윤누설전류시험을 실시한다. 이때,

- 현저한 육안 결함이 없어야 한다.
- 절연저항은 초기 측정의 경우와 동일한 요구사항을 만족해야 한다.
- 최대 출력 전력의 저하는 시험 이전에 측정된 값의 5%를 초과해서는 안 된다.

연습문제

1 결정질 태양전지모듈이 가혹한 외부환경에 노출되었을 때 수분의 침투, 황변이나 백화, 마이크로 크랙이 발생되지 않도록 하기 위해서 제조과정에서 필수로 확인해야하는 평가분석방법에 대해 설명하시오.

2 솔라 시뮬레이터 ClassAAA 등급이 되기 위한 조건을 모두 설명하시오.

3 발전성능시험(STC에서의 성능) 조건과 우리나라의 발전성능 판정기준에 대해 설명하시오.

4 솔라 시뮬레이터 광원의 균일도를 계산하시오.(이때, 측정시료의 최대 값은 112.1mV, 최소 값은 107.9mV임)

5 온도사이클 시험목적과 시험방법, 판정기준에 대해 설명하시오.

참고문헌

[1] Peel testing of ribbons on solar cells at different angles: consistent comparison by using adhesive fracture energies, Presented at the 29th European Photovoltaic Solar Energy Conference and Exhibition, 2014

[2] Energy release rates for the peeling of flexible membranes and the analysis of blister test, International Journal of Fracture, 1997

[3] Properties of polymers : Their correlation with chemical structure : Their numerical estimation and prediction from additive group contributions / 4th, completely rew. ed., Krevelen, D. W. van (Dirk Willem), Nijenhuis, K. te

[4] Determinating the degree of crosslinking of ethylene vinyl acetate photovoltaic module encapsulants - A comparative study, Solar Energy Materials & Solar Cells 2013, Ch. Hirschl et el.

[5] Determinating the gel content of Ethylene Vinyl Acetate, Specialized Technology Resources, Inc.

[6] Encapsulation of PV modules using ethylene vinyl acetate copolymer as a pottant - A critical review, Solar Energy Materials and Solar Cells, 1996

[7] Electroluminescence (EL) analysis for a qualitative evaluation of photovoltaic modules, ANDOR TECHNOLOGY, April 2011

[8] IEC61215 2nd edition, "Crystalline silicon terrestrial photovoltaic(PV) modules - Design qualification and type approval", International Standard, 2005.

[9] IEC60904-1, "Measurement of photovoltaic current-voltage characteristics", International Standard, 2004.

[10] IEC60904-9, "Solar simulator performance requirements" International Standard, 1995

제 7 장

박막 태양전지 분석 및 평가

제7장

박막 태양전지 분석 및 평가

7.1 박막 태양전지 광학적 특성 평가

박막 태양전지는 현재 가장 큰 시장점유율을 보이고 있는 결정질 Si 태양전지와 비교되는 차세대 태양전지 기술로서 큰 관심을 받고 있다. 결정질 Si 태양전지의 효율보다 높은 효율, 저가로 생산할 수 있는 수준을 목표로 하여 다양한 종류의 박막 태양전지들이 개발되고 있는데, 본장 에서는 그 중에서 가장 많이 연구 개발되고 있는 Si 박막 태양전지 분석 및 평가법에 대하여 중점적으로 기술하였다.

Si 박막 태양전지 역시 빛 흡수, 전하 생성, 분리, 수집 단계의 동작되는 소자로서 결함이 많은 비정질 Si 또는 미세결정질 Si 층을 광흡수층으로 이용하므로, pn 다이오드로 구성되는 결정질 Si 태양전지와는 달리 pin 다이오드 구조를 가진다. 광흡수층인 i 진성층 (비정질 실리콘 a-Si:H, μc-Si;H 혹은 nc-Si:H) 을 사이에 두고 높은 도핑 농도를 갖는 p형과 n형에 의해 공간전하층이 형성되며 내부에 전기장 (electric field)이 발생하여 i층에서 입사광에 의해 생성된 전자-정공쌍은 내부 전기장에 의해 n층과 p층으로 분리되고 투명전극과 후면전극으로 수집되는 동작원리를 갖는다.

박막 태양전지의 구조는 크게 2가지 유형으로 빛이 입사하는 면이 기판을 통해서 입사하면 상판 (superstrate)형, 빛이 입사하는 면이 기판의 반대쪽에서 입사하면 하판 (substrate)형으로 구분된다. 두 구조 모두에서 태양광은 TCO/p를 통해서 i층 빛 흡수층으로 입사되는 공통점을 갖는데, 이는 박막태양전지의 재결합을 축소하기 위한 태양전지 구조이다. 일반적으로 정공의 이동도가 전자에 비해 낮기 때문에 입사광에 의해 생성된 전하의 분리, 수집효율을 극대화하기 위해서는 대부분의 케리어들이 p/i 계면에서 생성하도록 하여 정공의 이동거리를 최소화하여야 한다. 이러한 이유로 인해 상판형과 하판형 모두에서 태양광은 p층을 먼저 통과하고 빛 흡수 및 광 생성층으로 입사된다. 따라서 p층은 좋은 전기 전도도와 높은 광학적 밴드갭 (p층에서 낮은 광흡수)을 가져야 한다.

Si 박막 태양전지에서 구성되는 p/i/n층의 기본적인 분석으로서

1) p층: Si 박막 태양전지에서 p층이 갖추어야할 조건으로서 좋은 암전도도(σ_d), 높은 밴드갭 (E_g), 낮은 활성화 에너지 (E_a) 등이 있으며, 추가적으로 조성 분석 (고밴드갭 물질인 p형 SiO:H 혹은 P형 SiC:H의 경우, 산소함유량 및 탄소함유량) 및 결정화도 (p형 μc-Si:H, p형 μc-SiO:H 또는 p형 μc-SiC:H의 경우)에 따른 특성 분석
2) i층: 광민감도 (photo-sensitivity, σ_{ph}/σ_d), 수소 함유량 ([H] at.%), 낮은 결함밀도, 낮은 마이크로 스트럭처 인자 (microstructure parameter, R*), 밴드갭 (E_g) 분석
3) n층: 높은 암전도도, 낮은 활성화도 (E_a), 조성 분석 (고밴드갭 물질인 n형 SiO 혹은 n형 SiC인 경우), 결정화도 (X_c, n형 μc-Si:H, n형 μc-SiO:H 또는 n형 μc-SiC:H의 경우), 밴드갭 (E_g) 분석이 있다.

7.1.1 광학적 특성

광학적 특성은 주로 굴절률 (refractive index, n), 흡수계수 (absorption coefficient, α), 그리고 광학적 밴드갭 (optical bandgap, E_g)을 통해 정의된다. 분광 ellipsometry (spectroscopic ellipsometry, SE)를 이용하여 파장대 (240 nm ~ 1700 nm) 별로 측정된 tan ψ 와 cos Δ 값을 측정된 물질의 적합한 함수를 적용한 피팅을 통해 얻어진 n (refractive index), k (extinction coefficient) 값으로 흡수계수 (α) 및 광학적 밴드갭 (E_g) 계산이 가능하다. [그림 7-1]과 [그림 7-2]는 분광 ellipsometry (spectroscopic ellipsometry, SE) 모식도와 n, k 파라미터 추출 과정을 나타낸 그림이다.

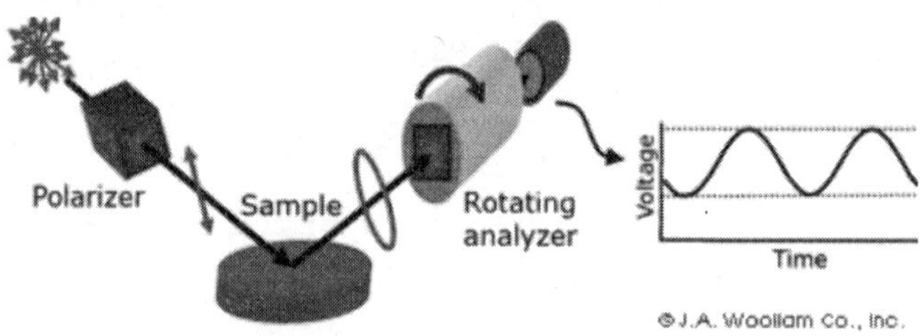

[그림 7-1] 분광 ellipsometry 모식도 출처: J. A. Woollam Co.

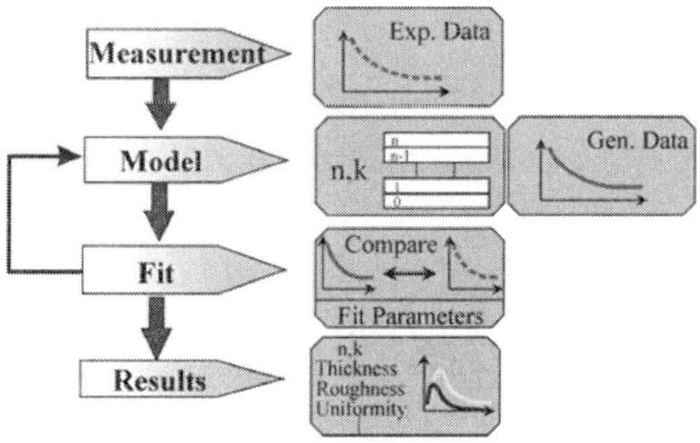

[그림 7-2] Ellipsometry 측정 및 data 분석 흐름도 출처:Theory and Fundamentals of Spectroscopic Ellipsometry, Andrew C. Martin, January 2011 in Korea]

[그림 7-3]은 c-Si, a-Si:H, a-SiGe:H 및 p형 a-SiC:H 흡수계수를 비교해서 나타낸 것으로 가시광 영역에서 a-Si:H의 흡수계수는 결정질 실리콘보다 대략 100배 정도 크며, 따라서 빛에 의한 전하생성을 하는데 100배는 얇은 두께이면 충분하다. 그러나 박막 실리콘은 결함밀도가 결정질 실리콘 보다 10만 배에서 100만 배까지 높아 앞서서 설명한 것과 같이 분리를 위한 p-i-n 구조를 사용한다. 결함이 많을수록 광생성된 전하가 결함부위로 재결합 소멸되어 전기를 만들 수 없다. 박막 실리콘에 결함을 축소하기 위한 방법으로 전자를 한 개 가지는 수소 원자로 결함을 축소한 실리콘 박막이 수소화된 비정질 실리콘 (a-Si:H) 박막이다.

박막에서의 광학적 투과도, 반사도, 흡수율은 아래의 식 (7.2)으로 표현된다. 여기서 T는 투과도, R은 반사도, α는 박막의 흡수계수 (absorption coefficient), d는 박막의 두께를 나타낸다. 일반적으로 박막의 흡수계수는 PDS (photothermal deflection spectroscopy)나 CPM (constant photocurrent method) 등을 이용해 정확하게 측정가능하며, 식 (7.1)의 투과-반사도 [1]측정으로도 구할 수 있다.

$$T = (1-R)^2 \exp(-\alpha d) \tag{7.1}$$

d: 박막 두께

$$\alpha(\omega) = 2\pi\varepsilon_2(\omega)/n\lambda \tag{7.2}$$

n 굴절률, $\epsilon_2 = 2nk$

$$\alpha = \alpha_0 \exp(E/E_0) \tag{7.3}$$

α_0는 상수이며, E_0를 Urbach 에너지 (E_u)라 한다. 일반적으로 전도대 (conduction band) tail의 상태분포가 (density of state)가 가전자대 (valence band) 상태 분포보다 폭이 좁기 때문에 E_u는 가전자대 tail영역의 지수적 기울기를 나타내며 소자 레벨의 값은 대략 50~100 meV정도이다.

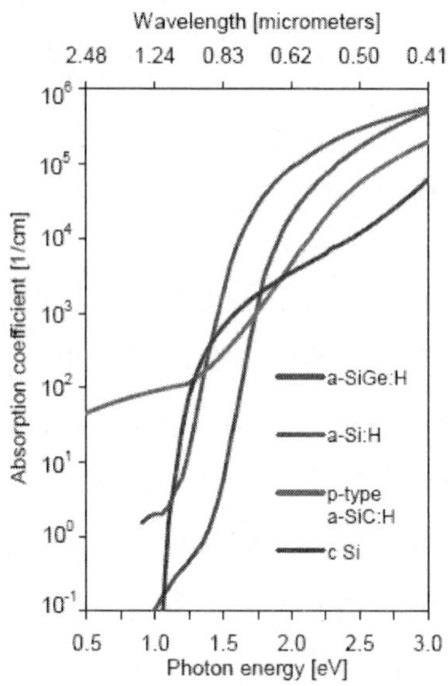

[그림 7-3] c-Si, a-Si:H, a-SiGe:H 및 p형 a-SiC:H 흡수계수를 비교
출처: Delft 대학에서 증착된 a-Si:H, a-SiGe:H 및 p형 a-SiC:H 흡수계수]

결정질 실리콘에서는 주기적인 원자배열로 인해 전도대 (conduction band, E_c)와 가전자대 (valence band, E_v)가 명확히 분리되어 있으며, 밴드갭 ($E_g = E_c - E_v$) 사이에는 에너지 준위가 존재하지 않는다. 반면, 비정질 실리콘에서는 무질서한 결합 특성으로 인해 결정질 실리콘과는 달리 다양한 에너지준위가 존재하게 된다.

[그림 7-4]는 a-Si의 전형적인 광흡수 spectrum을 보이고 있다. 그림 중 A로 기술한 영역은 가전자대 (valance band)와 전도대 (conduction band) 사이의 광학천이에 근거하는 Tauc 영역이고,

$$\alpha(E)nE \propto (E - E_g)^m \tag{7.4}$$

또는

$$\alpha(E)n/E \propto (E-E_g)^m \qquad (7.5)$$

로 근사표현 된다. 여기서, n은 굴절율, m은 정의 정수, 또한 E_g는 광학적 에너지 밴드갭으로 정의된다. 결정의 입장에서 보면, 포논을 매개로 하지 않는 직접천이에서는 운동량 즉 파수 vector κ의 보존이 필요조건이 된다. 간접천이형 (indirect bandgap) 반도체인 결정질 실리콘과는 달리 비정질 실리콘은 직접천이형 (direct bandgap) 반도체로 결정질 실리콘에 비해 밴드갭 이상의 입사광에너지에서 매우 높은 광 흡수계수를 갖는다. 비정질 실리콘에서 밴드갭은 일반적으로 mobility gap으로 정의되며 박막 증착조건 및 박막 내 수소함량에 따라 1.7에서 1.8 eV의 값을 가지며, 수소화 되지 않은 a-Si의 mobility 갭은 1.6 eV로 보고되고 있다. 비정질 실리콘의 광학적 밴드갭 (E_g)을 정의하는 방법은 다양한데, Tauc gap이 가장 일반적으로 사용되고 있으며 식 (7.6) [2]로 표현되며, 물질의 흡수계수를 이용해 구할 수 있다.

$$\sqrt{hu\alpha(h\nu)} = A(h\nu - E_g) \qquad (7.6)$$

또 다른 광학적 밴드갭으로서 Cody gap 이 있으며, 식 (7.5) 혹은 식 (7.6)으로 표현된다.

$$\{\alpha(E)n(E)/E\}^{1/2} = C(E-E_g) \qquad (7.7)$$

$$\epsilon_2{}^{1/2}(E) = C(E-E_g) \qquad (7.8)$$

$E \sim E_g$ 근처에서만 선형적인 양상을 보이므로 $\{\alpha(E)\,대\,E\}$ 또는 $\{\epsilon_2(E)\,대\,E\}$의 그림에서 E-축 절편값이 바로 E_g가 된다. 광학적 밴드갭에 대한 표현은 어떤 형태의 transition이냐에 따라 다양한 표현이 있으나 일반적으로 비정질 실리콘이나 투명전극물질 등에 적용된다. Cody 밴드갭이 그 선형성에서 약간 나음을 볼 수 있는데 큰 의미는 없고 또한 Tauc 밴드갭의 경우 선형성이 떨어질 경우 data의 범위에 따라 그 절편, 즉 밴드갭이 달라질 수 있으므로, data 분석에 있어서 정확성을 위해 기준을 정하여 밴드갭을 판단하는 것이 좋다.

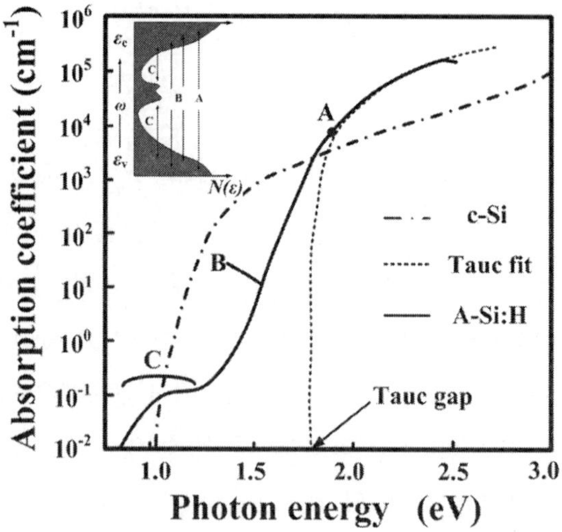

[그림 7-4] a-Si 실리콘의 광흡수 계수 spectrum

[그림 7-4]의 B 영역은, Urbach (1.4 ~ 1.7 eV) 영역이라고 불리고,

$$\alpha(E) \propto e^{E/E_u} \qquad (7.9)$$

지수 함수형 형상을 갖고 있다. 여기서, E_u는 Urbach tail의 경사 (Urbach tail slope)로 불려지고, 박막의 결함의 정도를 나타내는 하나의 지표가 된다. 태양전지 등에 사용될 수 있는 소자급의 a-Si 에서의 E_u 값은 50 meV 정도이며 박막 내 결함이 증가할수록 E_u 값도 증가하는 것으로 알려져 있으며, Urbach edge는 비정질 실리콘에서의 결함밀도와 직접적인 상관성을 보는데, Jackson 등에 따르면 결함밀도와 밴드갭 이하의 흡수율은 식 (7.10)과 (7.11)의 관계로 표현된다. N_D는 비정질 실리콘내부의 결함밀도, α_{meas}는 결함에 의한 파장별 흡수계수의 측정값, c는 빛의 속도, n은 굴절률, m_e는 전자의 질량 (electron mass)을 각각 나타낸다.

$$N_D = \frac{cnm_e}{2\pi^2 h^2}\left[\frac{(1+2n^2)^2}{9n^2 e^2 f_{oj}}\right]\int_0^{E_{\max}} \alpha_{meas}(E)dE \qquad (7.10)$$

$$= 7.9 \times 10^{15} \int_0^{E_{\max}} \alpha_{meas}(E)dE \ (cm^{-3}) \qquad (7.11)$$

그림에서 C로 기술한 영역은 dangling bond등의 구조결함에 의한 광학적 전자 천이에 의한 것으로 해석되고, 이 흡수 성분으로 부터 박막내의 결함밀도가 추정된다. 현재의 태양전지에 가장 적합한 a-Si:H에서의 결함밀도 (defect density)는 10^{15} cm^{-3}이다. 도핑된 a-Si:H 이나 SiC 이나 SiO등의 alloy 에서는 일반적으로 a-Si에서 조성이 벗어남에 따라서, E_u 및 결함밀도가 증가하는 경향이 있다.

[그림 7-5]는 수소화된 비정질 실리콘에서 상태밀도(density of states) 분포와 에너지에 따른 전자-정공의 이동도분포를 각각 나타낸 것이다. 영역 I과 V는 국부적인 결합의 규칙성에 의한 전도대와 가전자대를 나타내는데, 결정질 실리콘과는 달리 비정질 실리콘의 무질서한 결합특성으로 인해 밴드갭 내부까지 확장된 에너지 준위 (tail states)를 형성하게 된다 (영역 II, IV). 특히 밴드 중앙부의 상태밀도 (영역 III)는 dangling bond에 의한 것으로 물질 내 결함으로 작용하여 케리어의 재결합(Recombination)의 중심으로 작용하며, 흡수계수는 1 cm^{-1} 이하이다. 영역 II와 III을 서브-밴드갭 흡수(sub-bandgap absorption)라고 한다.

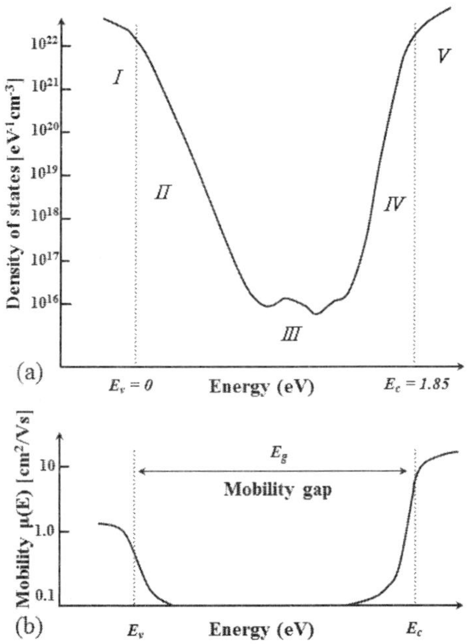

[그림 7-5] (a)수소화된 비정질 실리콘(hydrogenated amorphous silicon, a-Si:H)에서결함밀도(density of states) 분포. 영역 I : extended valance band states, 영역 II : valance band tail states, 영역 III : dangling bond defect states, 영역 IV : conduction band tail states, 영역 V : extended conduction band states. (b) a-Si:H에서 에너지에 따른 전자-정공의 이동도(mobility) 분포

7.2 박막 태양전지 전기적 특성 평가

실리콘 박막의 전기적 특성 분석은 주로 암전도도(dark conductivity, σ_d), 광전도도(photoconductivity, σ_{ph}) 및 활성화에너지 (E_a) 특성을 통해 태양전지에 사용하기 위한 박막의 질을 평가한다. 전기적 특성측정을 위해 Eagle 2000과 같은 고저항 유리기판 위에 증착된 샘플을 이용하여 [그림 7-6]의 coplanar 구조로 측정한다. 실리콘 박막 위에 길이 1~2 cm 정도 되는 금속 전극 2개를 수백 μm 간격으로 증착시킨 후 양전극에 특정 전압을 인가하였을 때 흐르는 전류량을 통해 측정한다. 암전도도 측정은 모든 빛을 차단한 상태인 암상자 (dark box)에서 양전극에 전압을 인가한 후 전류를 측정하며, 광전도도 측정은 AM1.5, 100 mW/cm^2 의 빛을 시료에 조사하며 양전극에 전압을 인가한 후 전류를 측정한다. 전류-전압 관계식으로부터 식 7.12와같이 전도도 [3]를 계산할 수 있다.

$$R = \frac{V}{I} = \rho \frac{w}{S} = \frac{1}{\sigma_d} \frac{w}{S}$$

$$\sigma_d = \frac{I}{V} \frac{w}{S} = \frac{I}{V} \frac{w}{ld} \tag{7.12}$$

ρ: 비저항 , σ: 전도도, w: 전극간 거리, d: 박막 두께, l: 전극 길이

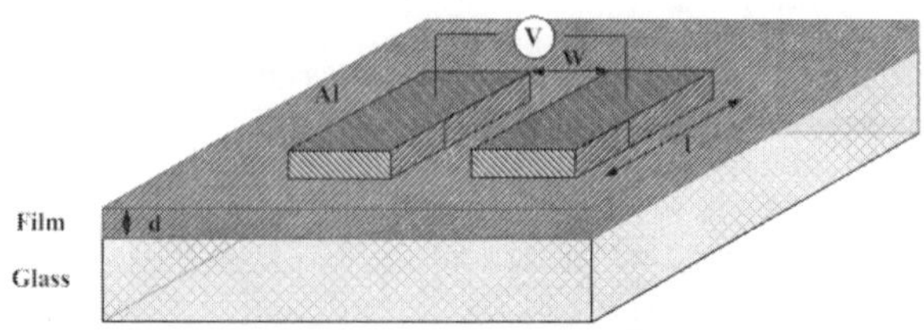

[그림 7-6] 전기적 특성 측정을 Coplanar 구조

광전도도와 암전도도의 비를 광민감도 (photo sensitivity)라고 하며, 그 값은 어떠한 물질이 태양전지의 광활성층 (photo active layer)로 사용하기 적합한 가를 나타내는 지표가 된다. 예를 들어 소자적용을 위한 진성 a-Si의 광민감도는 10^5 이상이다.

암전도도의 온도 의존성을 측정함으로서 활성화 에너지 (E_a)를 계산할 수 있는데, 그 값은 실리콘 박막이 가진 페르미 준위 (E_f)의 위치를 근사치 수준으로 파악할 수 있게 해준다. 암전도도의 온도 의존성은 식 7.13 [3]으로 표현된다.

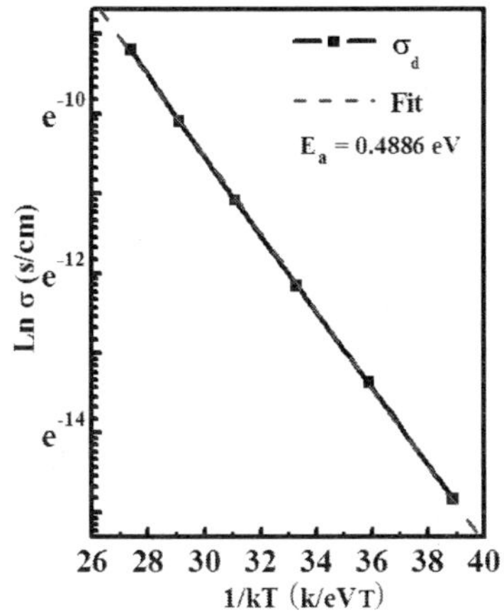

[그림 7-7] 박막 실리콘의 암전도도 온도 의존성에 따른 활성화 에너지

$$\sigma_d(T) = \sigma_0 \exp(-E_a/kT) \tag{7.13}$$

여기서 σ_0는 전도도 보조인자(prefactor), T는 절대온도, k는 볼츠만 상수이다. 아레니우스 곡선 (Arrehenius polt)의 기울기를 이용하면 (즉, $\log(\sigma_d(T))$와 $1/T$의 비례계수를 이용하면) 활성화 에너지 (E_a) 를 결정할 수 있다 (예시, [그림 7-7]). 활성화 에너지는 밴드갭과 함께 실리콘 박막내에 있는 불순물의 존재를 예상 지을 수 있는 좋은 지표이다. 작은 양의 보론 (B: p-type) 또는 인(P: n-type) 도펀트 (dopant)나 작은 농도의 산소 (O)나 탄소 (C)와 같은 불순물이라 할지라도 실리콘 박막내의 페르미준위를 이동시켜 활성화 에너지 값에 변화를 준다. 이상적으로 도핑하지 않은 진성 비정질 실리콘 (a-Si:H)일 경우 페르미 에너지 준위가 밴드갭 에너지의 중간 값으로 활성화 에너지는 밴드갭 에너지의 중간 값 (1/2 값)이어야 한다. 하지만 실제적으로 진성 a-Si:H은 산소와 같은 불순물로 인하여 페르미에너지 준위가 위로 올라가면서 n형의 특성을 나타낸다. 일반적으로 진성 a-Si:H의 암전도도가 낮은 것은 이동도는 낮고(대략 전자 10~20 $cm^2V^{-1}s^{-1}$, 홀 1~5 $cm^2V^{-1}s^{-1}$), 이동도갭 (mibility gap)은 넓기 때문이다. 또한 암전도도의 활성화

에너지가 높은 영향도 있다. 진성 a-Si:H의 펼쳐진 상태(extended state)에 존재하는 전하 캐리어들의 이동도는 결정질 실리콘에서보다 대략 100배 정도 작다.

7.3 구조적 특성 평가 분석

7.3.1 결정 체적 분률 (Crystalline volume fraction, X_c)

일반적으로 미세 결정질 실리콘 태양전지의 결정화도는 Raman spectroscopy을 이용하여 측정한다. [그림 7-8]은 미세결정 실리콘 박막의 전형적인 Raman 특성을 나타낸 것이다. 일반적으로 유리와 같은 비정질 기판 위에 성장시킨 실리콘 박막은 결정 입자(grain)와 입자 사이에 비정질 상을 가진 실리콘이 존재하므로 결정상(crystalline phase)과 비정질(amorphous)의 두 가지 특성을 동시에 가진다. 따라서 그림에 나타내었듯이, 미세결정 실리콘 박막의 Raman 특성은 결정상의 실리콘에 의한 520 cm^{-1} 피크 (I_c)와 비정질 상에 의한 480 cm^{-1} 피크 (I_a)의 중첩으로 구성되어 있다. 또한 단결정 실리콘의 Raman 스펙트럼은 파수 520 cm^{-1}에서 정점을 이루는 반면, 미세결정 실리콘 박막은 비정질 상에 의해서 낮은 파수로 이동하는 특성을 가지고 있다. [그림 7-8]에 나타내었듯이 미세결정 실리콘 박막은 Raman peak의 정점이 517-518 cm^{-1}의 파수에서 나타나며 480 cm^{-1}의 비정질상과 520 cm^{-1}의 결정상이 서로 혼합되어 peak의 좌우가 정대칭이 이루어지지 않는다.

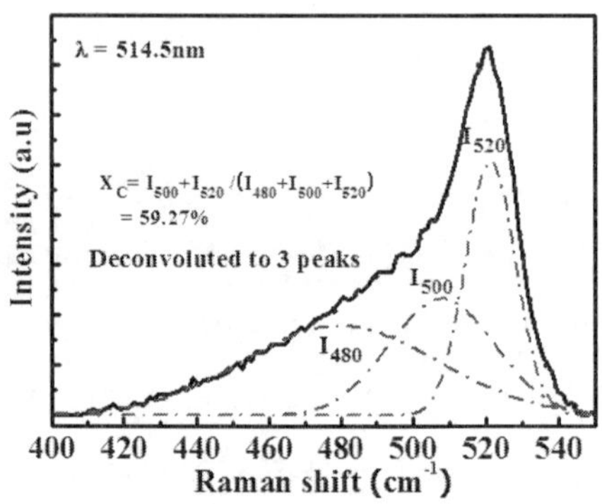

[그림 7-8] 미세 결정 실리콘 박막의 결정 체적 분율을 구하기 위한 Raman 스펙트럼 deconvolution 그래프

Raman 결과를 통해 실리콘 박막의 결정 체적 분율 (crystalline volume fraction; X_c)과 평균 결정립 크기 (crystallite size)를 계산할 수 있다. Raman 스펙트럼은 Lorentzian과 두 개의 Gaussian을 이용한 피팅을 통해 [그림 7-8] 처럼 분해(deconvolution)할 수 있다. 480 cm^{-1} peak은 비정질 상에 의한 것이고, 510 cm^{-1} peak은 결정경계(grain boundary)와 520 cm^{-1}은 결정질 상과 관련된 peak이다. 결정 체적 분율 (crystalline volume fraction; X_c)은 다음과 같은 식 [2]으로 계산할 수 있다.

$$X_c = I_c(I_c + yI_a) \tag{7.14}$$

여기서, I_c와 I_a는 각각 결정질 상에 관련된 peak (510 cm^{-1}, 520 cm^{-1})과 비정질 상에 관련된 peak (480 cm^{-1}) 누적 강도(integrated intensity)이다. y는 1~0.8 범위의 값을 갖는 것으로 알려져 있으며, 결정의 크기와 Raman 측정에 사용된 레이저의 파장에 의존한다. 아래 [그림 7-8]의 미세 결정 실리콘 박막의 X_c는 $y = 1$ 고정하고, 식 7.15을 이용하여 계산하였을 때, 59.27% 이다.

$$X_c = \frac{I_{520} + I_{510}}{I_{520} + I_{510} + I_{480}} \tag{7.15}$$

y=1로 고정하였기 때문에 어느 정도의 오차를 갖으며, 실제 결정체적분율의 최하한계 값이라고 볼 수 있다.

7.4 조성 분석

7.4.1 퓨리에 변환 적외선 분광 분석법

실리콘 박막 내의 원자들의 결합 및 결합의 특성에 따른 막의 결함, 공공 등을 유추하기 위해 푸리에 변환 적외선 분광(Fourier-Transform Infrared Spectroscopy, FT-IR)을 측정한다. FT-IR은 간섭형 (interferometric)으로 푸리에 변환 (Fourier transform) 분광광도계에 사용하는 방식으로 광원에서 나온 복사선은 빔 분활기 (beam splitter)에 의해 두 개의 빔으로 갈라지게 되는데, 하나는 반사되어 고정거울로 진행하고, 다른 하나는 투과한 다음 이동거울에 의해 반사되어 다시 하나로 합쳐져 간섭그림 (interferogram)이 얻어지게 된다. 이동거울은 1~2 초간에 2~3 mm를 이동하며 고정거울과 이동거울에서 각각 반사된 빛은 광로차 때문에 위상차가 생겨 간섭파가 얻어진다. 이러한 그림을 푸리에 변환하면 시간 영역에서 진동수 영역으로 각 파장에 따른 흡수 혹은 투과스펙트럼을 얻을 수 있다. 적외선 분광법의 빛의 흡수 정도는 검출기에 의해 측정되는데 결과적으로 스펙트럼은 분자가 빛을 흡수하는 파장에 일치하는 피크를 나타낸다. [그림 7-9]에서 FT-IR의 개략도를 나타내었다.

흡광도의 크기는 시료 중 분자의 농도와 직접 연관되어 있다. 또한 스펙트럼 패턴은 고유의 뒤틀림, 밴드, 회전 및 각 원자들의 화학결합의 회전 및 진동 등 분자의 실제 구조를 반영한다. 진동운동의 방식은 원자들 사이의 결합길이가 변하는 신축운동과 원자들 사이의 결합 강이 변하는 굽힘 또는 변형진동으로 구분할 수 있다. 이러한 원리를 통해 실리콘 박막내의 수소함유량 뿐만 아니라 실리콘 원자와 수소 원자 혹은 산소 원자의 결합 형태를 알 수 있다.

식 7.16 [1]을 이용하여 측정된 투과도(T)와 샘플의 두께 (d)를 이용해 흡수 계수(α)를 추출 할 수 있다.

$$\alpha = \frac{1}{d} 2.303 \log\left(\frac{1}{T}\right) \tag{7.16}$$

d: 시편 두께 (cm^{-1}), T:투과도

수소함량은 여러 가지 방법, SIMS(Secondary Ion Mass Spectroscopy), ERD (Elastic Recoil Detection), NRA(Nuclear Reaction Analysis), Hydrogen evolution measurement 로부터 구할 수 있다. 그러나 일반적으로는 FT-IR이 사용된다. 이를 통해 비정질 실리콘, 미세결정질 실리콘 등의 박막에서의 수소함유량 뿐만 아니라 실리콘 원자와 수소 원자의 결합 형태를 알 수 있다. 실리콘 박막에서의 수소원자는 Si-H oscillator의 분극에 의한 infra-red 유전상수에 기여한다. 〈표 7-1〉은 Si-H bond 형태와 관련되는 흡수주파수 (absorption frequency)와 oscillation mode를 보여준다. 박막내의 수소함량은 bonded hydrogen의 rocking mode를 포함한 640 cm^{-1}에서의 흡수 그래프로부터 구할 수 있다. rocking mode의 absorption strength $\alpha_{640}(\omega)$을

구하기 위해 640 cm^{-1}에서의 absorption을 하나의 가우시안 함수로 피팅한다. 이렇게 피팅된 함수로부터 식 7.17 [4]을 이용하여 수소함량을 구할 수 있으며, Si-H bonding 과 $Si-H_2$ bonding concentration은 각각 α_{2000} 과 α_{2090}에서 구할 수 있다.

$$|H|(at.\%) = \frac{A}{D}I \tag{7.17}$$

$D = 5.0 \times 10^{22} cm^{-3}$

$I = \int \frac{\alpha(\omega)}{\omega} d\omega$: integrated 흡수 계수

|H| : 수소 함유량, $A_{640} = 2.1 \times 10^{19} cm^{-2}$

|Si-H| : Si-H 결합 농도, $A_{2000} = 9 \times 10^{19} cm^{-2}$

|$Si-H_2$| : $Si-H_2$ 결합 농도, $A_{2090} = 2.2 \times 10^{20} cm^{-2}$

|C-H| : c-H 결합 농도, $A_{2900} = 1.35 \times 10^{21} cm^{-2}$

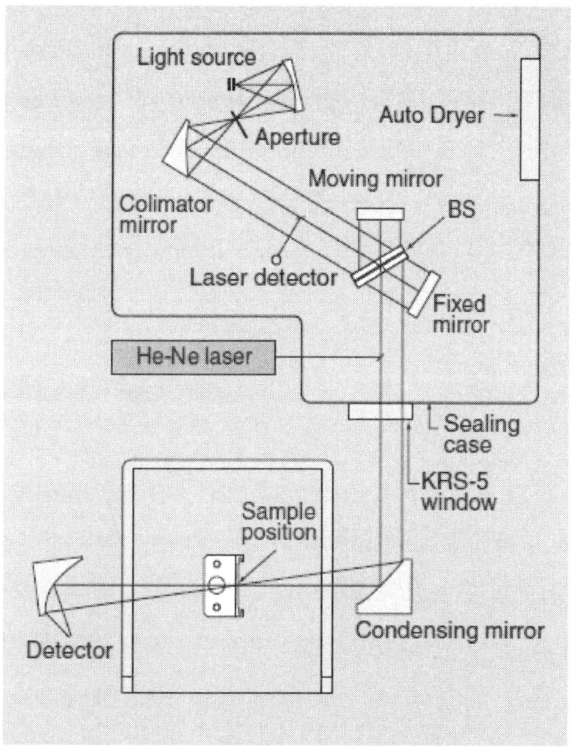

[그림 7-9] FT-IR 개략도

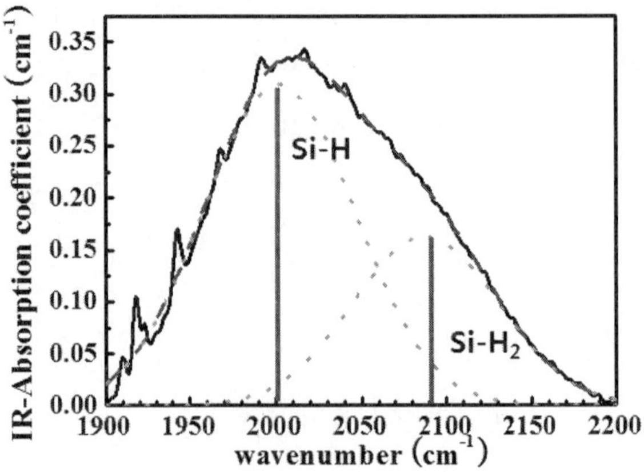

[그림 7-10] a-Si 박막의 $peak_{2000}$ Si-H stretching mode와 Si-H_2 stretching mode deconvolution 예

또한, 2000 cm^{-1} peak ($peak_{2000}$)는 Si-H stretching mode와 2090 cm^{-1} peak ($peak_{2090}$)는 Si-H_2 stretching mode와 관련이 있다. $peak_{2090}$은 박막 내의 void나 미세 결함과 관련이 있는 것으로 알려져 있으며, 박막의 광노화와도 깊은 연관성을 갖는 것으로 알려져 있다. 수소 희석된 mircocrystalline, polycrystalline silicon의 경우 대부분의 수소원자는 grain boundary와 grain boundary tissue와 결합되어 있기 때문에 Si-H stretching mode로부터 grain structure와 electric transport property와 연관된 정보를 얻을 수 있다. $Peak_{2000}$와 $peak_{2090}$ 비율을 마이크로 스트럭쳐 파라미터로 (microstructure parameter, R*) 정의한다.

$$R^* = \frac{I_{2090}}{I_{2000} + I_{2090}} \tag{7.18}$$

비정질 a-Si 성막 시, 수소 (H_2)가스의 주입 유, 무에 따라 흡수 계수와 밴드 갭이 변하게 된다. 앞서 언급한 바와 같이 밴드 갭 이하에서의 흡수계수의 변화는 midgap 상태 밀도와 연관되어 있다. 즉, 밴드 갭 이하에서의 흡수계수가 증가하는 것은 midgap 상태 밀도의 증가를 의미한다. Midgap 상태 밀도의 증가는 중성의 상태와 전자 혹은 정공으로 대전된 상태의 결손결합의 증가에 의한 것이다. 이는 수소가 박막 성막 시 결손 결합들과 결합하며 결합을 줄여주는 역할을 하기 때문이다. [그림 7-11]는 비정질 진성 a-Si 성막 시, 수소 (H_2)가스의 주입 유, 무에 따른 수소함유량, Si-H, Si-H_2 및 R* 값을 나타내었다 [5-12].

〈표 7-1〉 Si-H 결합형태와 관련되는 흡수주파수와 oscillation mode의 관계

Type of bond	Type of vibration ● : Si ○ : H			
SiH	2000cm-1 Stretching	630cm-1 Bending		
SiH_2	2090cm-1 Stretching	880cm-1 Bend scissors	630cm-1 Bending	
$(SiH_2)_n$	2090 - 2100cm-1 Stretching	890cm-1 Bend scissors	845cm-1 Wagging	630cm-1 Rocking
SiH_3	2140cm-1 Stretching	907cm-1 Symmetric deformation	852cm-1 Degenerate deformation	630cm-1 Rocking

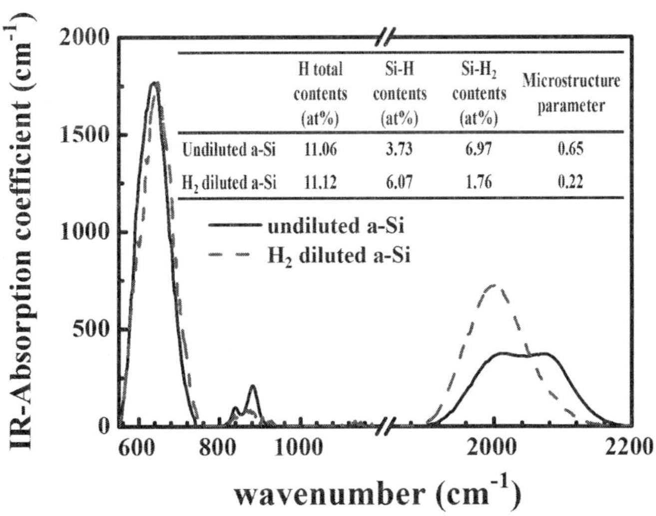

[그림 7-11] 비정질 진성 실리콘 박막의 FT-IR 스펙트럼

산소가 도핑된 실리콘 박막내의 산소함유량은 식 7.19를 이용하여 Si-O-Si 결합 peak인 $peak_{1000}$ 으로 구할 수 있다.

$$C(O) = A(O) I(940 \sim 1080) \tag{7.19}$$

$C(O)$ 산소함유량 $(at.\%)$

$A(O) = 0.156\ at.\%/e\,Vcm^{-1}$

$I(940 \sim 1080)$ integrated 흡수계수

7.4.2 광전자분광 분석법

X-ray Photoelectron Spectroscopy (XPS)는 시료 표면에 일정한 에너지를 갖는 X-ray를 조사하여 방출하는 광전자(photoelectron)의 에너지를 측정하여 광전자의 결합에너지(binding energy)를 알 수 있다. 이 결합에너지는 광전자를 방출하는 원자의 고유한 성질이기 때문에 이것으로 원소 분석이 가능하다. XPS 결합에너지는 같은 종류의 원자들이더라도 산화 및 결합 상태의 차이에 따라서 조금씩 달라진다. 이를 화학적 이동 (chemical shift)이라하며, 결합에너지 data base를 통해서 검색하여 원자의 산화 및 결합상태 분석이 가능하다.

공유결합으로 이루어진 물질 내의 core level 전자의 binding energy의 chemical shift는 기본적으로 근접해 있는 원자들의 electronegativity 합으로 결정된다. Pauling's scale에 따라 실리콘과 보론의 경우 각각 1.8, 2.0의 electronegativity를 가진다. B-Si이 결합할 때, electronegativity의 영향에 의해 B(1s) XPS peak는 순수 보론의 binding energy인 188 eV에서 낮은 binding energy쪽으로 shift 하게 된다. B(1s) XPS signal은 근접한 실리콘 원자의 electronegativity의 합으로 결정되므로, 3중 결합 배위를 가지는 보론과 4중 결합 배위를 가지는 보론은 각각 186.6 eV와 187.7 eV으로 나타난다 [13]. B(1s)의 두 가지 peak는 가우시안 함수로 fitting하여 얻어 낸다. [그림 7-12]에서는 가우시안 함수를 이용하여 얻어낸 두 가지 peak을 보여 주었다.

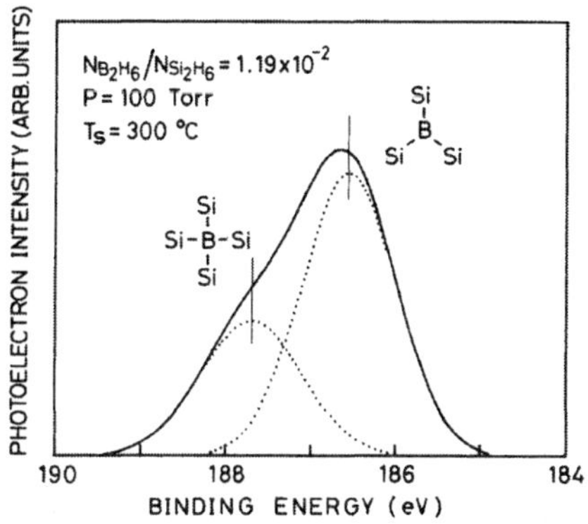

[그림 7-12] 가우시한 함수로 얻어낸 B(1s)의 XPS 스펙트럼

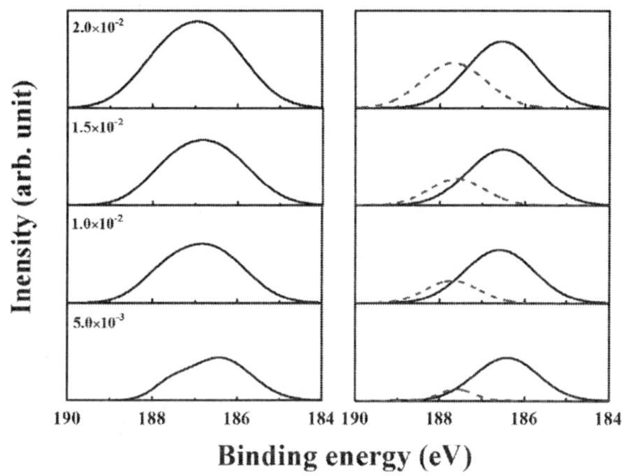

[그림 7-13] p-type 도핑소스인 B_2H_6 주입 농도에 따른 B(1s) peak

7.4.3 이차이온질량 분석법

Secondary Ion Mass Spectrometry (SIMS)에서는 일반적으로 수 100 eV ~ 25 KeV 정도의 에너지를 지닌 이온을 이용한다. 높은 에너지의 이온빔 (ion beam)을 고체 표면에 쬐어주면, 입사 이온은 시료 중의 원자와 역학적 상호작용 및 전자적 상호작용에 의한 두 가지 충돌과정을 거쳐서 시료내로 침투하여 시료 내에서 정지하게 되든가, 또는 그 이전에 후반산란 (back scattering)에 의해 반사된다. 시료중의 원자는 입사 이온과 탄성 충돌에 의해 운동에너지를 받게 되며, 그 에너지가 결정격자의 포텐셜 에너지보다 크게 되면, 시료원자는 격자점으로부터 이탈되어 가까운 원자와 차례로 충돌하게 된다. 이 충돌 사슬 (chain)이 시료표면에 도달하여 배면 방향

성분의 에너지가 원자의 결합에너지보다 커지면 시료원자는 진공 중으로 방출된다. 방출되는 원자는 대부분이 중성이지만 일부는 음 (−)이나 양 (+)이온으로서 시료표면의 원소에 특성을 따라 갖게 된다. 스퍼터에 의해 방출된 에너지의 총수에서 이온화한 원자의 수를 뺀 값을 이온화율로 정의하기도 하지만, 이 값은 방출원자의 이온화 전압, 시료 표면의 마무리 정도, 전기 음성도도는 전자친화력 등의 물리 화학적인 성질에 따라 민감하게 변화한다.

SIMS의 원리는 이와 같이 일차 이온의 조사를 받은 시료표면으로부터 이차적으로 스퍼터된 시료원자에 의한 이차 이온을 질량분석계에 걸어서 원소분석을 하는 것으로서, 이러한 스퍼터 현상은 SIMS의 특징인 표면으로부터 수직방향의 원소농도 분석에 이용된다. 한편 스퍼터된 원자의 탈출 깊이는 대략 10 Å정도로 알려져 있으며 SIMS는 1 nm정도의 표면층으로부터 방출되는 원자를 이용한다.

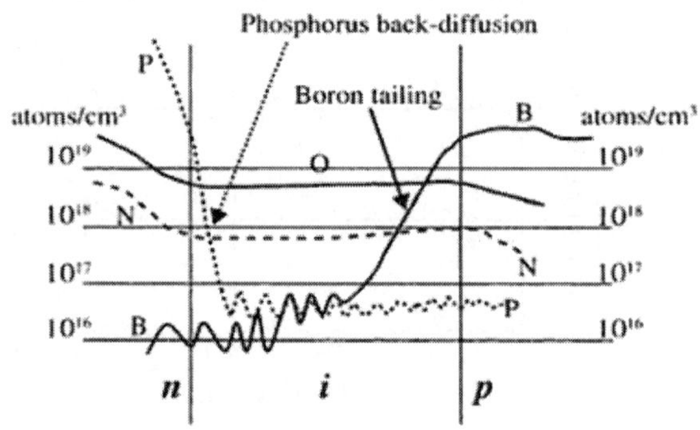

[그림 7-14] pin type 박막 태양전지의 SIMS 프로파일: Boron (B) tailing, Phosphorus (P) back-diffusion, O contamination 등이 나타남.

태양전지에서 수집 증가를 위해 재결합률을 낮추는 연구가 활발히 진행되고 있다. 상대적으로 결함이 낮은 도핑층을 사용하고, 밴드갭 grading 을 통한 구조 변화 등 박막 실리콘 태양전지에서는 p/i 및 i/n 계면에서의 재결합을 낮추는 연구가 있다. p−i−n 구조에서 i-type 층 증착되면서 p−type 도펀트인 보론 tailing 현상이 발견된다. 또한 n−type 도펀트인 포스포러스 back diffusion 현상이 발생하고, 산소 및 각종 불순물 등이 SIMS 분석을 통해 확인된다. 이와 같은 계면 결함은 태양전지의 개방전압을 하락시키는 역할을 하기 때문에 SIMS 분석을 통한 계면 최적화의 연구가 필요하다.

7.5 계면 분석

7.5.1 임피던스 분석법

임피던스는 교류(AC) 특성을 이용하여 interface, 계면, 전극과의 접합부 등의 특성을 얻을 수 있다. 태양전지의 interface에 대한 분석은 기존에 TEM, AES와 같은 파괴 측정법을 이용해 이루어 졌으나, 임피던스 측정법은 비파괴 측정법으로 쉽게 interface의 특성에 대한 분석을 할 수 있는 장점이 있다. 직류에 미소교류성분을 중첩시켜 전극에 적용하여 전극반응을 조사하려는 시도는 19세기 말부터 금세기에 걸쳐 Kohlrausch, Wacburg 등에 의해 이루어졌다. 현재에는 전극반응에서, 전기분석등에 널리 이용되고 있다. 특히 응용분야인 전지 반응, 부식반응 등의 연구에 많이 이용되고 있다. 일반적으로 교류회로에서 정형적으로 변화하는 전압은 다음의 식으로 나타낼 수 있다.

$$e = E_m \sin wt \tag{7.20}$$

여기에서 E_m은 정현파의 진폭, w는 각속도이다. 정현파는 주기적 성질이 명확하며 $2\pi\ rad$ 마다 반복된다. 주기가 T인 정현파의 주파수 f는 $1/T$ 이다. 즉, 한 파형의 완전한 변화를 사이클이라 하고, 1 사이클에 필요한 시간을 주기 1초 동안의 사이클 수를 주파수라 한다. 따라서 $f = 1/T$ 의 관계가 성립한다.

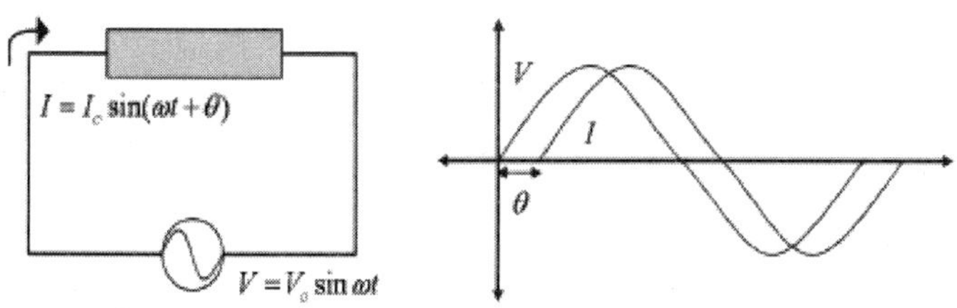

[그림 7-15] 교류회로와 정현파

[그림 7-15]에서는 전류 I 는 $I_o \sin(wt+\theta)$ 로 나타낼 수 있는데, 이는 전류 I가 전압 V보다 θ만큼 앞서있음을 알 수 있다. 이는 전류의 흐름에 제한을 받는 것을

뜻하며 이러한 제한을 임피던스라 한다. 임피던스는 Z로 표시하며, 이를 직교 좌표로 표시하면 다음과 같이 표현할 수 있다.

$$Z = \frac{1}{Y} = Z^{'} + jZ^{''} \tag{7.21}$$

Z는 임피던스, Y는 어드미턴스이다. 이를 다시 위상과 절대값을 이용한 극좌표로 표시하면

$$Z^{'} = |Z|\cos\theta, Z^{''} = |Z|\sin\theta \tag{7.22}$$

이고, 이는 $|Z|(\cos\theta + jsin\theta) = |Z|\angle\theta$ 로 쓸 수 있다. 여기서 $|Z|$ 는 임피던스의 크기이며, $|Z| = \sqrt{Z^{'2} + Z^{''2}}$ 이 되고, $\angle\theta$는 $\theta = \tan^{-1}\frac{Z^{''}}{Z^{'}}$ 이 된다. 주어진 기본 이론으로 간단한 전기 회로를 위한 임피던스 표현을 볼 수 있다. 저항의 임피던스는 전혀 허수 성분을 갖지 않고 위상 이동은 0도 이다. 즉 전류는 전압과 동위상이다. 전류와 임피던스 모두 주파수에 독립적이다. 커패시터의 임피던스는 실수성분을 갖고 있지 않다. 그것의 허수성분은 정전용량과 주파수 모두의 함수이다. 커패시터를 통하는 전류는 언제나 전압을 통과하는 것과 전류가 전압을 이끄는 90도의 위상 차이가 있다. 커패시터와 임피던스가 주파수와 반대로 변하기 때문에, 고주파에서 커패시터는 쇼트 회로처럼 행동한다. 그것의 임피던스는 0으로 향하기 쉽다. 저주파수에서 커패시터는 오픈 회로처럼 행동하고 임피던스는 무한대로 향한다 [14-17].

비정질 실리콘 박막 태양전지의 등가회로를 [그림 7-16]에서 나타내었다. 직렬로 연결되어 있는 Z_1, Z_2, Z_3은 각각 p/i interface, i 층, n/i interface의 특성을 보여준다. 병렬로 연결되어 있는 Z_4는 캐리어의 생성, 수집과 밀접한 관계를 가진다. 마지막으로 R_C는 금속 전극 또는 투명 전극과 반도체 층 사이의 접촉 저항(contact resistance)을 나타낸다. 임피던스 측정 시, 주파수를 가변하게 되는데 이는 태양전지에서 주파수에 따라 응답시간이 다르기 때문이다. 낮은 주파수에서는 interface가 주도하게 되고, 주파수가 증가할수록 bulk영역이 주도하게 된다. 본 실험에서 임피던스는 식 7.23에 의해 정의되어 진다.

$$Z' = \frac{AD(A+D)+\omega^2(B^2D+AF^2)}{(A+D)^2+\omega^2(B+F)^2} \tag{7.23}$$

$$Z'' = \frac{\omega(A^2F+BD^2)+\omega^3 FB(B+F)}{(A+B)^2+\omega^2(B+F)^2}$$

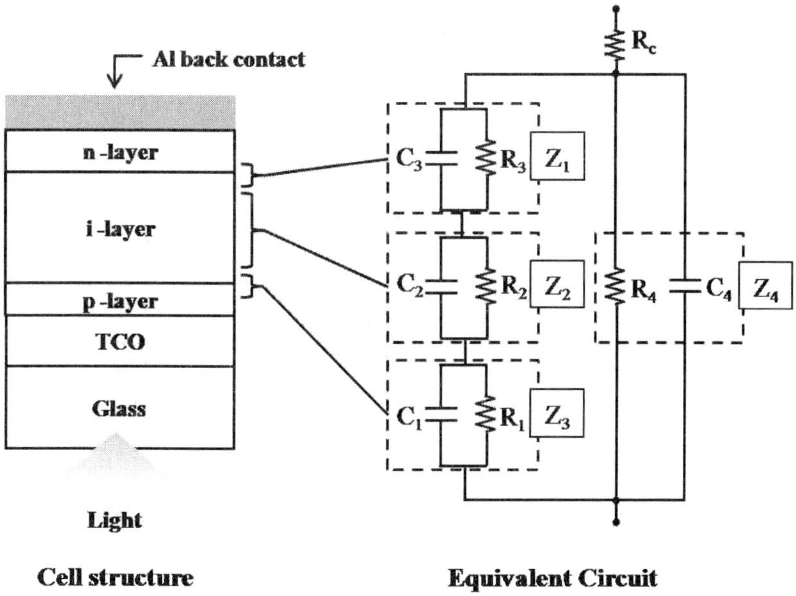

[그림 7-16] 박막 태양전지의 구조 및 등가회로

각 주파수는 $\omega = 2\pi f$ 이며, 위 식의 값은 각각

$$A = \frac{R_1}{1+\omega^2 C_1^2 R_1^2} + \frac{R_2}{1+\omega^2 C_2^2 R_2^2} + \frac{R_3}{1+\omega^2 C_3^2 R_3^2},$$

$$B = \frac{C_1 R_1^2}{1+\omega^2 C_1^2 R_1^2} + \frac{C_2 R_2^2}{1+\omega^2 C_2^2 R_2^2} + \frac{C_3 R_3^2}{1+\omega^2 C_3^2 R_3^2},$$

$$D = \frac{R_4}{1+\omega^2 C_4^2 R_4^2} \text{ 그리고 } F = \frac{C_4 R_4^2}{1+\omega^2 C_4^2 R_4^2} \text{ 이다.}$$

임피던스 분석은 주로 Cole-Cole plot을 이용한다, Cole-Cole plot은 [그림 7-17]에 나타내었으며, Cole-Cole plot에서 반원의 최고점에서의 y값은 식 7.24에 따라 R_p값을 보여주며, 최고점에서의 주파수를 통해 식 7.25에 따라 C_p값을 추출할 수 있다.

$$Z''_{\max} = \frac{R_p}{2} \tag{7.24}$$

$$\omega = 2\pi f = \frac{1}{R_p C_p} \tag{7.25}$$

[그림 7-17]의 Cole-Cole plot의 높은 주파수 영역에서의 X절편은 직렬저항 (R_s)를 나타내며, 낮은 주파수 영역에서의 X절편은 전체 저항 ($R_s + R_p$)을 나타낸다.

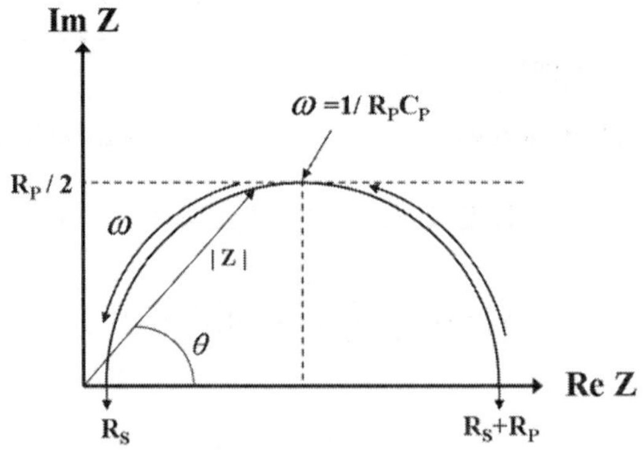

[그림 7-17] 임피던스의 Cole-Cole plot

연습문제

1 두께가 300 nm 인 실리콘 박막에 전극 길이 1 cm, 전극간 거리 150 μm 인 Co-planner 알루미늄 전극사이에 10 V 전압을 인가하였을 때, 9.30 pA 전류가 흘렀을 때 암전도도를 계산하고, 100 mA/cm^2 빛 조사 시 528.1 nA 전류가 흘렀을 때 광전도도, 광 민감도를 계산하시오. (소수점 둘째 자리에서 반올림)

2 고효율 박막 태양전지 제작을 위해서 window 층인 p-type 층의 필요특성에 대해 기술하시오.

3 고효율 박막 태양전지 제작을 위해서 빛 흡수 층인 i-type 층의 필요특성에 대해 기술하시오.

4 FT-IR 측정을 통하여 고밴드갭 물질인 p-type a-SiO:H 박막 내 산소함유량을 계산하시오. [Si-O] 결합 peak인 940~1080 integrated 흡수도 C(O) 가 53.65 eV·cm^{-1} 이다.

참고문헌

[1] M. R. Yang, K. S. Chen, S. T. Hsu, and T. A. Wu, *Surf. Coat. Technol.* 123, 204 (2000).

[2] P. Q. Luo, Z. B. Zhou, K. Y. Chan, D. Y. Tang, R. Q. Cui, and X. M. Dou, *Appl. Surface Sci.* 255, 2910 (2008).

[3] R. E. I. Schropp and M. Zeman, Amorphous and Microcrystalline Silicon Solar Cells: Modeling, Materials and Device Technology, Kluwer Academy Publishers, Boston, Dordrecht, London (1998), pp. 42, 44-45.

[4] A. A. Langford, M. L. Fleet, and B. P. Nelson, *Phys. Rev. B* 45, 13367 (1992).

[5] G. Lucovsky, J. Yang, S. S. Chao, J. E. Tyler, and W. Czubatyj, *Phys. Rev. B* 28, 3225 (1983).

[6] M. Horprathum, P. Chindaudom, P. Limonothakul, P. Eiamchai., N. Nuntawong, V. Pattanasettakul, A. Pokaipisit, and P. Limsuwan, *J. Appl. Phys.* 108, 013522 (2010).

[7] P. Nemec, V. Nazabal, and M. Frumar, *J. Appl. Phys.* 106, 023509 (2009).

[8] G. Lucovsky and W. B. Pollard, *J. Vac. Sci. Technol. A* 1, 313 (1983).

[9] K. Haga and H. Watanabe, *J. Non-Cryst. Solids* 195, 72 (1996).

[10] R. Janssen, A. Janotta, D. Dimova-Mailnovska, and M. Stutzmann, *Phys. Rev. B* 60, 13561 (1999).

[11] T. H. Chung, M. S. Kang, C. J. Chung, and Y. Kim, *Curr. Appl. Phy.* 9, 598 (2009).

[12] G. Lucovsky, R. J. Nemanich, and J. C. Knights, *Phys. Rev. B* 19, 2064 (1979).

[13] T. Kazahaya and M. Hirose, Jpn. J. Appl. Phys., 25 L75 (1986).

[14] M. A. Green, J. Appl. Phys. 67 2944 (1990).

[15] M. A. Green, A. B. Sproul J. Appl. Phys. 70 846 (1991).

[16] K. Misiakos, D. Tsamakis J. Appl. Phys. 74 3293 (1993).

[17] S. Kumar, P. K Singh, G. S. Chilana, Semicond. Sci. Technol. 24 095001 (2009).

제 8 장

III-V 집광형 태양전지 분석 및 평가

제8장

III–V 집광형 태양전지 분석 및 평가

본 장에서는 III–V 족 원소로 구성된 화합물반도체 태양전지를 학습한다. III–V 족 화합물반도체는 Ga, As, In, P 등의 원소로 구성되며, 웨이퍼 기판은 주로 GaAs나 Ge 기판을 사용한다. III–V 족 화합물반도체는 조성을 변경시키면 원하는 밴드갭 값을 얻을 수 있어서 빛에너지를 최대한 흡수하고 전기에너지로 변환하는데 유리하다. 또한 집광하면 집광 배율에 비례하여 출력이 커질 뿐 아니라 변환 효율이 증대되는 장점도 있다.

8.1 III–V 집광형 태양전지의 구조

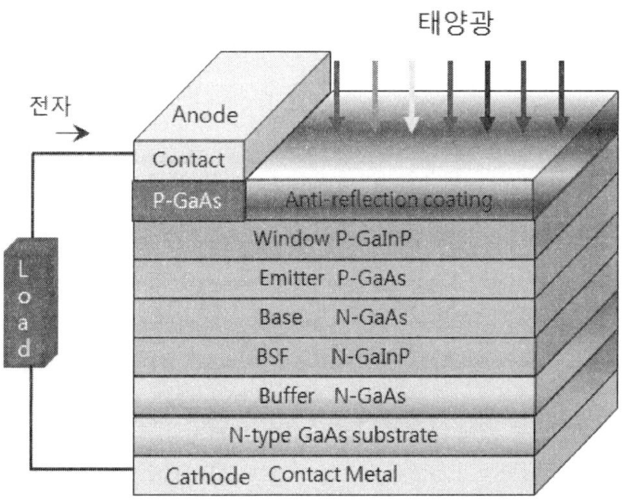

[그림 8.1] GaAs 웨이퍼 위에 제작된 단일접합 GaAs 태양전지 구조

집광형 태양전지 기술은 1980년~1990년대 결정질 실리콘 태양전지의 가격이 높은 시기에 실리콘의 양을 줄이고자 상대적으로 저렴한 광학계를 적용하여 동등한 양의 빛을 모아 작은 크기의 태양전지에 집속시키는 기술 개발을 시도함으로써 시작되었다. 집광배율을 높이면서 셀 면적을 작게하여 비용을 낮출 수 있고, 광전변환 효율이 높은 다중접합 태양전지 구조와 극단적인 환경 조건에서 신뢰성이 검증된 III-V 화합물반도체의 조합으로 실현되고 있다. III-V 화합물반도체는 GaAs, GaInP를 기반으로 하며 직접 천이형 밴드갭을 가지고 있어 기존 실리콘 태양전지에 비해 광 흡수율이 높아 마이크로미터 두께의 박막으로도 고효율 태양전지를 제작할 수 있는 장점이 있다.

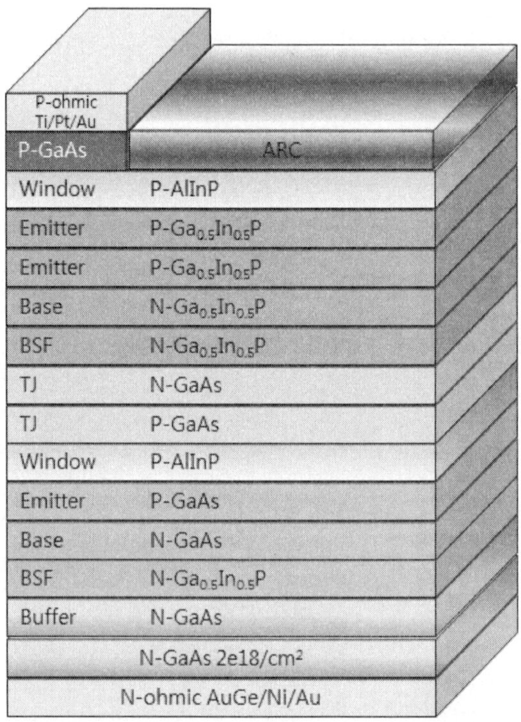

[그림 8.2] GaAs 웨이퍼 위에 제작된 이중접합 InGaP/GaAs 태양전지 구조

집광형 태양전지는 집광율에 따라서 고집광, 저집광 태양전지 기술로 나눌 수 있는데, 이중 고집광 태양전지(High concentrator photovoltaic)는 인공위성용으로 개발된 삼중접합 태양전지를 기반으로 발달되어 왔으며 현재 상용으로 개발된 삼중접합 태양전지는 주로 InGaP/Ga(In)As/Ge의 구성이다. 최고 44% 효율의 태양전지

가 발표되었으며, 상용 사중접합 태양전지도 조만간 실현될 것으로 예측된다.

이러한 높은 효율이 가능한 것은 다중접합 구조의 특징상 흡수 가능한 파장 대역에 대응되는 각각의 셀을 갖기 때문이다. 고집광형 태양전지의 효율은 장기적으로 최고 50%까지 구현 가능할 것으로 예상된다.

이에 반해 저집광 태양전지는 집광비 2~10배 범위에서 선형 초점 방식의 단순 집광기를 이용하여 모듈 가격을 낮추는 것이 기본 방향이다. 1980년 Sandia National Laboratory에서 집광형 실리콘 태양전지 셀을 처음 개발한 이후 결정질 실리콘 셀에 효율 증가를 위한 부가적인 공정을 추가하여 최고 효율 24%의 결정질 실리콘 태양전지를 개발하였다. 하지만 결정질 실리콘 태양전지는 집광시 온도 상승에 인한 효율 감소가 크기 때문으로 최대 집광비 20배 이상을 적용하지 않는다.

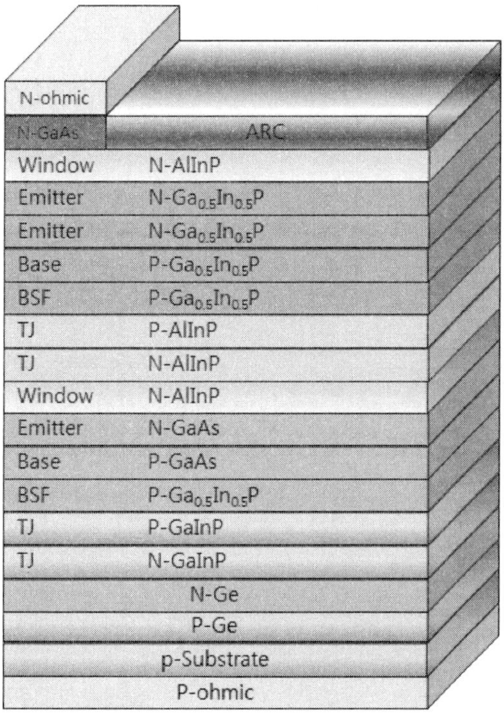

[그림 8.3] Ge 웨이퍼 위에 제작된 삼중접합 GaInP/GaAs/Ge 태양전지 구조

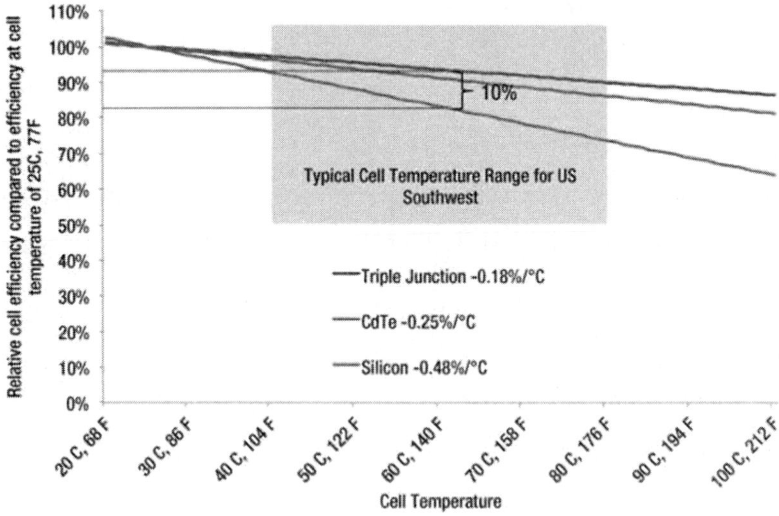

[그림 8.4] 온도가 상승하면서 태양전지 변환효율(%)이 감소되는 정도는 Si 태양전지가 -0.48%/℃로 매우 크고, III-V 화합물반도체 삼중접합 태양전지는 -0.18%/℃로 작은 편이다.

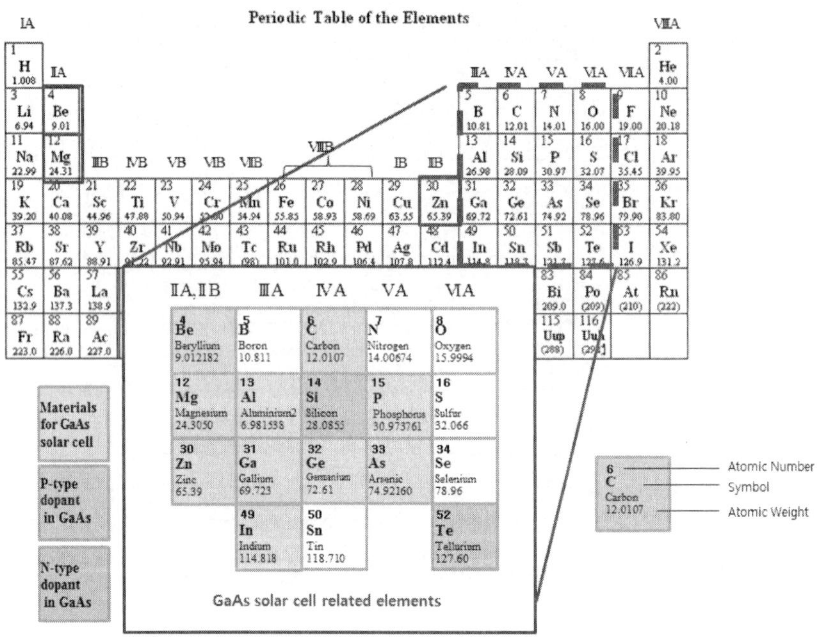

[그림 8.5] 주기율표에서 보는 III-V 화합물반도체 태양전지의 구성 원소들. GaAs, InGaAs, InGaP, Ge 등이 태양전지 p-n 접합을 이루는 기본 원소이고, Be, Mg, Zn, C 등이 p-형 불순물로, Si, Te 등이 n-형 불순물로 사용된다.

삼중접합 태양전지의 상층 p-n 접합은 $In_{1-x}Ga_xP$으로 구성된 화합물반도체를 사용하며 이때의 조성비를 나타내는 x 값이 0.516일 때 GaAs의 격자상수와 같은 값을 가지므로 격자정합 성장이 되어 유기금속화학증착법(MOCVD)으로 제작하는 InGaP 에피 층의 결정결함 발생이 최소화 되게 된다. InGaP 화합물반도체의 에너지 밴드갭은 MOCVD 공정 조건과 기판에 따라 1.8~1.9 eV 범위의 값을 갖는다. 상층 p-n 접합 화합물반도체로서 에너지 밴드갭이 InGaP보다 크면서도 GaAs와 격자정합이 되는 물질인 AlGaAs가 있으나 주변 산소 성분에 영향을 많이 받아서 제조 공정 제어가 까다롭고 실제 생산에는 적용되기 어렵다. InGaP 상층 p-n 접합은 이를 적용할 때 다중접합 태양전지가 변환효율이 상대적으로 작지만 산소와의 반응성이 낮아서 제조에 유리하여 대부분의 III-V 화합물반도체 태양전지에 적용되고 있다.

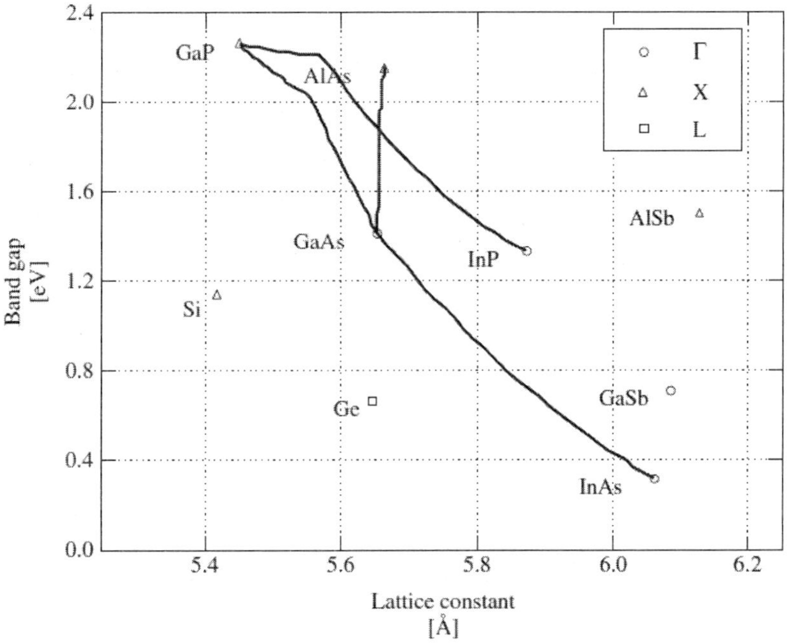

[그림 8.6] Si, Ge, III-V족 이원계 화합물의 에너지 밴드갭과 격자상수

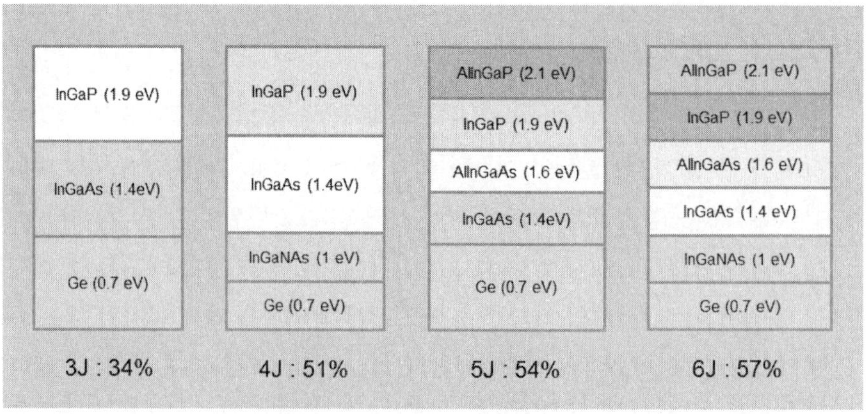

Prog. Photovolt: Res. Appl., 2006

[그림 8.7] 다중접합 태양전지의 이론치 효율 (비집광 조건 : 1 Sun, AM 1.5)

삼중접합 태양전지의 이론적 효율 한계는 1배 집광 조건에서 34%이나 실제 작동하는 500~1,000배 집광 조건에서 효율은 40~43%에 이른다. 이는 III-V 화합물반도체 태양전지가 집광시 온도 상승으로 열화되는 정도는 매우 적으면서 실리콘 태양전지에서는 볼 수 없는 V_{oc} 값 증가가 효율 증대에 기여하기 때문이다. 따라서 사막과 같이 직사광이 풍부한 지역에서는 이러한 집광형 태양전지가 다른 태양전지에 비해 전력 생산에 유리하다. 또한 III-V 화합물반도체 태양전지는 우주 환경 조건에서도 알파 입자의 영향을 적게 받는 장점이 있으므로 인공위성의 전력 공급원으로 활용되고 있다.

8.2 III-V 집광형 태양전지의 집광 효율 특성

III-V 집광형 태양전지는 응용 제품에 적합하게 단일접합, 다중접합 구조를 선택할 수 있다. 우주용 태양전지 초기 어플리케이션은 인공위성용 GaAs 단일접합 태양전지였다. 차츰 InGaP/GaAs/Ge의 고효율 삼중접합 태양전지로 대체되었다. 고효율 III-V 화합물반도체 삼중접합 태양전지는 제조 비용이 높아서 일반적인 전력 생산에서는 다른 태양전지에 비해 경제성이 떨어지나 500~1,000배 집광하면 적은 태양전지 면적에서도 전력생산 대비 제조 단가가 낮은 태양전지가 될 수 있다.

삼중접합 태양전지는 태양광 파장대역을 3개로 나누어 흡수할 수 있는 서로 다른 에너지 밴드갭 *Eg1, Eg2, Eg3*의 물질로 구성하는 3개의 p-n 접합의 적층으로 되어 있다. 상층부 p-n 접합은 광자 에너지 *hv*가 큰 파장만을 흡수하고 나머지는 아래층 p-n 접합으로 내려 보내도록 에너지 밴드갭을 설계한다. 중간층 p-n 접합은 상층부 p-n 접합을 통과하여 들어온 태양광 파장대역에서 일부를 흡수하도록 에너지 밴드갭을 설계하고 나머지 광자 에너지가 작은 파장대역은 하층 p-n 접합으로 내려 보내도록 한다. 요약하면 태양광 파장대역을 $hv1 - hv2$, $hv2 - hv3$, $hv3 - \infty$ 으로 3개로 나누어서 에너지 밴드갭이 $Eg1 = hv1$인 물질, $Eg2 = hv2$인 물질, $Eg3 = hv3$인 물질에서 태양광 파장을 각각 흡수한다. 이 때 $hv1 < hv2 < hv3$ 이다. 이 방법으로 태양광 파장대역의 대부분을 손실 없이 골고루 흡수할 수 있다.

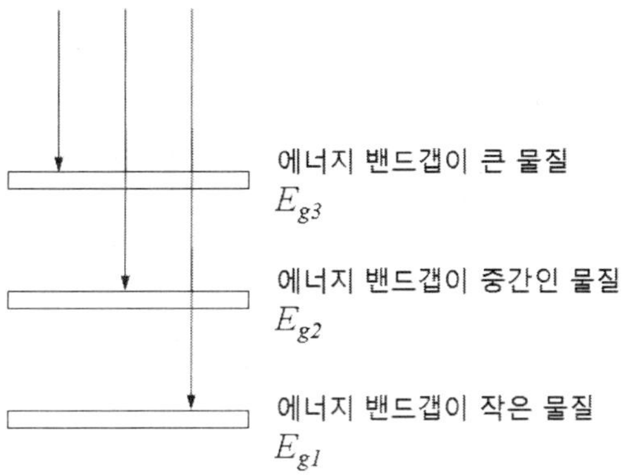

[그림 8.8] 삼중접합 태양전지의 태양광 파장대역 흡수를 위한 에너지 밴드갭 설계: 상층 p-n 접합 물질의 에너지 밴드갭을 큰 것을 적용하고 아래로 갈수록 에너지 밴드갭이 작은 것을 적용한다.

다중접합 태양전지는 2단자 소자이므로 적층된 p-n 접합은 직렬 연결되어 있다. 직렬연결에서는 각 p-n 접합의 극성이 일치하도록 배열되어야 하고 상부 p-n 접합과 하부 p-n 접합을 연결하기 위해서 태양광 파장대역에서 광투과성이 있고 전기적 저항이 작은 터널 접합을 사용한다. 상하부 p-n 접합에서 각각 생성되는 전류량이 정합해야 하므로 III-V 화합물반도체 물질 선택시 반영해야 한다. 실제로 제작된 2개의 p-n 접합이 연결된 이중접합 태양전지를 예로 들어서 III-V 화합물반도체 태양전지 특성 평가에 대해 설명한다.

[그림 8.9]에 실제 제작된 이중접합 태양전지 두 경우를 비교하였다. 시편 번호

#STR1, #STR2의 양자효율 특성을 보면 시편 번호 #STR1의 경우 상부 p-n 접합의 두께가 최적화 되지 않아서 J_{sc} = 14.6 mA/㎠인 반면 하부 p-n 접합으로부터는 J_{sc} = 12.4 mA/㎠의 전류량이 얻어졌다. 이러한 전류량 불일치는 다중접합 태양전지의 효율 특성을 최대화 하는데 장애가 된다. #STR2의 경우 상층부 p-n 접합의 두께를 얇게 하여 J_{sc} 값을 약간 줄이고, 하층부 p-n 접합에서는 J_{sc} 값을 올려서 상하부 생성되는 전류량이 거의 일치하도록 하였다. 그 결과 [그림 8.10]과 같이 태양전지의 J-V 특성에서 FF, J_{sc}, 효율 특성이 모두 개선되었다. 이중접합 태양전지의 등가회로를 [그림 8.11]에 나타내었다.

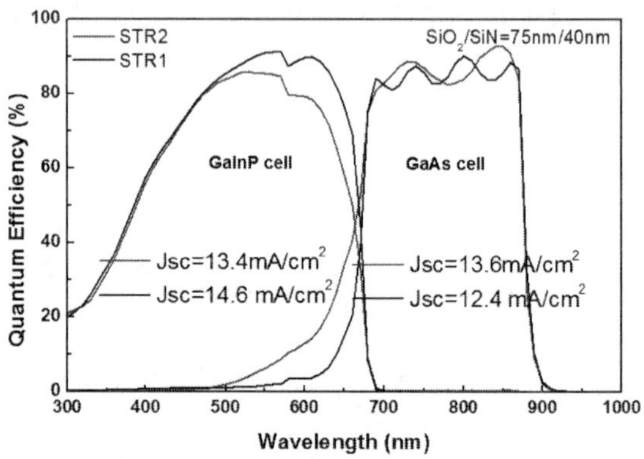

[그림 8.9] 제작된 이중접합 태양전지 시편 2가지 #STR1, #STR2의 양자효율 특성 비교. #STR2의 경우 상층부 p-n 접합의 두께를 조절하여 전류값이 하층부 p-n 접합과 일치하도록 하였다.

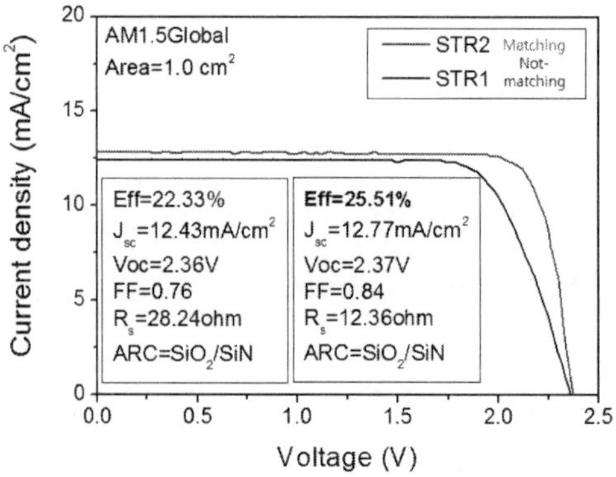

[그림 8.10] 제작된 이중접합 태양전지 시편 2가지 #STR1, #STR2의 J-V 특성 비교. #STR2의 경우 상하부 p-n 접합의 전류정합을 통해 J_{sc}, FF 특성이 개선되었고, 효율이 22.23%에서 25.51%로 증가되었다.

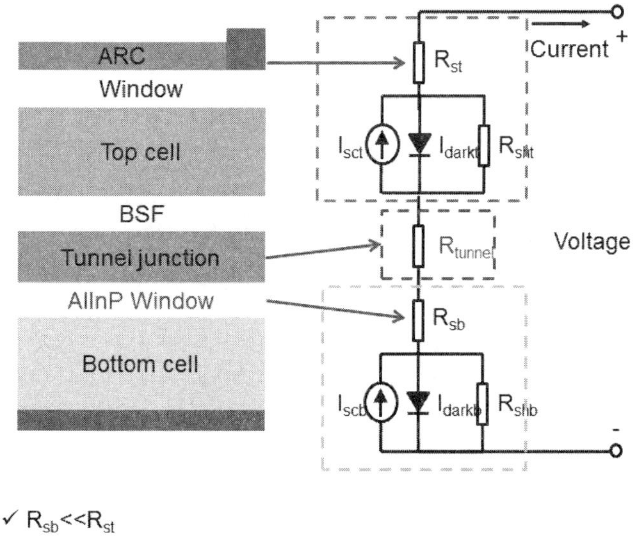

[그림 8.11] 이중접합 태양전지의 등가회로

p-n 접합으로 이루어진 태양전지에 대해서 이상적인 다이오드를 가정할 경우 J-V 방정식은 아래의 식으로 나타낼 수 있다.

$$J = Jo\{exp(eV/kT) - 1\} - Jsc \quad (2.1)$$

실제 제작시 $Jsc/Jo \gg 1$인 경우가 대부분이므로,

$$Voc \approx (kT/e)ln(Jsc/Jo) \quad (2.2)$$

III-V 화합물반도체 태양전지를 집광하면 집광 배율만큼 J_{sc} 값이 증가 되고 집광 배율이 증가할수록 V_{oc} 값이 증가된다.

[그림 8.12]에 실제로 제작된 집광형 태양전지의 집광전 J-V 특성 그래프를 나타내었다. 집광 전에는 효율이 27.22%였으나 [그림 8.13]의 100배 집광한 결과는 같은 시편에서 효율이 34.16%로 증가하였다. 이는 집광되면서 증가한 V_{oc} 값이 효율 증가에 기여했기 때문이다.

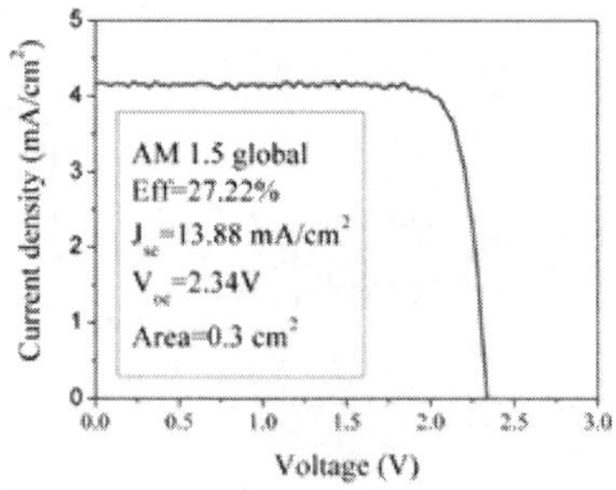

[그림 8.12] 제작된 집광형 태양전지의 J-V 특성. 집광전 효율 : 27.22%, V_{oc} = 2.34V

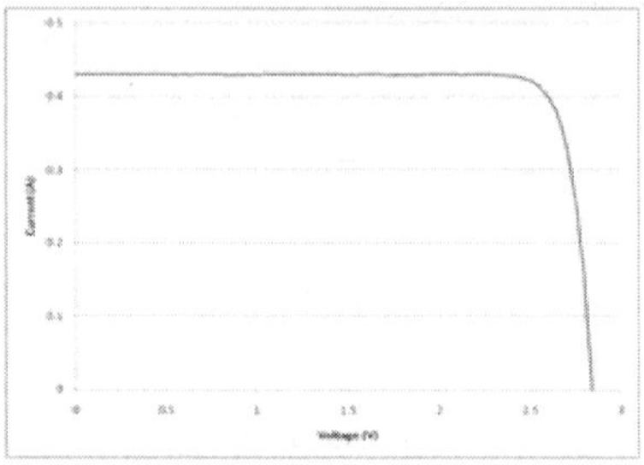

[그림 8.13] 제작된 집광형 태양전지의 100배 집광시 J-V 특성. 효율 : 34.16%, V_{oc} = 2.80V

III-V 화합물반도체 태양전지를 집광하면 집광 배율만큼 J_{sc} 값이 증가 하지만 효율이 무한히 증가하지는 않는다. 태양전지가 완전한 이상적 다이오드가 아니기 때문에 고집광 조건에서 큰 값의 전류가 생성되면 태양전지 내부의 저항 성분을 무시하지 못할 정도가 되기 때문이다.

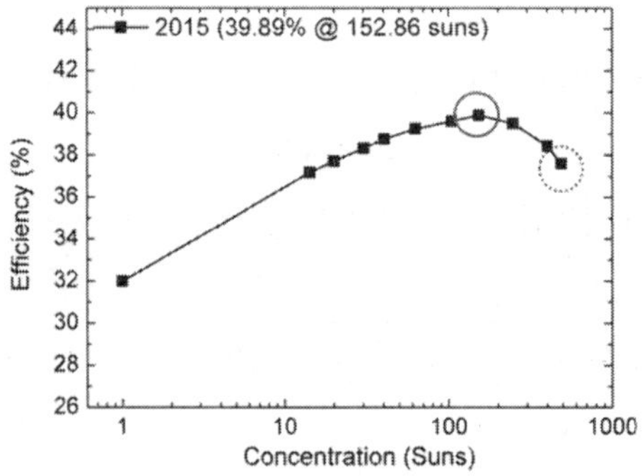

[그림 8.14] 제작된 집광형 태양전지가 집광 배율이 증가하면서 효율이 증가하는 추세를 보여준다. 어느 집광 배율 이상에서는 태양전지 내부 저항 성분을 무시하지 못하게 되어 효율 증가에 한계가 나타난다.

[그림 8.14]에서 집광형 태양전지의 최고 효율은 152.86배의 집광율 조건에서 39.89%를 얻었으며, 448.95배의 집광율 조건에서는 효율이 37.59%이었다. 집광형 태양전지가 집광 배율에 비례해서 전력 생산량이 증가하므로 고집광 조건에서도 효율이 계속 증가할 수 있도록 하는 것이 중요하다.

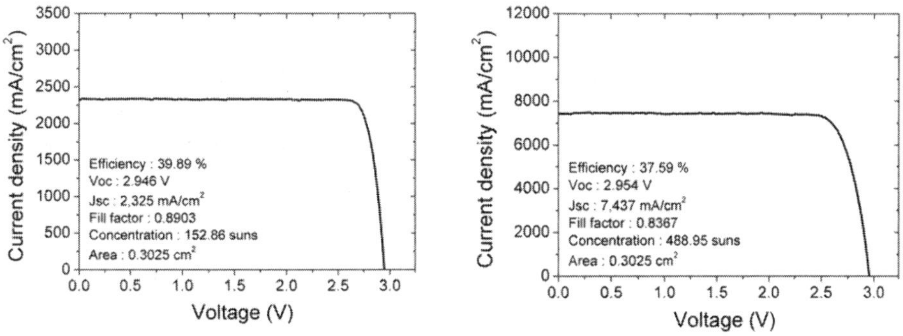

[그림 8.15] 집광 배율 152.86배일 때 최고 효율 39.89%를 나타낸 집광형 태양전지를 집광 배율을 더 증가시키면 효율이 감소한다.

8.3 III-V 집광형 태양전지의 광전변환 효율 측정

집광형 태양전지에 사용되는 다중접합 태양전지의 측정기술은 세심한 광원 준비가 필요하다. 집광에 의한 태양전지 효율 측정시 스펙트럼은 표준 광원 AM 1.5D 조건을 사용한다. 반면, 일반 태양전지 측정에서는 AM 1.5G 광원 조건을 사용한다. 두 스펙트럼은 가시광과 단파장 영역에서 차이가 난다. 우주용 태양전지의 경우는 AM 0 조건의 스펙트럼으로 측정 기준을 삼는데 AM 0 스펙트럼은 단파장 대역에서 높은 조사강도를 갖는다. 우주용 다중접합 태양전지에서는 상층부 p-n 접합의 두께를 얇게 하여도 충분히 전류정합이 될 만큼의 전류가 생성 되므로 태양전지 설계 시 어떤 용도로 사용되는지에 따라 고려한다.

집광 효율 측정을 위해 100배 이상의 집광 시 시편에 조사되는 광량이 크게 증가되어 온도가 급격히 올라갈 수 있지만 2초 이내의 짧은 측정 시간과 적절한 방열 패키지를 사용하면 5℃ 이내로 온도 상승이 억제되므로 측정하는 화합물반도체 태양전지 특성 평가에 무리가 없다.

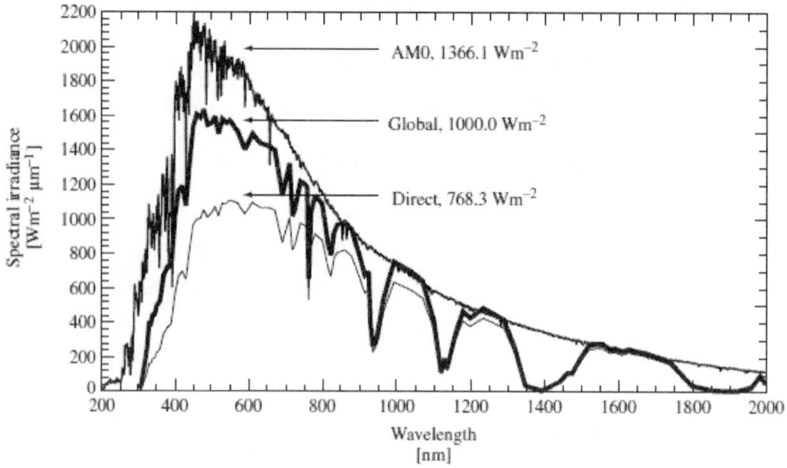

[그림 8.16] ASTM 기준에 의한 모사 태양광 스펙트럼

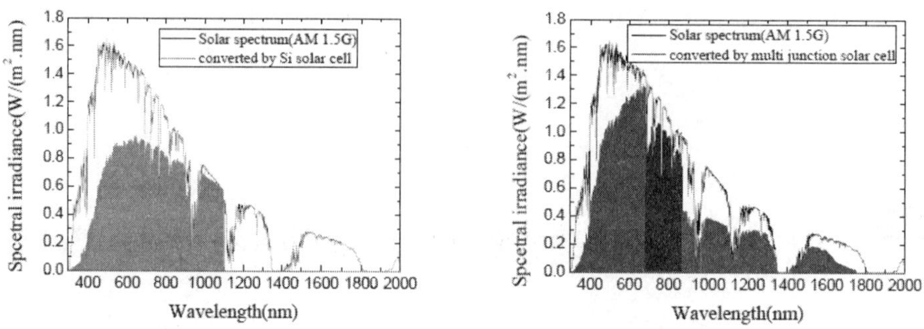

(a) Si 태양전지의 흡수파장영역 (b) GaInP/GaAs/Ge 삼중접합 태양전지의 흡수파장영역

[그림 8.17] 실리콘 태양전지와 III-V 화합물반도체 태양전지의 흡수파장 영역

Si 태양전지 솔라 시뮬레이터의 경우는 실리콘 반도체 층의 에너지 밴드갭이 1.1 eV이므로 대체로 1,100 nm 이하의 파장에 대해서만 정밀하게 모사할 수 있어도 되지만 InGaP/GaAs/Ge 삼중접합의 화합물반도체 태양전지의 경우는 사용된 반도체 층의 에너지 밴드갭이 각각 1.8 eV, 1.4 eV, 0.7 eV 이므로 태양광 스펙트럼 대부분의 영역에 대해서 정밀하게 모사할 수 있어야 한다. 따라서 다중접합 태양전지용 솔라 시뮬레이터에는 제논 램프, 할로겐 램프가 사용되고 다양한 광학 필터와 미러 등이 필요하다. 집광을 고려하여 넓은 면적에 대해 표준 시험 조건과 유사한 빛을 조사해야 하는 점도 중요하다.

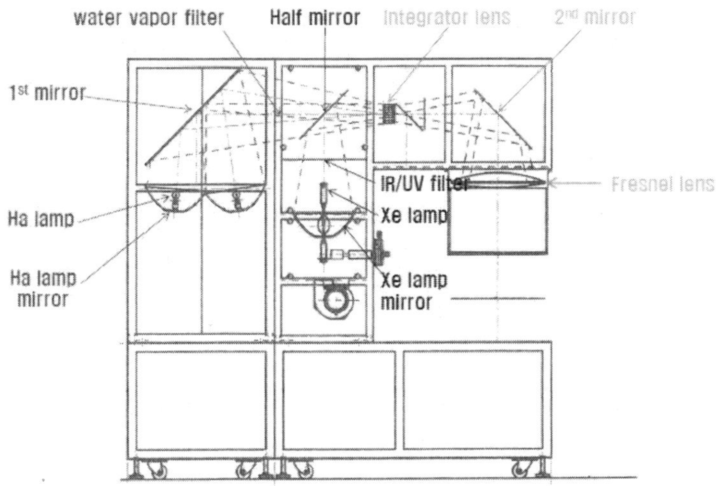

[그림 8.18] 솔라시뮬레이터의 구성:

- 할로겐 램프 반사경 : 타원형의 반사경. 할로겐 램프에서 방출된 빛을 윗 방향으로 반사
- 1차 거울 : 평판형의 거울. 할로겐 램프 반사경에서 반사된 빛을 수평으로 반사시킴.
- 수증기 필터 : 태양광이 지구 대기권을 통과하면서 수증기에 의해 일부 흡수됨. 이를 반영하기 위하여 필터를 설치하여 동일한 효과를 냄.
- 제논 램프 반사경 : 타원형의 반사경. 제논 램프에서 방출된 빛을 윗 방향으로 반사시킴.
- 적외선/자외선 필터 : 할로겐 램프로부터 나오는 적외선과 제논 램프로부터 나오는 자외선의 일부를 차단하여 빛을 AM1.5G의 태양광 스펙트럼에 가깝게 함.

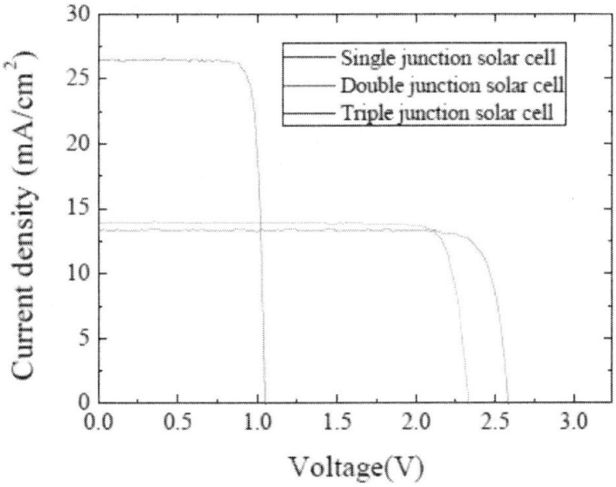

[그림 8.19] 솔라시뮬레이터로 측정한 단일접합, 이중접합, 삼중접합 태양전지의 J-V 특성 예

8.4 다중접합 태양전지의 양자효율 특성

태양전지의 전류밀도 값은 입사된 광이 흡수되어서 반도체 층 내에서 결함에 의한 재결합이나 열로 빠져나가는 손실을 제외한 전류로 전환된 비율에 좌우된다. 양자효율은 태양전지에 입사된 광의 파장에 따라 생성되는 전류량을 바탕으로 산출한다. p-n 접합의 에미터, 베이스, 공핍층 영역에서의 양자효율을 모두 합하여 태양전지의 양자효율을 정한다.

다중접합 태양전지는 각 p-n 접합이 직렬로 연결되어 구성되는 태양전지이다. 양자효율을 얻기 위해서는 단일 파장의 광원 외에 각각의 p-n 접합이 작동하도록 하기 위한 추가적인 광원을 동시에 조사하면서 양자효율 측정을 해야 한다. 즉 상부층 p-n 접합의 양자효율을 측정할 때 상부층 에너지 밴드갭에 해당하는 파장 대역에 대한 광원을 작동시킴과 동시에 하부층 p-n 접합의 에너지 밴드갭에 적합한 광원을 조사하여 하부층 p-n 접합이 작동하고 직렬 저항으로 작용하지 않도록 해야 한다.

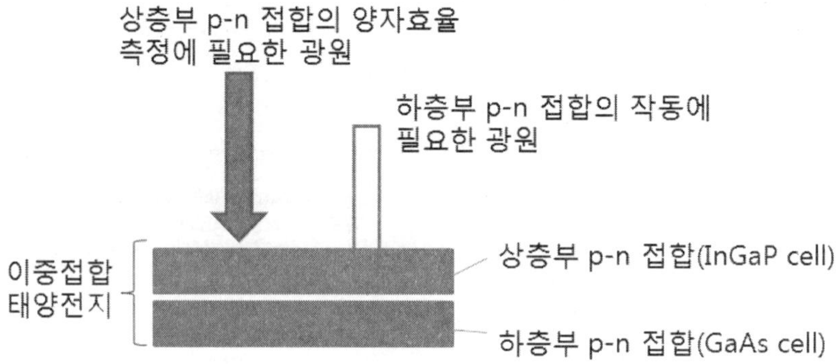

[그림 8.20] 다중접합 태양전지의 양자효율 측정할 때 추가 광원이 필요하다.

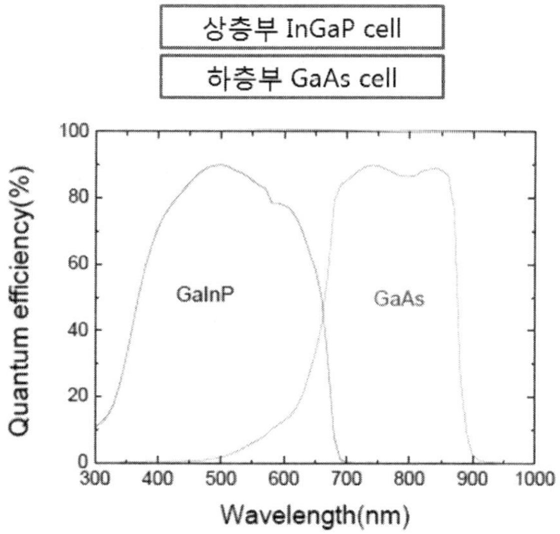

[그림 8.21] InGaP/GaAs 이중접합 태양전지의 양자효율 측정 결과

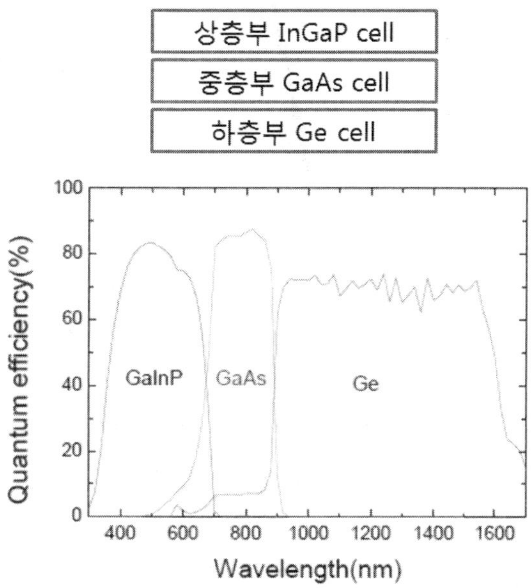

[그림 8.22] InGaP/GaAs/Ge 삼중접합 태양전지의 양자효율 측정 결과

8.5 다중접합 태양전지의 터널 접합

오늘날 제품화된 다중접합 태양전지는 각 p–n 접합을 수직으로 연결하는 구조로 되어 있는 2단자 소자이다. p–n 접합과 p–n 접합 사이를 연결하는 방법은 상층부, 중간층, 하층부의 각 p–n 접합을 형성하는 공정 장비인 MOCVD로써 동시에 제작하는 터널접합으로 한다. 이 방법은 추가적인 공정이 필요 없고, 전기적·광학적 연결 특성도 우수하다.

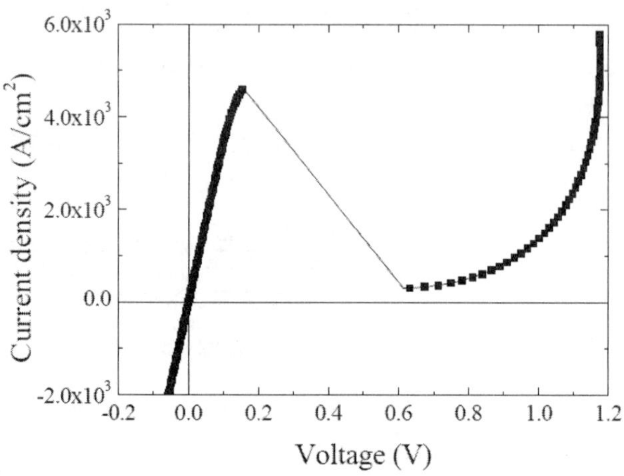

[그림 8.23] InGaP/GaAs 이중접합 태양전지용 터널 접합 측정 결과. 터널 접합의 위치는 [그림 8.2]의 InGaP/GaAs 이중접합 태양전지 구조 참조.

터널 접합의 구조는 일반 p–n 접합과 동일하나 각 p–형, n–형 반도체 층에 불순물을 과도하게 첨가하여 순방향 전압이 인가될 때 터널링 전류가 크게 될 수 있게 한 구조로 되어 있다. 터널링 전류가 큰 영역에서 작동할 때 전기 저항이 매우 작아서 다중접합 태양전지에서 각 p–n 접합들간의 연결에 유리하다.

다중접합 태양전지를 구성하는 상층부, 중간층, 하층부의 각 p–n 접합의 저항 특성은 터널 접합의 저항에 비해서 상대적으로 크다. 따라서 태양전지 동작 특성을 측정할 때 p–n 접합의 동작 특성이 주로 관측되고 터널 접합의 동작 특성은 거의 관측되지 않는다. 터널 접합의 특성만을 고려하기 위해서는 별도의 터널 접합 다이오드를 제작하여 측정한다.

[그림 8.23]에 나타낸 GaAs 터널 접합은 동작 전압(V_{peak}) = 0.16 V에서 전류 밀도(J_{peak}) = 4,612 A/㎠가 되어 전기 저항은 3.5×10^{-5} Ω·㎠로 매우 작다. 따라서 제작된 터널 접합은 전기적 손실이 거의 없이 다중접합 태양전지의 각 p-n 접합을 상호 연결할 수 있고, 1,000배 집광 배율의 조건에서도 터널 접합의 저항에 의한 전압 강하가 1 mV 이하이므로 집광형 태양전지에 적합한 연결 방법이 된다.

8.6 III-V 집광형 태양전지의 제조 공정

상용화된 III-V 집광형 태양전지는 4~6인치 크기의 Ge 웨이퍼를 사용하며, 먼저 Ge p-n 접합으로 하층부 태양전지를 형성하고 그 위에 GaAs p-n 접합으로 중간층 태양전지, InGaP p-n 접합으로 상층부 태양전지를 같은 MOCVD 장비에서 에피 성장한다.

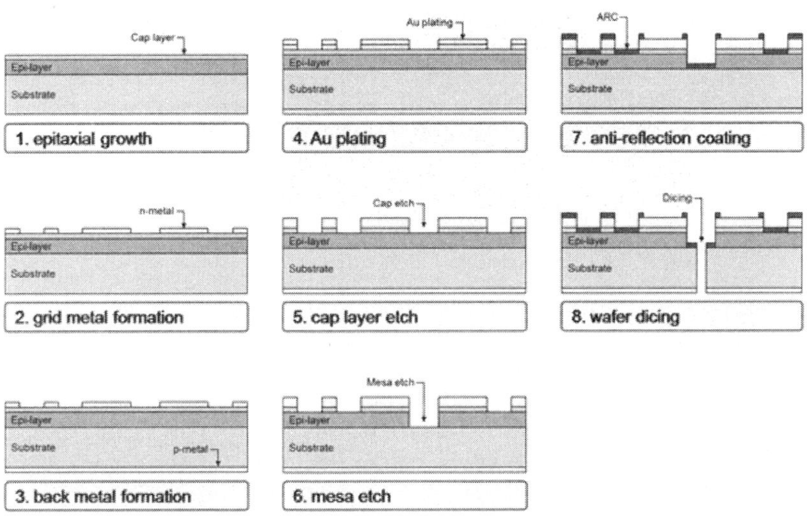

[그림 8.24] III-V 다중접합 태양전지 소자 제작 공정

이렇게 형성된 다중접합의 에피를 [그림 8.24]와 같은 순서의 화합물반도체 소자 제작 공정을 진행하여 제작한다.

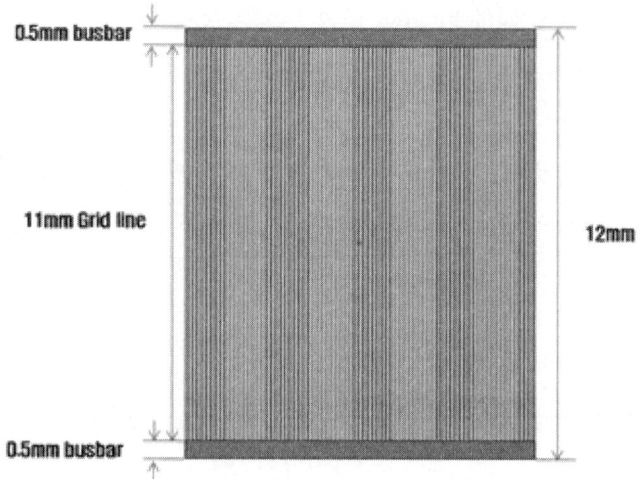

- Grid spacing : 125 μm
- Size 10 mm x 12 mm (with 0.5 mm busbar)
- Aperture area : 10 mm x 11 mm

[그림 8.25] 제작된 III–V 다중접합 태양전지 단위 소자

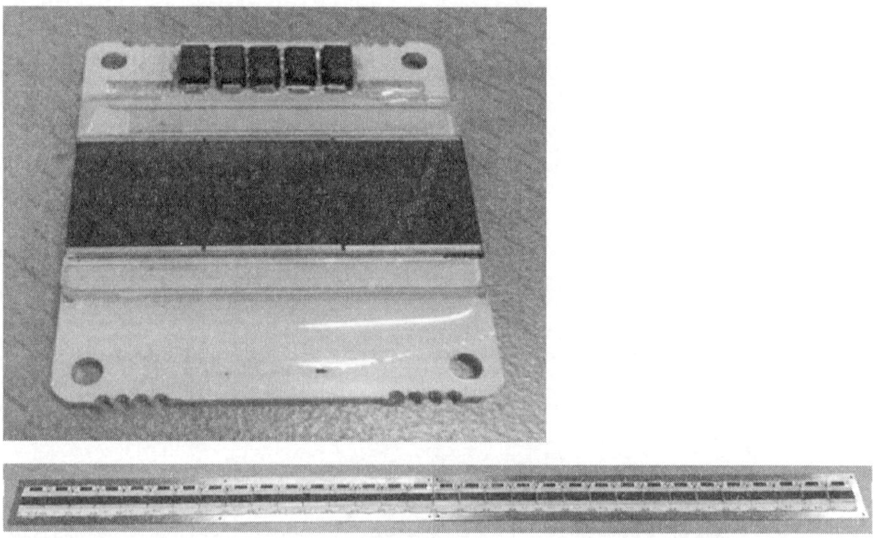

[그림 8.26] 제작된 III–V 다중접합 태양전지 모듈과 선형 집광 어레이

제작한 태양전지 단위 소자를 연결하여 소형 모듈로 패키징하고 [그림 8.26]과 같이 최종적으로 집광을 위한 선형 어레이를 만든다.

8.7 집광형 태양전지의 발전 시스템 응용

집광형 태양전지는 태양을 실시간으로 추적하는 시스템에 탑재되어 사용된다. 태양의 궤적을 실시간으로 추적하기 위해서는 그 지역의 위도에 따른 추적 각도 외에 입사되는 태양 광선을 수직으로 받을 수 있도록 시스템을 교정해 주는 센서 시스템이 필요하다. 우리나라의 위도에서는 년평균 하루 6시간 이상 태양광 발전을 하는데 문제가 없어서 하루 발전량 측면에서는 고정식 태양광 발전 대비 2~3배 정도 유리하다.

집광을 위해서는 대개 가격이 저렴한 플라스틱으로 제작된 500배 정도의 프레넬 렌즈형 집광 렌즈를 사용한다. 이 때 III-V 화합물반도체 태양전지는 5.5 mm x 5.5 mm 정도의 크기 내외이다.

[그림 8.27] 렌즈형 III-V 집광형 태양광 발전 시스템

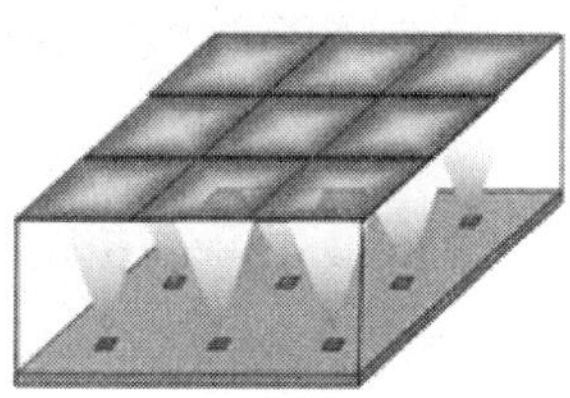

[그림 8.28] 렌즈형 III-V 집광형 태양전지 모듈 구조의 모식도

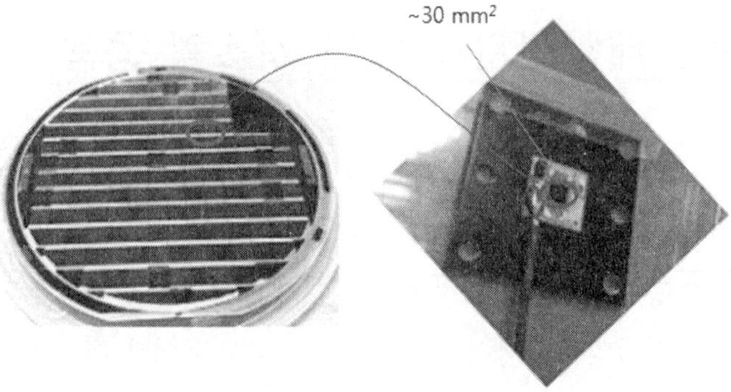

[그림 8.29] 500배 집광용 렌즈형 III-V 집광형 태양전지의 방열 패키지

집광형 태양광 발전에서 400~1,000배 집광하는 경우 태양전지 패키지의 방열이 중요하다. [그림 8.29]의 제작 예와 같이 방열을 위해 세라믹 PCB와 구리판이나 알루미늄으로 된 방열판을 사용한다. 1,000배 이상 집광하게 되면 태양전지 단위 소자의 크기를 2 mm x 2 mm 정도로 더 작게 하여 광학계 제조 단가 상승은 억제하면서 방열 패키지는 더욱 크게 하여 집광에 따른 열 문제를 해소하는 방법을 쓴다.

100배~250배 정도의 중집광에서는 렌즈형보다는 반사경을 이용하여 선형 집광하는 방법이 경제성이 있다. [그림 8.30]에 반사형 선형 집광 태양광 발전 시스템의 예를 나타내었다.

[그림 8.30] 반사형 선형 집광형 태양광 발전 시스템

연습문제

1 III-V 화합물반도체에서는 어떻게 에너지 밴드갭 조절을 할 수 있는지에 대하여 논하시오.

2 III-V 화합물반도체 태양전지는 어떻게 태양광 스펙트럼을 최대한 흡수 할 수 있는 구조로 할 수 있는지에 대하여 기술하시오. 각 파장에 따른 분광 반응도를 InGaP, GaAs, Ge 태양전지로 구분하여 조사하시오.

참고문헌

[1] Ed. by A. Luque, S. Hegedus : Handbook of Photovoltaic Science and Engineering(2003) chapter 9 "High-Efficiency III-V Multijunction Solar Cells"

[2] C. Amano, et al. : Appl. Phys. Lett. 51(1998) 1987

[3] K. A. Bertness, et al. : Appl. Phys. Lett. 65(1994) 989

[4] 박원규, 전동환, 박상혁 : 한국광전자학회논문집, 1(2011) 59

[5] D.-H. Jun, et al. : J. of Semicon. Technol. and Sci., 9(2009) 91

제 9 장

유기태양전지 특성 평가, 유기, 염료감응, 유무기 하이브리드

제9장

유기태양전지 특성 평가, 유기, 염료감응, 유무기하이브리드

9.1 전기화학적 특성 평가

유기 및 유무기 하이브리드 태양전지는 기존 박막 태양전지의 구조를 대체적으로 유지하며, 추가적으로 값싸고 유연성도 가능한 비진공 공정이 가능하여 다양한 응용이 가능한 차세대 태양전지로 관심이 집중되고 있다. 특히 유무기 하이브리드 태양전지로 꼽히는 페로브스카이트 태양전지는 현재 20%를 넘는 효율로 장기안정성이 해결된다면, 가장 강력한 차세대 태양전지로 자리매김할 가능성이 있다. 본 장에서는 앞장에서 서술된 일반적인 태양전지의 평가방식에 추가하여, 유기 태양전지와 유무기 하이브리드 즉, 염료감응 태양전지 및 페로브스카이트 태양전지의 독특한 분석법을 설명한다.

실리콘이나 다른 무기물 태양전지의 경우, 많은 원자들의 배열에 의한 밴드갭이 형성되고, 이들의 밴드의 띠굽음 (band bending) 현상에 의한 전하의 이동으로 태양전지 작동 원리를 설명할 수 있다. 그러나, 유기분자들의 물리적인 결합인 분산력 정도로 결합되어 있는 유기태양전지의 경우, 결합이 무기물질의 결합처럼 제한된 공간에 무한이 존재하는 것이 아니고, 분자들간의 거리 역시 화학결합에 의한 것보다는 매우 커서 밴드에 의한 직접적인 설명은 거의 하지 않는다. 다만, 분자들의 경우 HOMO(Highest Occupied Molecular Orbital)라는 에너지상태와 LUMO(Lowest Unoccupied Molecular Orbital)라는 에너지 상태가 존재하고 이는 밴드이론에서의 valence band / conduction band와 유사한 성질을 갖는다. HOMO는 그 분자의 결합에 참여하는 전자가 있을 수 있는 가장 높은 에너지준위로 전자들이 채워져 있다. 이 전자는 빛을 받으면 특정 에너지 이상의 에너지로 여기할 수 있으며, 이런 에너지의 최소값만큼 떨어져 있는 LUMO는 이렇게 여기된 전자들이 갈 수 있는 가장 낮은 분자의 반결합 에너지 준위이다. 따라서, HOMO/LUMO 갭은 밴드갭처럼 고려될 수 있으며, LUMO의 전자들은 반결합 전자이므로 다른 비어있는 에너지 준위들을 이용하여 이동할 수 있다. 밴드 이론을 적용할 예와 이처럼 HOMO/LUMO의 적용할 예가 분명하게 나누어져있지는 않지만, 염료감응 태양전지에서 TiO_2 나노입자들의 연결된 구조의 경우는 충분이 많은 TiO_2결정들이 연결되어 있으므로 밴드이론을 적용하고, 염료와 유기분자들의 경우는 HOMO/LUMO를 적용하여 설명한다. 그러나 페로브스카이트 구조층의 경우 연결구조가 충분히 많다면 밴드 이론을 직접 적용하는 것도 가능하지만, 아직 많은 학술 연구 논문에서는 HOMO/LUMO로 설명하고 있다. 기본적으로 이런 특성에서 오는 유기 및 유무기하이브리드 태양전지의 기본 박막태양전지와의 큰 차이는 전하의 확산거리(diffusion length)와 확산속도(mobility)이다. 실리콘 태양전지의 경우 전자나 정공의 확산거리는 200 - 300 μm 이상이지만, 유기 및 유무기 하이브리드 태양전지의 경우 수 nm에서 수백 nm 정도이며, 최근 페로브스카이트에서 가장 높게 개선된 값 역시 1 μm 내외이다. 이런 낮은 값은 전하가 빛에 의해 생긴 이후에, 쉽게 결정면을 타고 흐를 수 있는 실리콘이나 다른 무기물 태양전지와는 달리, 분산력으로만 붙어있는 유기분자들 사이를 순수하게 여기된 전자의 에너지로만 건너 뛰어야하기 때문으로 보인다. 확산거리가 짧은 탓에, 여기된 전자의 경우 이런 확산 거리 밖에 있는 전극에 도달할 가능성은 매우 낮아서, 확산거리에 비례하는 광활성층을 형성할 수 있게 된다. 즉, 확산거리가 수 nm이 경우, 광흡수층은 그와 비례하는 수 nm 밖에 깔지 못하게 되거나, 다양한 나노구조를 통해 무수히 많은 전극으로 접촉시켜 주어야 한다. 이런 단점들은 광흡수층의 매우 큰 광흡수계수를 요구하게 되며, 플라즈몬 등 다양한 방법을 통해 광흡수능력을 얇은 두께에서도 최대화 시키는 일들이 필요하다. 이런 단점을 극복하는 가장 쉬운 방법은 탠덤구조를 적용시키는 것으로, 유기 태양전지에서 더 자주 쓰이는 방법이다.

유기 및 유무기 하이브리드 태양전지에서도 기본적인 태양전지 분석법이 그대로 적용되지만, 앞서 설명한 특별한 특성들 때문에, 요구되는 몇 가지 다른 분석법들도 적용된다. 특히 염료감응 태양전지의 경우, 염료가 여기해서 전자가 TiO_2 층으로 넘어오면, 전자가 전극까지 빠져나가는데 걸리는 시간은 수마이크론까지 걸린다. 이런 현상은 나노입자 구조를 적용하는 페로브스카이트 태양전지에서도 비슷해서, IPCE를 비롯하여 LIV 측정에서도 기존 박막 태양전지와는 조금 다른 분석법을 적용한다. 본 장에서는 이런 차이에서 오는 다양한 분석법들을 설명한다.

염료감응 태양전지는 그 중에서도 특히 다른 태양전지와는 달리, 액체 전해질층을 갖는 구조로 탄생하였다. 액체전해질로 인해 생기는 전기화학적인 특성 때문에, 염료감응 태양전지는 화학적 태양전지로 불리기도 한다. 기본 일전극에서 전자가 생성되면, 이는 TiO_2를 통해 회로로 전달되고, 이는 반대전극을 통해서 전해질로 이동된 후 다시 염료에게 전달되어 한 싸이클을 이룬다. 전해질 속에서 전자가 이동되는 메카니즘은 삼요오드 음이온이 반대전극에서 전자를 받아 (일)요오드 음이온으로 변하면 이는 다시 삼요오드 음이온에게 일렬로 연결되어 $(I-I-I-I)^{n-}$형태로 변하면서 전자만 넘겨주는 채널 역할을 하게 된다. 이온 전도도의 측정은 전해질에서 이런 요오드를 통해 전자가 얼마나 빨리 전달될 수 있는지에 대한 척도가 된다. 전해질의 삼요오드와 (일)요오드 음이온들의 비는 처음에 약 1:10 정도로 맞추어 준다. 일단 태양전지가 작동하면, 염료주변의 (일)요오드 음이온들은 전자를 끊임없이 염료에게 넘겨주고, 삼요오드 음이온으로 변하게 되며, 이는 반대전극에서 전자를 끌어오는 원동력이 되는 네트워크를 형성하게 된다. 전해질에는 음이온 외에도 다양한 첨가제와 다양한 알킬체인의 양이온도 같이 함유되게 되는데, 이런 다양한 조합에 의한 전하의 이동도는 달라지게 된다. 또한, 기준 용매로 사용되는 아세토나이트라일의 경우 끓는점이 80도 정도이기 때문에, 실외 적용을 위한 장기 안정성을 확보하기 위해서는 끓는점이 높은 다른 용매들로 대체되어야 하며, 가능한 경우 고체 전해질, 졸젤 전해질 등의 응용이 가능하다. 이런 변경상황에 따른 이온전도도 측정은 필수적이다.

염료감응 태양전지에서 전해질은 고체전극과 맞닿아 있어서, 고전적인 전기화학 분석들이 그대로 적용되는 부분이 많다. 예를 들어, 임피던스 (7.5.1장에 이론 설명) 분석, 순환전류전압법 (cyclic voltammetry), Tefel plot 등이 다른 태양전지와는 다른 분석법이라 할 수 있다.

9.1.1 임피던스 해석

임피던스의 측정 및 해석은 이온 전도도를 포함하여 많은 정보를 준다. 특히 액체 전해질을 접하는 일전극과 반대전극의 구조를 갖는 염료감응 태양전지에서는 더욱 그 해석이 중요하다. 앞에서 설명한 것처럼 전자는 염료에서 여기되어 회로를 돌고, 반대전극에서 전해질을 통해 염료에게 다시 전달되어야 하는데, 일반 박막 태양전지와 달리, 계면이 상당히 많기 때문에, 전자가 계면을 이동할 때마다 상당한 저항을 받게 된다. 예를 들어, 염료와 TiO_2 사이의 계면, TiO_2 나노입자들간의 계면, 전도성소재 계면, 반대전극과 전해질 계면, 전해질과 염료 계면 등이 이에 속한다. 특히, 고체에서 액체로 이동하는 반대전극과 전해질 사이의 계면은 앞서 나열한 다른 계면과 달리 그 저항이 상대적으로 큰 값을 가진다. 따라서, 반대전극에서 전해질로의 저항 값은 염료감응 태양전지의 효율을 결정하는 중요요소가 되기도 한다. 이 반대전극에서 전해질로의 전하 이동의 저항값은 R_{ct}(charge transfer)로 정의되는데, 이 값 역시 임피던스로 결정한다. 임피던스에 대한 자세한 내용은 7.5.1절에 설명되어 있다. 임피던스의 가장 큰 장점은 비파괴 분석법으로 직류에서 분리할 수 없던 저항들을 각각의 값으로 분리할 수 있다는 것이다. 예를 들어, 염료감응 태양전지에서 직렬로 연결된 저항은 기판저항, 전해질저항 등이 있어 일반적인 저항값을 재면 총합만 계산되는데 반해, 임피던스 분석을 적용하면, 각각을 분리해낼 수 있다. 전형적인 임피던스 (Nyquist plot) 분석은 [그림 9-1]과 같다.

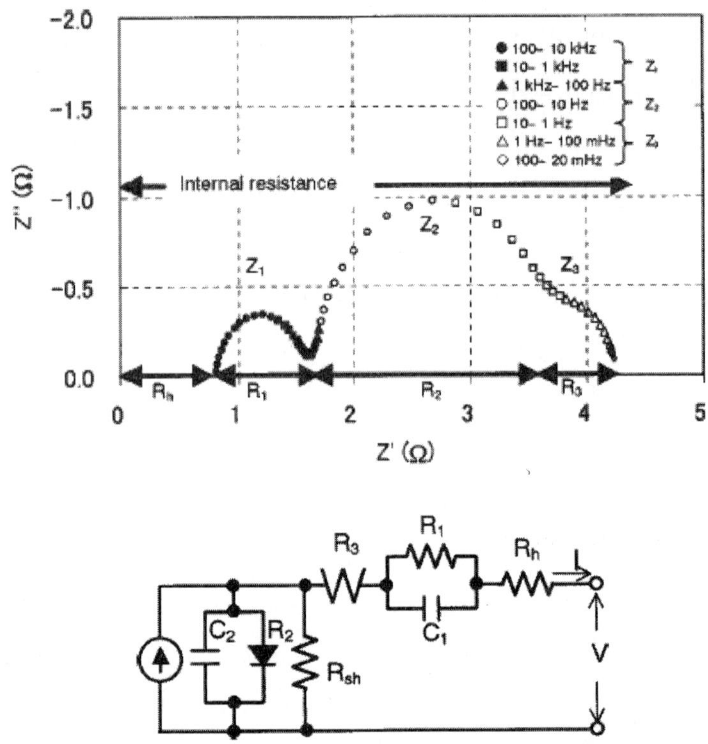

[그림 9-1] 전형적인 염료감응 태양전지의 임피던스 스펙트럼과 그에 상응하는 회로도 예시. [1]

[그림 9-1] 상단 그래프에서 왼쪽은 일반적으로 임피던스의 주파수가 높고(~ 10 kHz), 오른쪽은 주파수가 낮게 (~ 10 mHz) 표시한다. 주파수에 따라서 반응하는 계면이 다르고, 그 결과로 각 값들이 분리되는데, 왼쪽 첫 번째 반원이 반대전극과 전해질 계면의 저항이고, 두 번째 반원은 TiO_2+염료/전해질, 세 번째 반원은 전해질 내부 저항이다. 저항값의 결정은 [그림 9-1] 하단의 회로와 같은 equivalent circuit을 제안하고, 그에 맞는 값을 소프트웨어를 통해 구한다. 그러나, 그 값은 반원의 그래프에서 바로 읽는 값의 크기와도 크게 다르지 않다. 정교한 측정은 언제나 소프트웨어를 이용하여 구한다. Nyquist plot에서 얻어지는 임피던스는 윗 그림처럼 항상 세 반원이 명확하게 보이지는 않는다. 임피던스를 측정은 태양광 아래서 실험하게 되는데, 이때 생겨난 전지 내부의 전기장을 없애주기 위해 개방전압을 장비에서 역으로 걸어준 후에 약 10 ~ 20 mV 정도의 작은 변화를 주어 측정한다. 그러나, 박막전지와는 달리 염료감응 태양전지의 개방전압은 실험 도중에도 조금씩 변하는데, 이런 개방 전압을 지속적으로 모니터링하고 보정해주는 장비는 많지 않다.

Nyquist plot에서 얻어지는 저항들은 수 $\Omega \cdot cm^2$ 정도의 크기를 갖는다. 각각의 반원 중 가장 중요하게 보는 것은 첫 번째 반원인데, 이 값은 작을수록 좋다. 기준이 되는 전극은 백금 전극을 사용한 경우인데, 백금 역시 전착법, 화학적 환원법, 고온환원법, 진공증착법 등에 의해 저항값이 달라진다. 일반적으로 가장 많이 사용되는 방법은 H_2PtCl_6를 에탄올 등에 녹여서 전극에 바른 후 400도 열처리하는 방법인데, 이렇게 만들어진 전극의 경우 0.5 ~ 5 $\Omega \cdot cm^2$ 정도 값을 보인다.

두 번째 반원의 경우, 실제로 이 면을 지나야 하는 전하들은 없는 것이 좋으므로, 저항이 다소 큰 것이 유리하다. 그렇게 되면, 모든 전자들은 염료에 의해 여기되고, TiO_2로 넘어가게 되는 과정을 거친다. 이 저항이 작으면, TiO_2로 넘어온 전자들이 다시 전해질로 돌아가는 재결합과정을 일으킬 수 있다.

9.1.2 순환전류전압법 (Cyclic voltammetry, CV)

순환전류전압법은 전기화학에서 이미 많이 사용되는 분석법으로, 전압을 측정한 속도로 특정 범위를 순환시켜 전류값의 변화를 측정하는 기술이다. 유기태양전지를 위한 소재에서는 각 소재의 CV를 측정하고, 같은 조건에서 ferrocene과 ferrocenium (Fc/Fc+)의 시스템으로 검정하여 결정한다. ferrocene계에서보다 -4.4 eV 이동시켜서 값을 결정한다. 아래 예를 보도록 하자. 아래 [그림 9-2]는 cibalackrot이라는 유기태양전지에 사용되는 소재의 CV이다. referece 전극은 Ag/AgCl을 사용하였으며, LUMO와 HOMO 레벨은 각각 -3.5 eV와 -5.6 eV로 결정하며, 밴드갭은 2.5 eV이다.

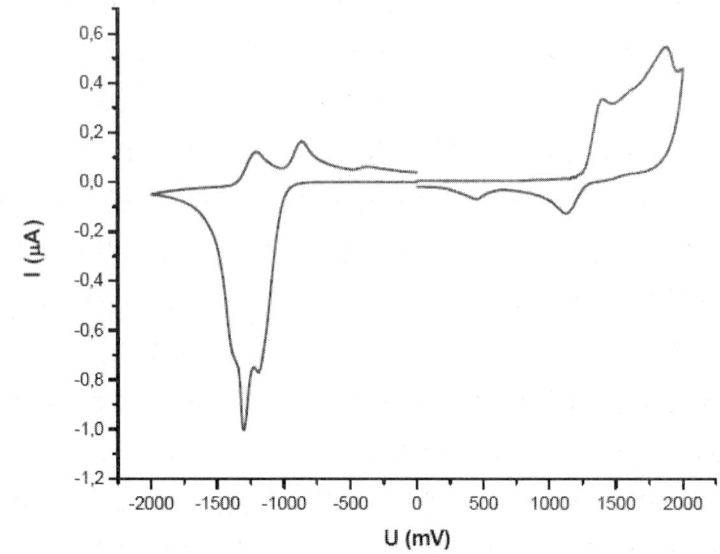

[그림 9-2] cibalackrot의 순환전류전압 곡선.

이 밖에도 CV는 표면에서 촉매성 면적을 구하는데 사용되기도 한다. Randle-Sevcik식에 의하면, 전기화학적 활성면적 (S_e)는 아래와 같이 구해진다.

$$S_e = \frac{i_{peak}}{2.69 \times 10^5 \times n^3/2D^1/2Cv^1/2}$$

i_{peak}은 전류의 피크값, n은 반응에 참여하는 전자의 개수, D는 확산상수, C는 농도, v는 스캔속도이다. 관심화학종이 같은 경우 D 상수를 알지 못해도 그 비를 계산한 수 있는 장점을 가진다. 아래는 Pt/FTO, 탄소처리된 실리콘 나노와이어 (SiNW/C), NiO가 처리된 SiNW/C 전극(NiO@SiNW/C) 전극이 염료감응 태양전지에서 반대 전극으로써의 성능을 비교하기 위해 촉매능을 비교한 것이다. 스캔속도는 50 mV/s로 얻어졌으며, 화학종은 $[Fe(CN)_6]^{4-}/[Fe(CN)_6]^{3-}$로 얻은 그래프이다. 이 결과에 의하면, 활성유효면적은 2:3:4 정도이다.

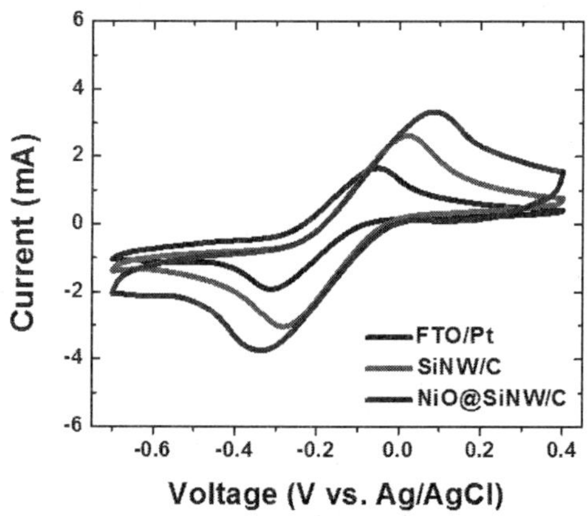

[그림 9-3] 촉매의 유효활성면적 계산을 위한 CV 측정 비교

9.2 광학적 특성 평가

9.2.1 자외선/가시광선 스펙트럼

페로브스카이트의 기본구조는 ABX_3으로써 (A, B= cation, X= anion) 페로브스카이트 구조를 갖는 물질들 중, 다양한 전자적 특성(electronic property) 때문에 산화물 계열(X=O)이 페로브스카이트 물질 연구의 주를 이루어 왔다. 2006년, 유기-무기 하이브리드 (ABX_3, A=organic, B=inorganic, X=Br, I) 페로브스카이트의 광전지 특성이 보고되고, 차세대 태양전지 물질로 각광을 받으며 태양전지 분야에서 본격적으로 적용 및 연구되어 오고 있다. 태양전지에서 쓰이는 이 페로브스카이트 태양전지의 장점 중 하나는 밴드갭 조절(bandgap tuning)이 가능하며 이는 높은 개방전압을 갖는 소자를 제작 할 수 있을 뿐만 아니라 실리콘과 다중 접합(multi-junction)을 이룬 탠덤(tandem)형 태양전지 소자 제작을 가능하게 해준다. 페로브스카이트의 전자적 특성은 결정 구조적(crystal structure) 특성과 밀접한 연관이 있으며 이러한 구조적 특성은 페로브스카이트를 이루는 물질의 크기(size factor)에 의해 제어 될 수 있다. 페로브스카이트의 전자적 특성은 B-X결합에 의해 결정되고, A 양이온은 전자적 특성에 영향을 주기보다는 자체 크기로 인한 B-X결합에 뒤틀림(distortion)을 야기하여 대칭성(symmetry)에 영향을 미친다. 각 물질

크기에 의한 페로브스카이트의 이상 입방 대칭(ideal cubic symmetry)에 영향을 미치는 정도는 tolerance factor (t)와 octahedral factor (μ)를 이용하여 정량화 할 수 있으며 이는 다음과 같다. $t=(R_A+R_X)/[\sqrt{2}(R_B+R_X)]$이며 R_A, R_B, R_X 는 각각 A,B,X의 이온 반지름이다. $\mu=R_B/R_X$ 이며 X 음이온에 대한 B 양이온의 이온 반지름 비율 정보를 제공하고 μ 값은 BX_6 옥타헤드런(octahedron)과 관련이 있다. 할라이드 페로브스카이트 경우 tolerance factor 값은 $0.85 < t < 1.11$이고 octahedral factor 값은 $\mu > 0.442$ 이다. 이 값들을 벗어날 경우 3D(three dimensional) 구조가 아닌 2D 또는 1D 페로브스카이트가 형성되거나 혹은 페로브스카이트 구조가 형성되지 않는다. 할라이드 페로브스카이트에서 주로 쓰이는 유기물질(A)은 MA(methylammonium)와 FA(formamidinium)이며, MA(1.8Å)보다 더 큰 이온 반지름을 갖는 FA(1.9-2.2 Å) 경우 페로브스카이트 구조에 대칭성을 상대적으로 더 부여하여 밴드 갭 감소로 이어지고, 이는 MA(흡수단 800 nm)보다 더 유리한 광흡수 파장영역(흡수단 840 nm)을 갖게 한다. 또한 원자 크기가 작은 할라이드(I ->Br)로 치환 할수록 흡수 스펙트럼에서 블루 쉬프트(blue shift)가 일어나 밴드 갭이 커지고 태양전지의 개방전압이 높아진다. $CH_3NH_3PbCl_3$의 경우 너무 큰 밴드갭(3.1 eV)으로 인하여 태양전지에서는 쓰이지 않는다. 아래 그래프는 $FAPb(I_{1-y}Br_y)_3$(왼쪽)와 $MAPb(I_{1-x}Br_x)_3$(오른쪽)의 Br비율증가에 따른 흡수 파장대의 변화를 UV-Vis spectrometer 분석결과를 통해 보여주고 있다.

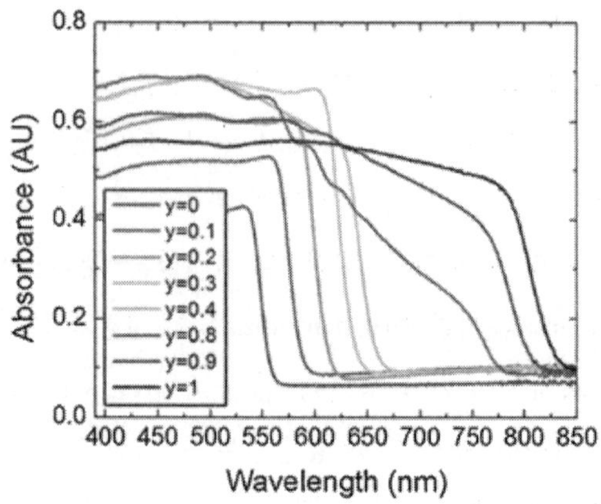

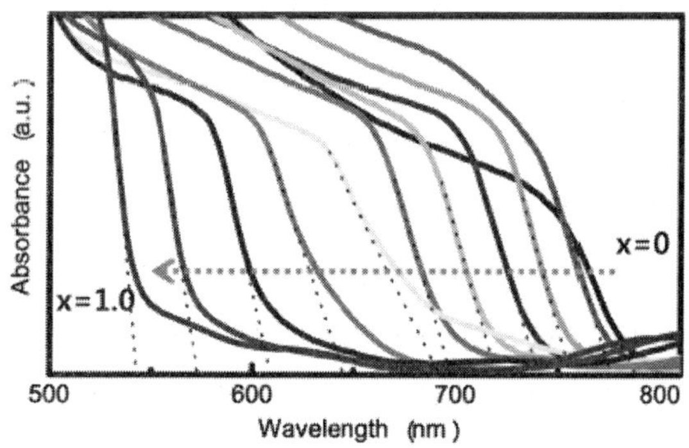

[그림 9-4] I : Br 비율에 따른 $FAPb(I_{1-y}Br_y)_3$(위)와 $MAPb(I_{1-x}Br_x)_3$ (아래)의 absorbance spectra [2]

[그림 9-4]에서 보듯, UV-Vis spectrometer분석을 통해 페로브스카이트 박막의 구성성분에 따른 흡수파장대의 변화를 알 수 있다. 이는 페로브스카이트 태양전지의 밴드 갭 변화에 따른 개방전압 제어 및 탠덤 셀에 적합한 흡수 파장대의 제어를 위한 정보를 제공 할 뿐 아니라 페로브스카이트 박막의 균일성과 커버리지에 따른 광흡수율의 변화를 알려주기에 페로브스카이트 박막 제어에 관한 근본적인 정보를 제공해준다. (특별한 언급이 없다면 페로브스카이트로 명시 된 것들은 할라이드 페로브스카이트를 의미한다.)

9.2.2 IPCE

IPCE (Incident photon to charge charrier efficiency) 측정 역시, 각 태양전지가 태양광에 반응하여 각 파장대의 빛을 얼마나 효율적으로 에너지 변환을 완성하는지 척도라고 할 수 있다. IPCE 그래프에서의 면적은 그 태양전지의 전류값과 비례한다. 박막태양전지의 경우, 빛에 의해 생겨난 전자는 매우 빠르게 이동하여 회로에 도달하는 반면, 염료감응 태양전지에서 전자의 이동은 매우 느리다. TiO_2를 따라 전극까지 나오는데 30-40 msec에 해당하기도 한다. 이는 빛을 끈 후에 전자가 얼마나 늦게까지 계속 측정되는지 transient electron spectroscopy로도 확인할 수가 있는데, 심한 경우 1초까지도 측정된다. 이에 Tian 등은 염료감응 태양전지에는 기존 방식의 IPCE 측정 방법이 적절하지 않다고 2009년 논문을 발표하였다. 기존 방식이라 함은 ASTM (American Society for Testing and Materials standard)에 기술된 방식으로, 염료감응 태양전지의 액체 전해질과의 계면에서 큰 capacitance

가 존재하기 때문에 일반적으로 얻어져야할 값보다 약 7~10% 적게 나온다고 기술하고 있다. 실제로 측정 장비의 chopping frequency에 의해 크게 의존하는데, 이 속도를 늦춰서 4에서 2 Hz까지 변화시킬 때에도 [그림 9-5]에서 보는 것처럼 20~30%까지의 변화를 보이는 경우가 많다. 실리콘 태양전지의 경우 chopper frequency에 전혀 의존적이지 않다. 기존 IPCE 측정 장비들은 대부분 실리콘이나 박막태양전지를 기준으로 측정하는 방법이 개발되어 있는 관계로, 염료감응 태양전지에 적용할 경우 변수의 결정에 신중해야 한다. 이런 결과는 페로브스카이트 태양전지에서도 어느정도는 비슷하다. TiO_2를 사용하는 시스템에서는 대부분 피할 수 없는 것으로 사료된다. 다만, 페로브스카이트 태양전지의 경우 TiO_2 박막이 수백 nm에 불과하여, 큰 차이가 보이지는 않을 것이다.

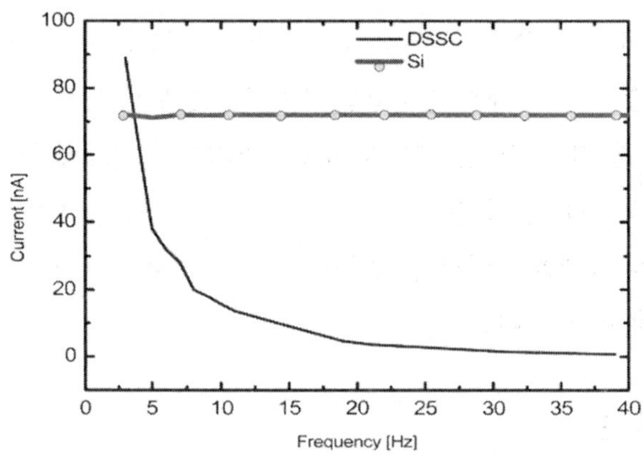

[그림 9-5] chopper frequency에 따른 전류값 차이 [3]

페로브스카이트 태양전지에서 EQE 분석시 slow transient 현상이 관측되며, slow transient 현상이란 EQE 측정시 지속적인 전류 값 감소가 일어나는 현상을 말한다. 이력현상과 마찬가지로 planar구조에서 더욱 심해지는 특징을 보인다. 이러한 현상은 광 흡수체의 광학적인 변화라기보다는 전하 추출 효율(charge extraction efficiency) 감소에 의한 영향이라고 보고되었으며, slow transient 현상에 의한 전류감소로 인하여 EQE 측정시 I-V 측정값에 준하는 전류 값을 얻는 것을 어렵게 만든다 [그림 9-6].

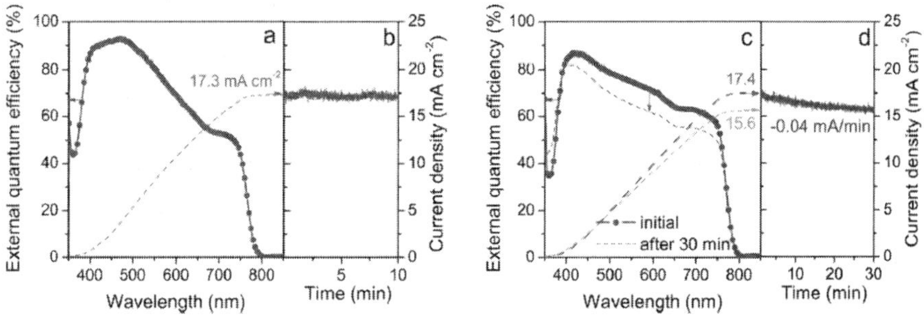

[그림 9-6] External qunatum efficiency 데이터 :(a) mesoporous구조 (c) planar구조 (b,d) 각각의 시간에 따른 전류 값의 감소 경향 [4]

9.2.3 효율측정

효율 측정시 태양전지의 작업 전극과 상대 전극의 전압차이를 일정 전위기(constant voltage generator)를 통하여 전압을 스윕(sweeping)하게 되고 이에 따른 전류 반응(current response)이 기록됨으로써 태양전지의 I-V커브가 얻어진다. 유무기 하이브리드 태양전지라고 해서, 일반 박막 태양전지의 효율 측정방법이 특별히 달라져야할 이유는 없지만, 페로브스카이트 태양전지의 경우 다소 특이한 현상을 보인다. 일정전위기에 의해서 가해지는 전압 스윕 속도가 전류 응답반응속도보다 빠른 경우 I-V커브 이력현상(hysteresis phenomena)이 관찰되며 얻어진 측정값은 정상 상태(steady-state)에서 얻어진 측정값과 다른 결과치가 얻어진다. CIGS, CdTe 그리고 비정형 실리콘 태양전지에서 높은 내부 캐퍼시턴스(internal capacitance)에 기인한 이력현상이 보고되었으며 특히 페로브스카이트 태양전지에서 I-V커브 이력현상이 두드러지게 나타난다. 페로브스카이트 태양전지 I-V커브 이력현상은 효율 측정시의 스캔 방향(scan direction)과 스캔 속도(scan rate)에 영향을 받을 뿐만 아니라 페로브스카이트 태양전지의 구조적인 차이에 의해서도 영향을 받는다. 페로브스카이트 태양전지의 이력현상은 강유전성의 유기 양전하의 재배열(reorientation of ferroelectric organic cation), 계면 전하축적(charge accumulation), 이온 연동(ion migration), 전하 운반체의 트랩/디트랩(trapping/detrapping of charge carriers) 그리고 격자구조의 왜곡에 의한 분극현상(lattice distortion-induced polarization)에 기인하는 것으로 보고되었으며 정확한 원인을 규명하기 위한 연구들이 진행 중에 있다. 또한, 효율 측정 전 지속적인 광원 노출에 의한 광 침투 효과(light soaking effect)는 측정시 태양전지의 효율 파라미터들을 향상 시키고 과장된 측정값을 야기하게 된다. 이러한 광 침투 효과는 에너지 레밸의 배열(energy level alignment) 및 결함 채움(defect filling) 등에 의한 것으로 보고되고 있다. 따라서 페로브스카이트 태양전지의 정확한 효율 측정을 위해서는 측정 조건(measurement setting) 및 측정 전의 환경(precondition) 등에 세심한 주의가 필요하다. [그림 9-7]은 이력현상에 따른 페로브스카이트 태양전지의 I-V커브를 보여주고 있다.

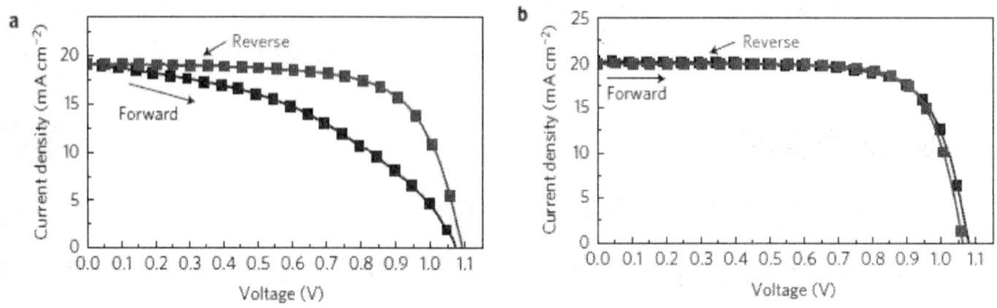

그림 9-7] 페로브스카이트 태양전지 I-V커브: (a) 이력현상이 나타나는 Planar 구조 (b) 이력현상이 없는 Mesoporous 구조 [5]

페로브스카이트 태양전지에서 I-V커브 이력현상에 의한 측정 오차를 피하기 위하여 권고되는 스캔 속도는 10 mV/s이며 정방향(forward) 스캔과 역방향(reverse) 스캔으로 효율을 각각 측정하여 측정 된 두 값의 차이가 2% 미만일 때 두 값의 중간값을 페로브스카이트 태양전지의 올바른 효율로 여긴다. 이는 정상상태에서 얻어지는 효율 값이 측정된 두 값의 중간 값과 일치하기 때문이다. 스캔 방향에 따라 얻어진 광전류 값을 통하여 이력현상을 이력현상 지수(hysteresis index)로 정량화 할 수 있으며 그 식은 다음과 같다. (H.S Kim, et al J. Phys. Chem. Lett. 2014. 5. 2927)

$$\text{hysteresis index} = \frac{J_{RS}(0.8V_{oc}) - J_{FS}(0.8V_{oc})}{J_{RS}(0.8V_{oc})}$$

여기서 $J_{RS}(0.8\ V_{oc})$는 역방향 스캔 0.8 V_{oc} 지점의 광전류 값, $J_{FS}(0.8\ V_{oc})$는 정방향 스캔 0.8 V_{oc} 지점의 광전류 값으로 정의된다. 이력현상 지수가 1에 가까울수록 이력현상의 정도가 심한 것을 나타낸다.

9.2.4 Photoluminescence measurement

태양광에 의해 생성되는 전자(electron)와 정공(hole)이 각각 직업전극과 상대전극에 도달함으로써 태양전지가 구동하게 된다. 이때 생성되는 캐리어(carrier)들의 이동거리(diffusion length)는 캐리어 라이프타임(lifetime) 동안 이동한 거리로 정의된다. 캐리어 이동거리와 라이프타임을 아는 것은 광 흡수체(light-absorber)의 물질적 특성 정보뿐 아니라 구동 메커니즘 및 태양전지 광 흡수층의 두께를 결정하는 요소가 되기에 매우 중요하다. PL(Photoluminescence)은 외부 빛 에너지원(Photon)에 의해 생성되는 전자와 홀이 결합할 때 발생하는 빛을 일컫는 것으로서 페로브스카이트 태양전지에서 시간에 따른 PL decay(time-resolved photoluminescence) 분석을 통하여 빛에 의해 생성된 박막내의 캐리어 라이프타임과 확산계수(diffusion constant)그리고 이동거리 정보를 얻을 수 있다 [그림 9-9]. PL 분석시 소광제(Quencher)와 필름 두께(film thickness)에 따른 PL decay정도가 다르기에 소광제의 선택과 균일한 필름 두께를 얻는 것은 매우 중요하다.

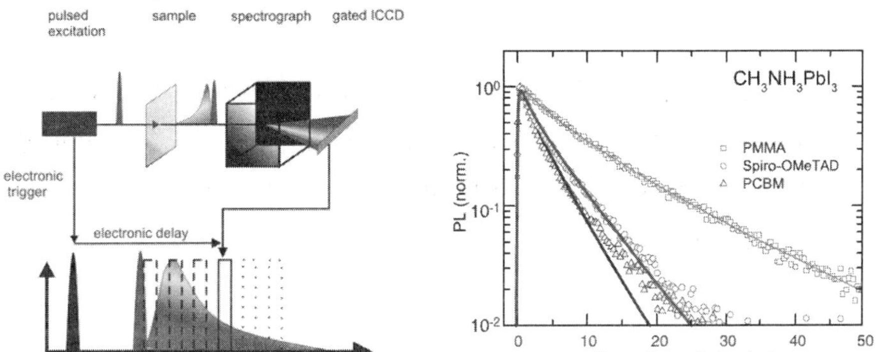

[그림 9-8] Time-resolved photoluminescence 모식도 및 결과 데이터 [6]

레이저 펄스에 의해 생성된 광 흡수층 내의 전하운반체의 밀도는 아래의 일차원 확산 방정식에 의해 구해질 수 있다.

$$\frac{\partial n(z,t)}{\partial t} = D\frac{\partial^2 n(z,t)}{\partial x^2} - kn(z,t)$$

n(z,t)는 전하 운반체의 밀도, D는 전하 운반체의 확산계수, k는 소광제가 없을 때 얻어지는 전하 운반체의 소광 속도이다. 공간좌표 z는 필름 표면에서 Quartz와 빛 흡수층 표면까지의 수직적 공간거리를 나타내며 따라서 일차원 확산이다. 펄스 레이저에 의해 여기된 초기 전하 운반체의 분포는 다음과 같이 주어진다.

$$n(z,0) = n(0)e^{-\alpha z}$$

α는 빛 흡수층의 흡수 계수(absorption coefficient)이며 다음식을 사용하여 계산할 수 있다.

$$\alpha_{film} = \frac{d_{sub}}{d_{tot}}\frac{1}{d_{film}}\ln\left(\frac{1-R_{tot}}{T_{tot}}\right) - \frac{1}{d_{sub}}\ln\left(\frac{1-R_{sub}}{T_{sub}}\right)$$

R_{sub}, T_{sub}, d_{sub}는 페로브스카이트가 형성된 필름 기판의 반사율(reflectance), 투과율(transmittance), 두께(thickness)이고 R_{tot}, T_{tot}, d_{tot}는 기판과 페로브스카이트 박막의 반사율, 투과율, 두께이며 d_{film}은 페로브스카이트 박막의 두께이다. 캐리어 이동거리는 다음과 같다.

$$L_D = \sqrt{D\tau}$$

D는 확산계수이고 τ는 캐리어 라이프타임으로써 소광제가 없을 때 얻어지는 값으로 한다. TRPL 분석에서 아이오다이드로 형성된 페로브스카이트의 전하이동 거리는 약 130 ㎚정도이며 혼합할라이드 페로브스카이트 태양전지의 경우 전하이동거리가 1 ㎛이상으로 보고가 되었다. 전하이동거리의 차이로 인하여 최적화된 박막의 두께가 달라지며 이는 혼합할라이드 페로브스카이트 태양전지에서 상대적으로 더 두꺼운 박막 두께(~500 nm)에도 불구하고 높은 효율을 낼 수 있는 요인이 된다.

9.2.5 Electron beam induced current

EBIC는 태양전지 광흡수체에 전자빔(electron beam)을 가하여 다중 전자와 홀 쌍을 만든다. 만약, 전자와 홀을 분리시킬 수 있는 내부전계(a built-in electric field)가 형성되어 있다면 전자와 홀이 각각 분리되어 전극에 도달함으로써 전류가 생성된다. 생성된 전류는 외부에서 측정되며 빔의 위치가 움직이면서 전하분리가 일어나는 위치를 찾아 피크(peak)값으로 주어지게 된다. 이를 통해 태양전지내의 구동 메커니즘을 알 수 있으며, 또한 전자와 홀의 이동거리를 알 수가 있다. EBIC signal에서 두 개의 피크가 관측되는데, 하나는 메탈 옥사이드(TiO_2)와 페로브스카이트 계면과 또 다른 하나는 페로브스카이트와 HTM(hole transport material)계면에서 관측된다. 이는 발생된 전자와 홀이 각각 메탈 옥사이드와 HTM으로 빠져 나가는 것을 의미한다. 페로브스카이트 태양전지 EBIC분석은 페로브스카이트 태양전지가 수소화 비정질 실리콘(a-Si:H)과 같은 p-i-n 접합인 것을 보인다. EBIC에서 측정된 전자와 홀의 이동거리는 TRPL (time resolved PL)에서 측정되는 값 보다 큰 값이 관측되는데 이는 EBIC에서는 광에 의한 여기자 측정값이 아닌 완전히 갖춰진 소자 내의 내부전계에 영향을 받는 자유 캐리어를 측정하는 측정방법의 차이 때문으로 여겨진다. 아래의 [그림 9-9]는 EBIC 분석의 모식도와 EBIC분석에서 얻어진 EBIC signal을 나타내고 있다.

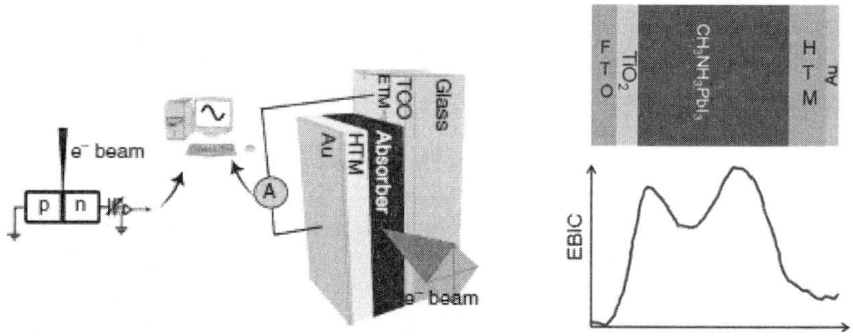

[그림 9-9] Electron beam induced current 모식도(왼쪽) 및 빔 위치에 따른 EBIC signal 데이터(오른쪽) [7]

9.3 구조적 특성 평가

9.3.1 Scanning electron microscope

페로브스카이트 태양전지의 전체적인 성능을 결정하는 가장 중요한 인자는 페로브스카이트 박막의 형태이며, 페로브스카이트 태양전지의 유례없는 발전 속도는 박막 제어기술의 혁신을 통하여서 이루어졌다. 특히, 페로브스카이트 결정 입자 크기는 소자 성능에 직접적인 영향을 주는 것으로 보고가 되었으며, 이는 페로브스카이트 결정 입자 경계면상에 결함들이 존재 할 확률이 높고, 이러한 결함들은 캐리어들의 재결합지점으로 작용하여 페로브스카이트 태양전지의 V_{oc}와 J_{sc} 감소 요인이 된다. 따라서 페로브스카이트 박막의 형태 분석은 페로브스카이트 태양전지에서 필수적인 분석으로 SEM(scanning electron microscope)을 통한 박막분석은 반드시 선행되어야만 한다. SEM 분석은 시료의 표면에 전자빔을 가하여 튀어나오는 2차 전자들을 탐지함으로써 시료의 표면의 기하학적인 모형을 이미지로 얻거나 SEM 장비에 탑재된 energy dispersive X-ray spectroscopy(EDX)를 활용하여 구성성분 분석이 가능하다. SEM분석에서 가장 우선시되는 부분은 핀홀(pinhole)의 형성정도와 결정입자의 크기 그리고 표면 커버리지 분석이다. 핀홀의 형성과 낮은 박막 커버리지는 션트저항을 낮추는 역할 및 광 흡수율저하로 이어질 수 있다. 위에서 언급된 바와 같이 작은 결정입자는 소자의 성능 뿐 아니라 페로브스카이트 태양전지의 이력현상의 주범이 될 수도 있다. 아래 SEM이미지는 균일하게 형성된 페로브스카이트 박막과 핀 홀이 형성된 페로브스카이트 박막을 보여준다.

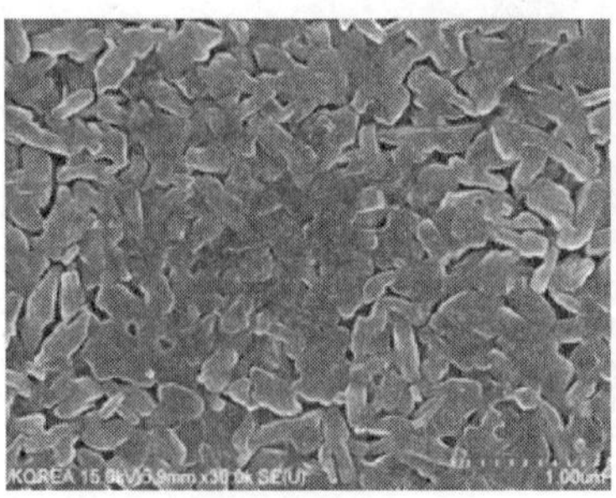
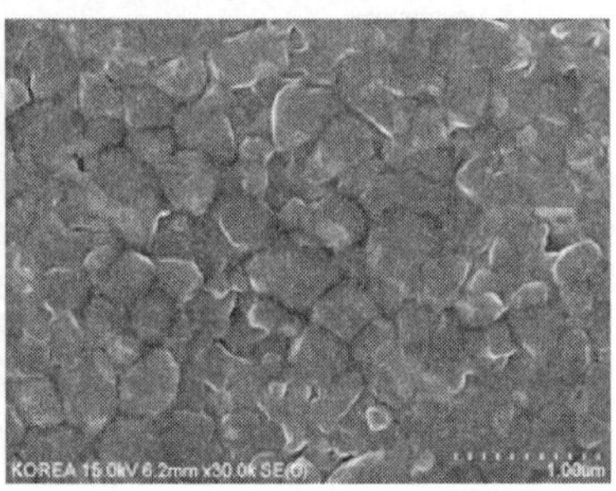

[그림 9-10] 균일하게 형성 된 페로브스카이트 박막 SEM사진 (왼쪽)과 핀홀 및 낮은 박막 커버리지를 갖는 페로브스카이트 박막 SEM사진(오른쪽)

페로브스카이트 박막의 전반적인 형태는 결정입자핵생성과 관련이 있다. 결정입자핵생성은 용액의 농도, 전구체의 종류, 용매의 종류, 용액과 기판의 온도 그리고 기판 계면과 전구체용액의 상호작용(substrate interfacial interaction)에 영향을 받는다. 페로브스카이트 박막의 거칠기를 분석하기 위한 분석법으로는 AFM(Atomic Force Measurement)분석법 등이 있다.

9.3.2 XRD

앞서 언급한 바와 같이 페로브스카이트 박막 형태는 소자 성능과 밀접한 연관이 있으며, 형태는 결정구조에 의존적인 경향을 나타낸다. 페로브스카이트 태양전지에서 페로브스카이트 물질은 다결정질(polycrystalline)로 얻어지며 결정입자의 배향성(orientation) 및 결정입자의 성분에 따라 형태가 변하고 소자의 성능이 달라진다. 따라서 XRD(X-ray diffraction)분석을 통한 물질의 결정입자의 배향성 및 결정입자의 성분 분석 정보는 페로브스카이트 태양전지의 분석에 있어 핵심정보를 제공한다. 통상적으로 페로브스카이트 전구체를 기판위에 코팅 후 100℃에서 열처리를 실시한다. 페로브스카이트 결정 형성은 매우 빠른 반응으로 생성되지만 과량의 유기 할라이드가 도입되거나 2종의 할라이드를 사용한 혼합형 페로브스카이트에서는 결정 형성 속도가 매우 느려지게 되고, 열처리 과정 중 다양한 상들의 변화가 일어나게 된다. 열처리 시간에 따른 XRD분석을 실시함으로써 이러한 상들의 변화를 관측 할 수 있다.

열처리 과정 중 상들의 변화가 일어나는 이유는 유기 할라이드의 승화, 메틸암모늄의 흡습성에 의한 조해(수분 존재시), 할라이드 물질의 교환 반응 및 할라이드 크기에 따른 페로브스카이트의 구조 형성의 안정성 등에 기인하며 페로브스카이트 결정입자들이 열처리 과정 중 안정화된 상태에 도달하게 되면 상들의 변화는 더 이상 잃어나지 않으나 만약 수분이 존재하게 된다면 지속적인 페로브스카이트의 분해가 발생되어 PbI_2가 형성된다. XRD 분석에서 가장 먼저 우선시되는 확인 사항은 PbI_2 및 페로브스카이트 중간상들의 확인 유무이며 이는 일반적으로 PbI_2의 넓은 밴드갭(2.3 eV)으로 인한 전자의 이동방해와 중간상 존재시 구조성분의 불안정성에 기인하는 소자 성능의 저해요소로 작용 할 수 있기 때문이다. 다음 [그림 9-11]은 Cl이 첨가된 믹스드 할라이드 페로브스카이트 시스템에서 열처리 시간에 따른 페로브스카이트의 상변화 XRD 그래프를 보여준다.

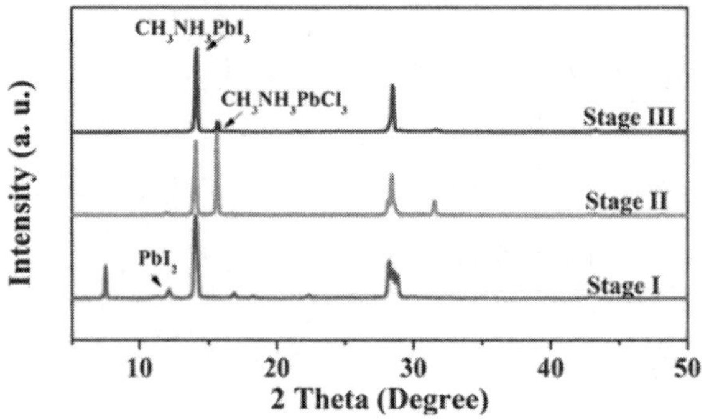

[그림 9-11] $CH_3NH_3PbI_{3-x}Cl_x$ 페로브스카이트의 열처리 과정 중 시간에 따른 상변이 XRD 그래프 [8]

또한, 페로브스카이트 결정상(crystal system)은 온도가 증가함에 따라 대칭성이 증가하는 결정상으로의 전이(transition)가 일어나며 $CH_3NH_3PbI_3$의 상전이는 160K에서 Orthorhombic (Pnma, No.62)-> Tetragonal (I4/mcm, No.140), 330K에서 Tetragonal (I4/mcm, No.140) -> Cubic ($Pm\bar{3}m$, No.221)으로 일어난다. 이는 페로브스카이트 박막 열처리 과정 중 상전이가 일어나게 되며, 열처리가 끝난 후, 열처리에 따른 tetragonal-pseudocubic 상이 페로브스카이트 박막 안에 특정 비율로 존재 할 수 있음을 암시한다. 페로브스카이트 박막 내의 다른 결정상들의 존재는 DSC(Differential Scanning Calorimetry)분석을 통해 확인 가능하며, 페로브스카이트 박막의 온도에 따른 열량의 출입을 통해 박막 내의 상전이를 확인 할 수 있다.

9.3.3 TGA

페로브스카이트 박막 형성시 열처리 과정을 거치게 되며 이 과정 중 용매의 증발과 함께 응집이 발생하고 과량의 유기 할라이드 물질의 승화와 함께 균일하며 높은 질의 페로브스카이트 박막을 얻을 수 있다. 질소 분위기하 유기염화물(CH_3NH_3Cl)와 유기요오드물(CH_3NH_3I)의 승화는 각각 190℃와 230℃이상에서 일어나지만 페로브스카이트 박막 형성 중 이들 물질의 승화온도는 유기염화물 경우 90℃, 유기요오드물 경우 130℃ 까지 내려간다. 승화 과정은 열역학적으로 영차 반응(zero-order kinetic)으로 일어나며 승화 온도가 낮아지는 이유는 페로브스카이트 구조의 열적 불안정성에 기인하는 것으로 보인다. 또한, 기본 물질인 납할로젠화학물(PbX_2 X=Cl, Br, I)의 음이온을 다른 승화성이 있는 물질로 치환함으로써 열처리 과정 없이 균질의 페로브스카이트 박막을 얻을 수도 있다. 유기 할라이드 물질의 승화정도는 TGA(Thermogravic analysis)분석을 통해 알 수 있으며 승화 엔탈피 ΔH_{sub}는 Clausius-Clapeyron 관계식을 활용하여 다음과 같이 주어진다.

$$\ln p = -\frac{\Delta H_{sub}}{R}\left(\frac{1}{T} - \frac{1}{T_{sub}}\right)$$

R은 기체상수이고, p는 증기압이며 lnp vs 1/T 그래프에서 y 절편과 기울기에 관한 값으로 주어진다. 승화 온도는 질량 감소가 20% 되는 지점으로 한다. 유기 할라이드와 무기 할라이드의 승화 온도 차이를 통해 최종 형성된 페로브스카이트 박막의 구성 성분의 비율 분석이 가능하며 이는 페로브스카이트 형태에 영향을 미치는 화학 물질 요소를 분석 할 수 있게 해준다.

연습문제

1 염료감응 태양전지의 전기화학적 분석 중 임피던스 분석으로 얻을 수 있는 정보에 대해 설명하시오. 기본적으로 확인되는 세 개의 반원은 각각 어떤 정보를 가지고 있는지 설명하시오.

2 페로브스카이트 태양전지의 효율측정을 위한 권고 실험 방안을 설명하고, 그렇게 측정해야 하는 이유를 간단히 기술하시오.

3 페로브스카이트 태양전지에서 혼합할라이드 전구체를 이용하여 태양전지를 제조하는 경우, 다공성 TiO_2 층을 이용하지 않고 얇은 TiO_2 박막 ($TiCl_4$처리 등으로 구현)만으로도 높은 효율이 보고되고 있다. 가장 큰 이유는 무엇인지, 어떤 측정으로 분석이 가능한지 기술하시오.

4 유기화학물에서 순환전류전압법을 통한 HOMO, LUMO 결정법을 정리하고, 밴드갭을 계산하시오.

참고문헌

[1] Liyuan Han et al., Appl. Phys. Lett. 2004, 84(13), 2433.

[2] G.E Eperson, et al Energy Environ. Sci. 2014. 7. 982, J.H Noh, et al Nano Lett. 2013. 13. 1764

[3] H. Tian et al. J. Phys. D: Appl. Phys., 2009, 42, 045109.

[4] E.L Unger, et al Energy environ. Sci. 7.2014. 3690

[5] N.J Jeong, et al. Nat. Mater. 13. 2014. 897

[6] S.D Stranks, et al Science 2013. 342. 341

[7] E Edri, et al, Nature communications 5, 2014, J Shi, et al, smll.201403534

[8] H. Zhou, et al, Science 345 (2014) 542

제 10 장

태양광발전시스템 평가 및 PCS 인증 평가

제10장

태양광발전시스템 평가 및 PCS 인증 평가

10.1 태양광발전시스템 구성 요소 기기

10.1.1 태양광발전시스템의 구성 요소

태양광발전시스템은 수요자에게 항상 필요한 전기를 공급하기 위하여 태양전지모듈을 직·병렬로 연결한 태양광발전 어레이와 출력 조절 장치(Power Conditioning System, PCS) 등의 주변 장치로 구성되며, 독립적으로 사용해야 할 경우에는 축전지와 충방전 제어장치, 전력조절장치 등의 주변장치도 추가 포함된다.

태양전지 어레이는 엄밀히는 태양전지모듈뿐만 아니라, 직·병렬접속을 위한 접속함과 보호 장치, 모듈을 설치하기 위한 가대, 그리고 가대의 기초나 주위를 둘러 싼 것을 포함한 하나의 직류발전 전체를 말한다.

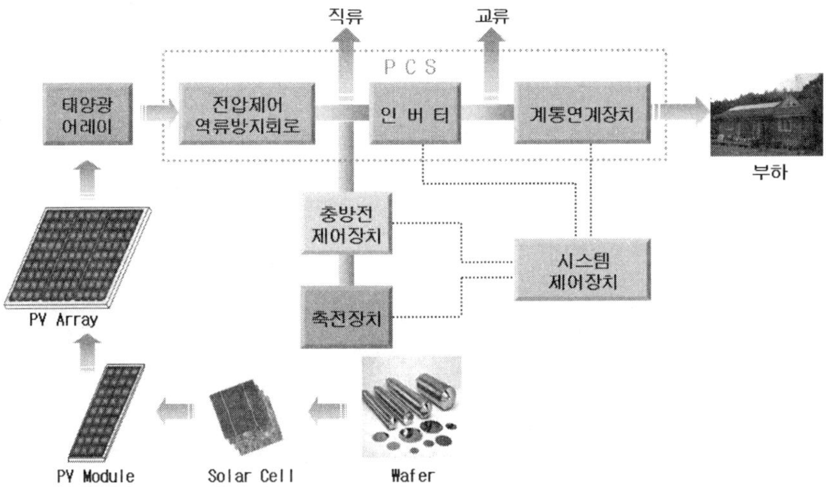

[그림 10-1] 태양광발전시스템 기본 구성도

이와 같이 태양광발전시스템은 폴리실리콘-잉곳-웨이퍼-태양전지-모듈로 구성된 최초의 발전장치를 포함한 어레이, 접속함, PCS 등 여러 가지 요소기기로 구성되어 있으며, 각각의 구성요소기기는 다음과 같이 설명할 수 있다.

10.1.1.1 태양광 어레이(Photovoltaic array)

일반적으로 현재 상용화되어 있는 기술로써 하나의 태양전지모듈이 발전할 수 있는 최대전력은 500 W 미만으로, 더 큰 발전전력이 필요한 경우에는 거치대(또는 가대)를 통해 다수의 태양전지모듈을 설치하여 견고하게 고정한 후 직렬 또는 병렬 연결된 형태로 결선한다. 이것을 태양광 어레이라고 하며. 이러한 연결 형태를 스트링(string) 또는 어레이 군이라고 한다.

[그림 10-2] 태양광 어레이의 구성 예

10.1.1.2 직류(DC) 접속함

하나의 스트링은 지나치게 높은 전압이 생성되지 않도록(일반적으로 1000 V 이하) 직렬연결 수가 제한된다. 따라서 보다 큰 전력의 생성을 위해서는 다수의 스트링을 직류(DC) 접속함을 통해 병렬로 연결하여야 한다.

DC접속함에는 개별 스트링을 보호하기 위해 역전류방지 다이오드(blocking diode)와 퓨즈(fuse), DC차단기 등으로 구성될 수 있다.

[그림 10-3] DC 접속함 구성 예

10.1.1.3 인버터(inverter) 또는 PCS(Power Conditioning System)

일반적으로 가정 및 진력망에서 사용되는 부하는 교류(AC) 전력을 이용하므로 태양광 어레이에서 발생되는 DC 전력을 AC 전력으로 변환하는 장치인 PCS(태양광 인버터)가 필요하다. PCS는 상용계통의 연계 유무에 따라 계통연계형과 독립형으로 구분된다.

계통연계형 PCS는 상용계통과 연계되기 때문에 출력 전압과 주파수를 계통과 동기화시키는 제어가 필수적이며, 계통사고시의 보호협조를 위한 단독운전 검출 등의 보호기능이 부가된다.

독립형 PCS의 경우 상용계통과 별개로 독립된 전력시스템으로 구성되며, 일사량에 따라 발전전력이 가변되므로 출력 전압과 주파수를 일정하게 유지하기 위해 PCS 외에 배터리 및 충전장치가 부가되어야 한다.

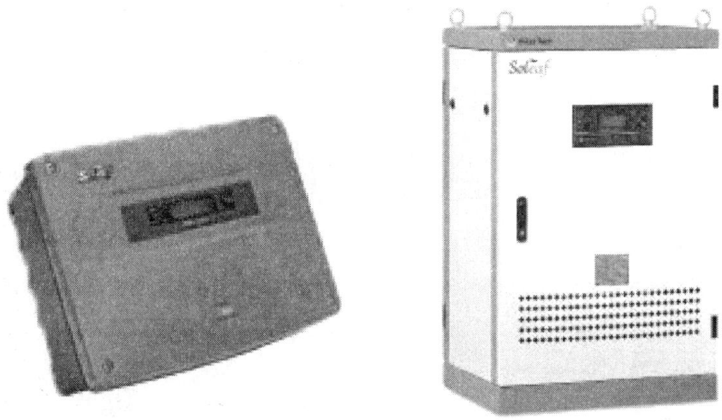

[그림 10-4] 계통연계형 및 독립형 PCS 제품 예

10.1.1.4 배터리 충전장치(Battery charging controller)

태양전지는 비·눈 또는 구름에 의해 태양광이 비치지 않는 날과 밤에는 전기를 발생하지 않을 뿐만 아니라 일사량의 강도에 따라 불균일한 직류전기가 발생되므로, 독립형 태양광발전시스템은 모듈을 직·병렬로 연결한 태양전지 어레이(photovoltaic array)와 안정된 전기공급을 위한 전력조절기(power controller)와 여분의 전력을 저장하는 축전지(storage battery)가 필요하다.

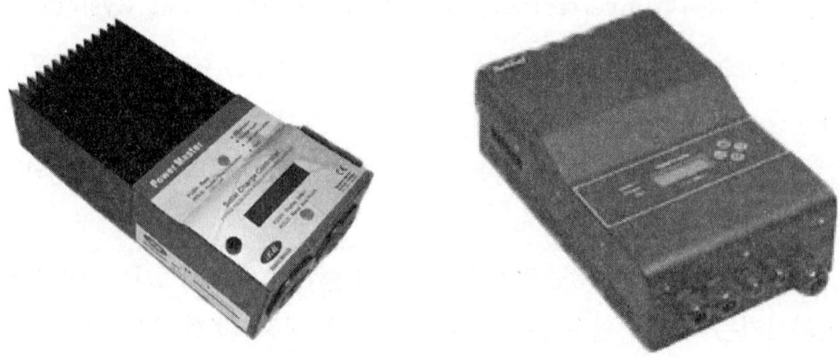

[그림 10-5] 배터리 충전장치 제품 예

10.1.1.5 계측 모니터링 시스템

모니터링 시스템은 가정에서 사용하는 전력량계와 마찬가지로 태양광발전시스템에 대한 발전량을 계측하거나 고장 유무를 판단하기 위해 설치되는 시스템으로 PCS에 내장하거나 별도의 계측시스템을 구성할 수도 있다.

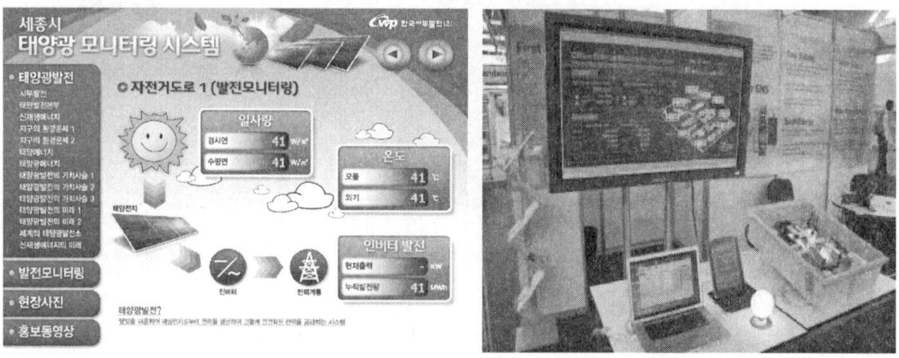

[그림 10-6] 계측 모니터링 시스템 구성 예

10.2 PCS 성능 및 인증평가

10.2.1 PCS 성능 및 인증평가 개요

본 절에서는 신재생에너지 설비심사 세부기준 중 소형 태양광발전용 인버터의 인증 시험 규격(KS C 8564)을 기준으로 PCS 성능평가를 통한 인증의 구체적인 절차에 대하여 살펴본다. 이 규격은 정격출력 10 kW(직류입력전압 1,000 V 이하, 교류출력전압 1,000 V 이하) 이하인 소형 태양광발전용 인버터(계통연계형, 독립형)의 시험 방법 및 평가기준에 대해 규정하고 있다.

검사항목으로는 구조시험, 절연성능시험, 보호기능시험, 정상특성시험, 과도응답특성시험, 외부사고시험, 내전기 환경시험, 내주위 환경시험, 전자기적합성(EMC) 등의 시험을 수행하며, 계통연계형 PCS의 경우 내주위환경시험 항목 중 부하 불평형시험을 제외한 모든 시험을 실시하며, 독립형 PCS의 경우 계통연계와 직접적으로 관련된 시험 항목은 제외한다. 성능인증을 위한 세부 시험항목을 〈표 10-1〉에 도표로 나타내었다.

성능평가를 위한 시험회로는 [그림 10-8]과 [그림 10-9]에 도시하였다. 독립형이며 교류 출력인 경우는 [그림 10-8(a)], 독립형이며 직류 출력인 경우는 [그림 10-8(b)], 계통연계형의 통상적인 시험과 외부사고 시험의 경우 [그림 10-9(a)]와 [그림 10-9(b)]를 사용한다.

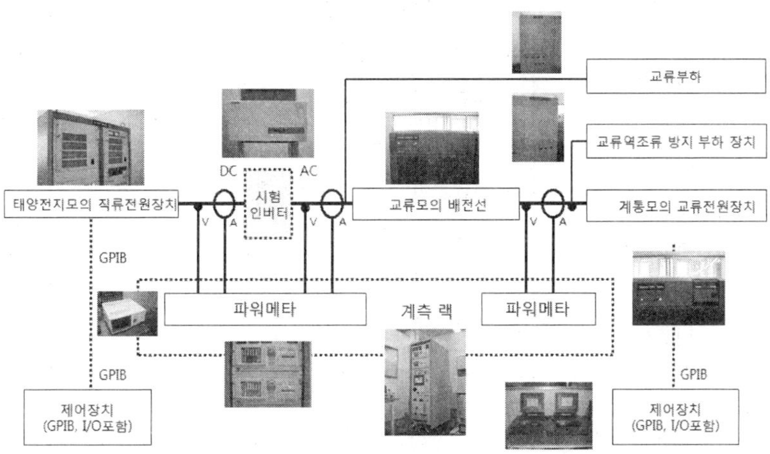

[그림 10-7] PCS 성능평가시스템 구성도

〈표 10-1〉 태양광 발전용 독립형/연계형 인버터의 시험항목

시 험 항 목		독립형	계통연계형
1. 구조시험		○	○
2. 절연성능 시험	a) 절연저항시험	○	○
	b) 내전압시험	○	○
	c) 감전보호시험	○	○
	d) 절연거리시험	○	○
3. 보호 기능 시험	a) 출력 과전압 및 부족전압보호 기능시험	X	○
	b) 주파수상승 및 저하보호기능 시험	X	○
	c) 단독운전 방지기능시험	X	○
	d) 복전후일정시간투입방지기능 시험	X	○
4. 정상특성 시험	a) 교류전압, 주파수 추종범위 시험	X	○
	b) 교류출력전류 변형률 시험	X	○
	c) 누설전류시험	○	○
	d) 온도상승시험	○	○
	e) 효율시험	○	○
	f) 대기손실시험	X	○
	g) 자동기동·정지시험	X	○
	h) 최대전력 추종시험	X	○
	i) 출력전류 직류분 검출 시험	X	○
5. 과도응답 특성시험	a) 입력전력 급변시험	○	○
	b) 계통전압 급변시험	X	○
	c) 계통전압위상 급변시험	X	○
6. 외부사고 시험	a) 출력측 단락시험	○	○
	b) 계통전압 순간정전·강하시험	X	○
	c) 부하차단시험	○	○
7. 내전기 환경시험	a) 계통전압 왜형율내량시험	X	○
	b) 계통전압불평형시험	X	○
	c) 부하불평형시험	○	X
8. 내주위 환경시험	a) 습도시험	○	○
	b) 온습도사이클시험	○	○
9. 전자기적합성 (EMC)	a) 전자파 장해(EMI)	○	○
	b) 전자파 내성(EMS)	○	○

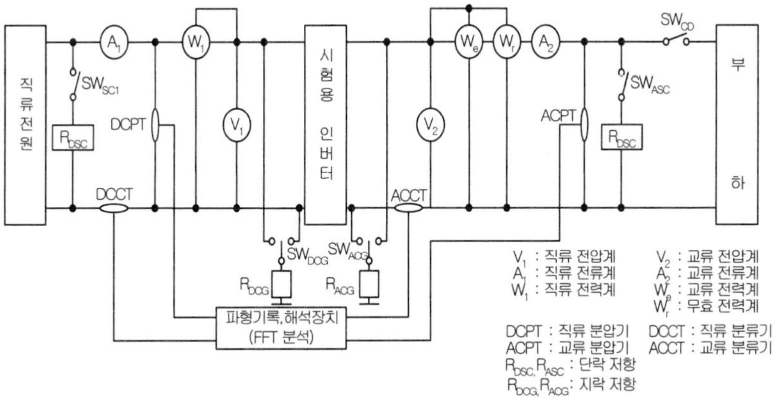

[그림 10-8(a)] 태양광발전용 독립형 인버터 시험회로(교류 출력의 경우)

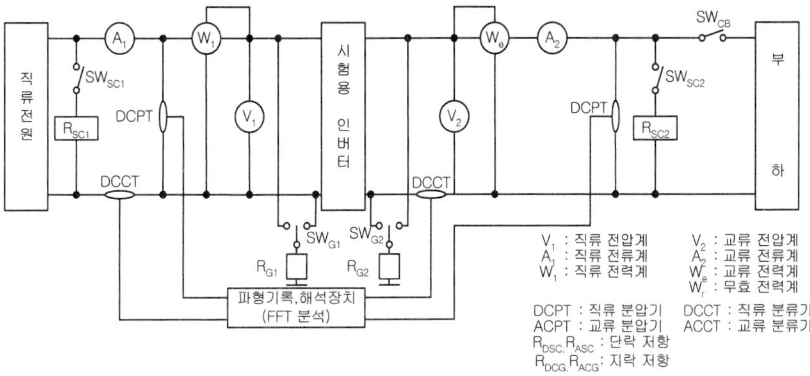

[그림 10-8(b)] 태양광발전용 독립형 인버터 시험회로(직류 출력의 경우)

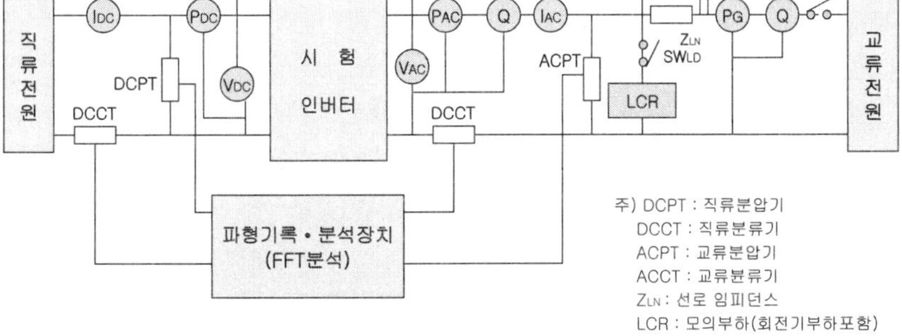

[그림 10-9(a)] 태양광발전용 계통연계형 인버터의 시험 회로 I

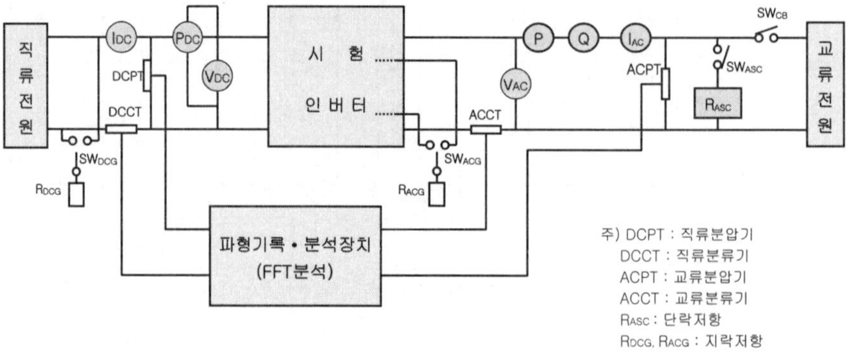

[그림 10-9(b)] 태양광발전용 계통연계형 인버터의 시험 회로 Ⅱ

10.2.2 PCS 성능 및 인증평가의 세부 항목

10.2.2.1 성능평가 세부 항목

본 절에서는 소형 태양광발전용 인버터 성능 및 인증평가를 위한 세부 시험항목에 대하여 설명한다.

〈표 10-2〉 구조 시험

기술적인 요건	시험 방법
KS C 8536의 9 규정에 따르며 출력전류는 실제 값과 오차가 3% 이내일 것. * KS C 8536의 9절의 내용 1) 전기회로의 충전부는 노출하지 않을 것 2) 외함은 기계적 강도와 내후성을 가질 것 3) 수납된 기기의 최고 허용온도를 초과하지 않는 구조일 것 4) 태양전지를 병렬로 접속하는 경우 과전류 차단기 또는 단락전류를 견딜 수 있을 것 * KS C 8536의 13절의 내용 명판부착(종류,제조자명,제조번호, 표준어레이출력, 설비능력,제조년월 등)	KS C 8536의 9절을 따르고, 출력계측을 위한 장치(CT 등)의 정확도는 3% 이내여야 한다.

〈표 10-3〉 절연성능 시험

기술적인 요건	시험 방법
a) 절연저항 시험 ·절연저항은 1 MΩ이상일 것.	입력 단자 및 출력 단자를 각각 단락하고, 그 단자와 대지간의 절연 저항을 측정한다. KS C 1302에서 규정하는 대로 시험품의 정격전압이 300 V 미만에서는 500 V, 300 V 이상 600 V 이하에서는 1,000 V의 절연 저항계를 사용해 측정한다. 단, 필요시 해당 시험을 할 때만 바리스터, Y-CAP, 서지 보호부품을 제거한다.
b) 내전압 시험 ·시험 후 운전 성능상의 이상이 생기지 않을 것.	입력 쪽은 입력 단자를 단락하고 그 단자와 대지사이에 입력 정격전압(E1)에 따라 50 V 이하에서는 500 Vrms,, 50 V 이상에서는 (2*E1 +1000) Vrms의 크기를 갖는 상용주파수의 교류전압을 1분간 인가한다. 출력 쪽은 출력단자를 단락하고, 그 단자와 대지사이에 출력 정격전압(E2)에 따라 (2*E2+1000) Vrms 상용주파수의 교류전압을 1분간 인가한다. 단, 필요시 해당 시험을 할 때만 바리스터, Y-CAP, 서지 보호부품은 제거한다.
c) 감전보호시험 ·테스트 핑거 및 테스트 핀에 의한 시험에서 25 Vac 또는 60 Vdc 이상의 충전부와 접촉되지 않아야 한다. ·충전부는 외함 또는 최소한 KS C IEC 60529에 의한 IP2X(고체 침투에 대한 보호등급)의 요구사항에 적합한 보호벽을 가져야 한다. 쉽게 접근 가능한 외함 또는 보호벽의 표면은 실내형의 경우 IP20 이상, 실외형의 경우 IP44 이상이어야 한다.	인버터 충전부와의 접촉으로부터 감전 보호 시험하기 위해 IEC 61032에서 규정한 테스트 핑거 및 테스트 핀 시험을 통해 판정한다. 테스트 핑거에 의한 시험은 30 N의 힘으로 인가하여 실시한다.
d) 절연거리시험 ·공간거리 및 연면거리가 KS C IEC 60664 및 60664-1의 규정을 만족하며, 임펄스 전압에 대한 내성을 가질 것	공간거리 및 연면거리가 KS C IEC 60664 및 60664-1의 규정을 만족할 것

〈표 10-4〉 보호기능 시험

<table>
<tr><th>기술적인 요건</th><th>시험 방법</th></tr>
<tr><td>a) 출력 과전압 및 부족 전압 보호 기능 시험
· 출력 과전압 보호등급은 공칭전압의 +10%(허용오차 ±2%)로 하고, 출력 부족전압 보호등급은 공칭전압의 −12%(허용오차 ±2%)로 한다.</td><td>인버터를 정격 전압, 정격 주파수 및 정격 출력으로 운전한 상태에서 다음 표에서 규정한 공칭전압 범위를 이용하여 다음과 같이 실시한다. 모의 계통전원을 조정하여 출력 전압을 서서히 상승시켜 인버터가 정지하는 등급(출력 과전압 보호 등급)을 측정한다. 정상 운전 전압범위는 공칭전압의 88~110%로 한다.
<table>
<tr><th>전압 범위(기준전압대비 %)</th><th>고장 제거 시간(초)</th></tr>
<tr><td>V 〈 50</td><td>0.16 이내</td></tr>
<tr><td>50 ≤ V 〈 88</td><td>2.00 이내</td></tr>
<tr><td>110 〈 V 〈 120</td><td>2.00 이내</td></tr>
<tr><td>V ≥ 120</td><td>0.16 이내</td></tr>
</table></td></tr>
<tr><td>b) 주파수 상승 및 저하 보호 기능 시험
· 주파수 상승 보호등급은 표준주파수의 +0.5 Hz(허용오차는 ±0.05 Hz)로 하고, 주파수 저하 보호등급은 표준주파수의 −0.7 Hz(허용오차는 ±0.05 Hz)로 한다.</td><td>인버터를 정격 전압, 정격 주파수 및 정격 출력으로 운전하는 상태에서 다음 표에서 규정한 주파수 범위 및 시간을 만족하는지 시험한다.
<table>
<tr><th>주파수 범위 (Hz)</th><th>고장 제거 시간</th></tr>
<tr><td>〉 60.5</td><td>0.16 이내</td></tr>
<tr><td>〈 59.3</td><td>0.16 이내</td></tr>
</table></td></tr>
<tr><td>c) 단독운전 방지기능 시험
· 단독운전을 검출하여 0.5초 이내에 개폐기 개방 또는 게이트 블록 기능이 동작할 것.

* 단독운전이란
· 인버터의 발전전력과 계통과 병렬로 연결된 부하전력이 일치하는 경우 계통정전 상황에서도 전압 및 주파수가 유지되어 발전을 지속하는 현상</td><td>시험회로는 그림 9(a)로 하고, 다음 그림을 참조한다. Quality Factor(Q_f)는 1로 지정하며 수식은 다음과 같다. $Q_f = \sqrt{Q_L \times Q_C} / P_R$
여기서, $P_R = R$에서 소비하는 유효전력, $Q_L = L$에서 발생하는 무효전력, $Q_C = C$에서 발생하는 무효전력을 의미
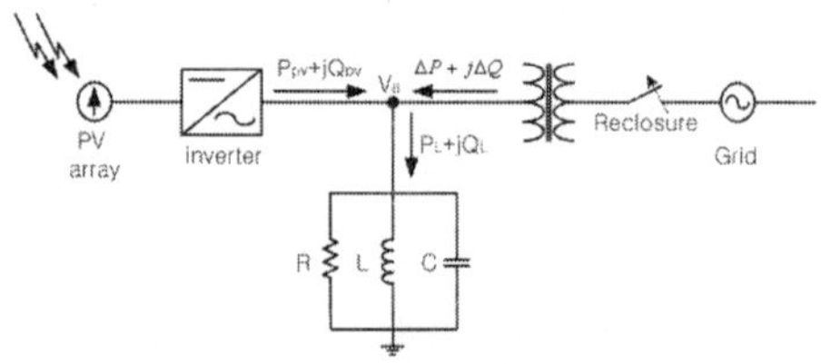

1) 인버터 출력전력에 대한 유효전력의 차(△P = PPV − PL) 와 무효전력의 차(△Q)가 0%가 되도록 부하를 조정하여 SWCB를 개방하여 인버터가 정지하는 시간을 측정
2) RLC 부하를 가변하여 △P와 △Q를 ±5%, ±10%의 조합을 통해 시험 1) 반복
3) 정격출력의 55%, 30% 수준으로 출력을 설정하여 1),2) 항목을 반복한다</td></tr>
</table>

d) 복전 후 일정시간 투입 방지 기능 시험 · 복전해도 5분 이상 재운전 하지 않을 것.	계통이 정전에서 복전한 후 일정시간동안 인버터의 재투입 방지 기능 특성에 관해서 시험한다.

〈표 10-5〉 정상 특성 시험

기술적인 요건	시험 방법
a) 교류 전압, 주파수 추종 범위 시험 · 기준범위 내의 계통전압변화에 추종하여 안정하게 운전할 것. · 출력 전류의 종합 왜형률은 5% 이내, 각 차수별 왜형률이 3% 이내일 것. · 출력 역률이 0.95 이상일 것.	교류 전원을 정격 전압 및 정격 주파수로 운전한다. 직류 전원은 인버터 출력이 정격 출력이 되도록 설정한다. 1) 계통 전압의 크기를 공칭전압에서 천천히 변화시켜 공칭전압의 +8%와 −10%의 전압에서 교류 출력 전력, 전류 왜형률, 역률 등을 측정한다. 2) 주파수를 정격의 기준범위 내에서 천천히 변화시켜 60.45 Hz와 59.35 Hz에서 교류 출력 전력, 전류 왜형률, 역률 등을 측정한다.
b) 교류 출력 전류 변형율 시험 · 교류 출력 전류 종합 왜형률이 5% 이내, 각 차수별 왜형률이 3% 이내일 것.	시험 회로 중 SW_{LN} (시험회로 Ⅰ, 임피던스 투입 스위치)을 개방하여 기준 임피던스를 설정하고, 인버터를 정격 출력전압, 정격출력 주파수 및 정격 출력으로 운전한다. 인버터의 출력전류에 포함되는 차수별 고조파 전류성분 I_{ACn}을 측정하고, 다음식에 따라서 전류의 종합 왜형률 THD를 산출한다. $THD = \frac{\sqrt{\Sigma i_{ACn}^2}}{I_{AC1}} \times 100(\%)$
c) 누설 전류 시험 · 누설전류가 5 mA 이하일 것	교류 전원을 정격 전압 및 정격 주파수로 운전한다. 직류 전원은 인버터 출력이 정격 출력이 되도록 설정한다. 1) 인버터의 기체와 대지와의 사이에 1 kΩ의 저항을 접속해서 저항에 흐르는 누설전류를 측정한다.
d) 온도 상승 시험 · 각 부의 온도가 제작사에서 제시한 규정 온도 이내일 것	교류 전원을 정격 전압 및 정격 주파수로 운전한다. 직류 전원은 인버터 출력이 정격 출력이 되도록 설정한다. 기준 주위온도는 옥내용 30℃±5℃, 옥외용 40℃±5℃로 한다. 1) 각부의 온도 상승이 포화 상태가 될 때까지 운전을 계속 한다. 온도 측정 장소는 외함, 변압기, 리액터류, dc 링크 캐패시터, 스위칭 소자 방열판 등의 윗부분으로 한다. 2) 각 부의 온도 상승이 포화 상태가 될 때 각 부의 온도를 측정한다.

〈표 10-5〉 정상 특성 시험 〈계속〉

기술적인 요건	시험 방법
e) 효율 시험 ·정격 출력시 변환 효율(η_{EU})이 90% 이상일 것. $\eta_{EU}=0.03\eta_{5\%}+0.06\eta_{10\%}+0.13\eta_{20\%}+0.10\eta_{30\%}+0.48\eta_{50\%}+0.20\eta_{100\%}$ ·독립형 인버터의 경우 Euro 변환 효율(η_{EU})이 85% 이상일 것.	·출력전력이 정격전력의 5%, 10%, 20%, 30%, 50%, 그리고 100%일 때의 각각의 전력 변환 효율을 측정한다.
f) 대기 손실 시험 ·대기 손실이 정격 출력 값의 2% 이하일 것.	계통 연계형인 경우 인버터가 운전하지 않을 때 상용 전력 계통에서 수전하는 전력 손실이다. 인버터의 운전을 정지하고 전압, 주파수를 정격 값으로 하고 계통에서 인버터로 공급되는 전력을 측정한다
g) 자동 기동·정지 시험 ·기동·정지 절차가 설정된 방법대로 동작할 것. ·채터링은 3회 이내 일 것. (채터링 : 자동기동·정지시에 인버터가 기동· 정지를 불안정하게 반복되는 현상)	인버터 정격 출력 시 태양 전지 어레이 모의 전원 장치를 인버터 정격 입력 전압 값으로 설정하고 다음 시험을 실시한다. 1) 등가 일사 강도를 서서히 하강시켜 정지 등급과 정지 절차의 이상 여부를 확인한다. 2) 태양전지 어레이 모의 전원 장치를 인버터 기동 등급 이하의 등가 일사 강도로 설정한다. 3) 등가 일사 강도를 서서히 상승시켜 기동 등급과 기동 절차의 이상 여부를 확인한다. 4) 태양 전지 어레이 모의 전원 장치의 전압을 MPP 최소 전압(Vmpp_min)으로 설정하고, 1)~3)를 실시한다. 5) 태양 전지 어레이 모의 전원 장치의 전압을 MPP 최대 전압(Vmpp_max)으로 설정하고, 1)~3)를 실시한다.
h) 최대 전력 추종 시험 ·최대 전력 추종 효율이 95% 이상일 것.	등가 일사 강도를 정격출력시의 100%, 75%, 50%, 25% 및 12.5%로 한 상태에서 인버터의 입력 전력을 측정하고 다음의 식에 따라서 최대 전력 추종 효율 η_{MPPT}를 산출한다. $\eta_{MPPT}=\frac{P_{INV}}{P_{MAX}}\times 100(\%)$ 여기서, P_{MAX} : 태양전지 배열의 I-V 특성에서 결정되는 최대전력(W), P_{INV} : 인버터가 실제로 받아들이는 전력(W)
i) 출력 전류 직류분 검출 시험 ·직류전류 성분의 유출분이 정격 전류의 0.5% 이내일 것.	교류 전원을 정격 전압 및 정격 주파수로 운전한다. 직류 전원은 인버터 출력이 정격 출력이 되도록 설정한다. 인버터의 출력전류를 계측하여 출력전류의 직류 분을 측정한다. 해당 시험은 상용주파 변압기를 사용한 인버터를 제외한 모든 인버터에 적용한다.

〈표 10-6〉 과도 응답 특성 시험

기술적인 요건	시험 방법
a) 입력 전력 급변 시험 • 인버터가 직류입력 전력의 급속한 변화에 추종하여 안정적으로 운전할 것.	1) 인버터를 정격 출력 전압, 정격 출력 주파수로 운전하고, 태양전지 어레이 모의 전원장치를 이용해 정격의 50% 전력을 인버터에 입력한다. 2) 인버터의 입력 전력을 50%에서 75%로 계단함수 형태(상승시간 0.1초 이하)로 올려서 10초 동안 유지한 후 다시 50% 상태로 되돌린다. 3) 인버터를 정격 출력의 50%에서 운전한다. 4) 인버터의 입력 전력을 50%에서 25%로 계단함수 형태로 내려서(하강시간 0.1초 이하) 10초 동안 유지한 후 50% 상태로 되돌린다. 5) 입력 및 출력의 전압 파형과 전류 파형을 기록한다.
b) 계통 전압 급변 시험 • 인버터가 계통전압의 급속한 변동에 추종해서 안정적으로 운전할 것.	교류 전원을 정격 전압 및 정격 주파수에서 운전한다. 태양전지 어레이 모의 전원장치는 인버터 출력이 정격 출력이 되도록 설정한다. 1) 인버터를 정격 출력에서 운전한다. 2) 계통 전압을 〈표 10.5〉의 a)에서 규정한 시험 최대 전압값으로 계단함수 형태(상승시간 1주기 이하)로 급격히 변화시켜 10초 동안 유지한 후 다시 정격 전압으로 되돌린다. 3) 계통 전압을 정격으로 운전한다. 4) 계통 전압을 〈표 10.5〉의 a)에서 규정한 시험 최소 전압 값으로 계단함수 형태(하강시간 1주기 이하)로 급격히 변화시켜 10초 동안 유지한 후 다시 정격 전압으로 되돌린다.
c) 계통 전압 위상 급변 시험 • ±10° 위상급변시 인버터가 급격히 변화하는 계통전압 위상에 추종하여 안정하게 운전할 것. • +120° 위상급변시 인버터가 급격히 변화하는 계통전압 위상에 추종하여 안정하게 운전을 계속하거나 또는 안전하게 정지하여 어떠한 부위에도 손상이 없으며, 운전을 정지한 경우 자동기동 할 것	1) 정상 운전 상태의 인버터 출력 전압 위상을 기준으로 하여 0°로 한다. 2) 계통 전압의 위상을 0°에서 +10°까지 계단 함수 형태로 변화시켜서 10초 동안 유지한 후 다시 계단 함수 형태로 0°로 되돌린다. 3) 계통 전압의 위상을 0°에서 -10°까지 계단 함수 형태로 변화시켜서 10초 동안 유지한 후 다시 계단 함수 형태로 0°로 되돌린다. 4) 출력 전압 파형, 출력 전류 파형을 기록한다. 5) 위의 위상 변화값 +10°를 +120°로 변경하고, 2)~3)의 시험을 반복한다. 출력 전압 및 전류 파형을 기록한다.

〈표 10-7〉 외부 사고 시험

기술적인 요건	시험 방법
a) 출력측 단락 시험 ·인버터가 안전하게 정지하고 어떤 부위에도 손상이 없을 것.	시험회로는 [그림 10-2]로 한다. 교류 전원으로 순서 1)에서 나타나는 전류값을 발생할 수 있는 것을 사용한다. 이 이외의 장치를 사용하는 경우에는 당사자 사이의 협의에 따른다. 1) 인버터를 정격 출력 전압, 정격 출력 주파수 및 정격 출력에서 운전한다. 그리고 교류 전원장치는 단락 전류를 검출하여, 사고 발생 후 0.3초 이내에 개방하도록 설정한다. 단락 저항 R_{SC}를 정격 전류의 10배 이상에 해당하는 부하와 같은 값으로 설정한다. 2) 스위치 SWSC를 폐로하여 단락 상태를 만들며, 이 때 인버터의 출력 전류와 차단 또는 정지 시간을 측정한다.
b) 계통 전압 순간 정전·순간 강하 시험 ·순간 정전·전압강하에 대해서 안정하게 정지하거나, 운전을 계속한다. 만일 정지한 경우에는 복전 후 5분 이후에 운전을 재개할 것.	1) 인버터를 정격 출력에서 운전한다. 2) 교류 전원측에 0.3초의 순간 정전(정격전압의 0%)을 발생시킨다. 3) 순간 정전의 위상 투입각을 0°, 45°, 90°로 하며, 각 위상 투입각의 시험을 2회 실시한다. 이 때 출력전압 파형, 출력 전류 파형을 기록한다. 4) 교류 전원측에 0.3초의 순간 전압 강하(정격의 70%)를 발생시킨다. 5) 순간 강하의 위상 투입각을 0°, 45°, 90°로 하며, 각 위상 투입각의 시험을 2회 실시한다. 이 때 출력전압 파형, 출력 전류 파형을 기록한다.
c) 부하 차단 시험 ·부하차단을 검출하여 개폐기 개방 및 게이트블록 기능이 동작할 것.	1) 인버터 정격 출력 전압, 정격 출력 주파수 및 정격 출력에서 운전한다. 모의부하는 접속하지 않는다. 2) 스위치 SWCB을 개방한다. 3) 출력 전압 파형, 출력 전류 파형을 기록하여 전압의 변화 및 정지 시간을 측정한다.

〈표 10-8〉 내전기 환경 시험

기술적인 요건	시험 방법
a) 계통 전압 왜형율 내량 시험 · 인버터가 안정하게 운전 할 것. · 역률이 0.95 이상일 것.	시험 회로 중 SWLN(시험회로 Ⅰ, 임피던스 투입 스위치)을 개방하고, 선로 임피던스를 〈표 10.5〉의 b)와 같은 시험 회로를 구성한다. 교류 전원은 정격 전압 및 주파수로 운전한다. 전압의 종합 왜형률이 대략 8%(3차=5%, 5차=6%)가 되도록 기본파 전압에 중첩시킨다. 태양전지 어레이 모의 전원장치는 인버터가 정격 출력이 되도록 설정한다. 단, 중첩된 교류전압이 인버터의 출력 과전압 보호 기능의 상한 보호 등급을 초과하는 경우에는 상한 보호 등급 미만이 되도록 교류 전원의 출력 전압값을 조정한다. 1) 인버터를 정격 출력으로 운전한다. 2) 계통 전압에 종합 왜형률 8%의 고조파를 중첩한 상태에서 교류 출력 전력, 역률, 교류 출력 전류, 출력 전류 왜형률을 측정한다.
b) 계통 전압 불평형 시험 · 인버터의 배전방식이 3상 4선식인 경우에 대하여 적용한다. · 정격출력에서 안정하게 운전할 것. · 역율이 0.95 이상일 것. · 출력 전류의 종합 왜형률이 5% 이하, 각 차수별 왜형률이 3% 이하일 것.	시험 회로 중 SWLN(시험회로 Ⅰ, 임피던스 투입 스위치)을 개방하여 기준 임피던스를 〈표 10.5〉의 b)와 같은 시험 회로를 구성한다. 교류 전원은 정격 전압 및 정격 주파수로 운전한다. 상전압의 불평형이 U상 : 220∠0°[V], V상 : 205∠−120°[V], W상 : 227∠120°[V]가 되도록 조정한다. 태양전지 어레이 모의 전원장치는 파워컨디셔너 출력이 정격 출력이 되도록 설정한다. 1) 인버터를 정격 출력으로 운전한다. 2) 불평형을 발생시킨 상태에서 교류 출력 전력, 역률, 교류 출력 전류, 출력 전류 왜형률을 측정한다.
c) 부하불평형 시험 · 3상 독립형 인버터에 적용한다. · 30분 동안 안정하게 운전할 것.	정격용량에 해당하는 부하를 연결한 후 U, V, W상 중 한상의 부하를 0으로 조정한 후 30분동안 운전한다.

〈표 10-9〉 내주위 환경 시험

기술적인 요건	시험 방법
a) 습도 시험 (실내용 인버터에 적용) ·절연저항은 1 MΩ이상일 것. ·상용 주파 내전압에 1분간 견딜 것.	1) 주위 온도 40℃, 상대습도 90~95% RH의 환경에서 48시간 방치한다. 2) 충전부와 비충전 금속부 및 외장(외장이 절연물인 경우는 외장에 밀착한 금속박)과의 사이의 절연 저항 및 내전압을 시험한다.
b) 온습도 사이클 시험 (실외용 인버터에 적용) ·절연저항은 1 MΩ이상일 것. ·상용 주파 내전압에 1분간 견딜 것.	1) KS C 0228의 7.3.1(24시간의 사이클)에 나타내는 저온 서브 사이클을 포함한 24시간의 사이클을 5회 실시한다. 2) 충전부와 비충전 금속부 및 외장(외장이 절연물인 경우는 외장에 밀착한 금속박)과의 사이의 절연 저항 및 내전압을 시험한다.

10.2.2.2 전기자기 적합성(EMC) 시험

전기자기 적합성 시험을 위해서는 신청시 시료의 사용환경이 표시되어 있어야 한다.

(a) 전자파 장해(EMI)

- 잡음 단자 전압의 한계값

  주거용, 상업용 및 경공업 산업 환경에 사용되는 제품의 잡음단자전압의 한계 값은 KS C CISPR 61000-6-3에 만족하여야 하고, 산업용 환경에 사용되는 제품의 잡음단자전압의 한계값은 KS C IEC 61000-6-4에 만족하여야 한다.

- 잡음 전계 강도의 한계값

  주거용, 상업용 및 경공업 산업 환경에 사용되는 제품의 잡음전계강도의 한계 값은 KS C CISPR 61000-6-3에 만족하여야 하고, 산업용 환경에 사용되는 제품의 잡음전계강도의 한계값은 KS C IEC 61000-6-4에 만족하여야 한다.

(b) 전자파 내성(EMS)

사용목적에 따라 주거용, 상업용 및 경공업 산업 환경에 사용되는 제품은 KS C IEC 61000-6-1에 만족하여야 하고, 산업용 환경에 사용되는 제품의 전자파 내성은 KS C IEC 61000-6-2에 만족하여야 한다. 단, 직류전압단자에 대하여는 적용하지 않는다.

10.2.2.3 표시사항

(a) 일반사항

내구성이 있어야 하며, 소비자가 명확히 인식할 수 있도록 표시하여야 한다.

(b) 제조 및 사용 표시

인증설비에 대한 표시는 최소한 다음 사항을 포함하여야 한다.

- 업체명 및 소재지
- 설비명 및 모델명
- 제품의 주요 사양
- 제조일 및 제조번호
- 인증번호
- 인증표시
- 기타사항

10.3 시스템 계측 및 성능평가 분석

10.3.1 시스템 계측 항목 및 평가 분석

태양광발전시스템에서 성능의 보증을 위해 에너지 량을 측정하고, 신속하게 설계 결함 및 고장을 검출하는 것은 매우 중요한 일이다. 시스템을 얼마만큼 정확하게 계측하고 모니터링하는 것인가에 따라서 그 경제적 손실 규모는 좌우되기 때문이다.

1990년대에 독일에 설치된 1~5 kWp 계통연계형 태양광발전시스템의 고장사례연구에 의하면 발전소의 경우 약 4.5년마다 통계적으로 고장이 발생이 되었고, 그 중에서 인버터가 63%, 태양전지모듈이 15% 그리고 기타 시스템이 약 22%였다.

태양광발전시스템의 계측 모니터링을 위한 국제표준은 IEC 61724이며, 계통연계형 태양광발전시스템의 주요 모니터링 파라메터는 〈표 10-10〉과 같다.

〈표 10-10〉 실시간 계측 모니터링 측정 파라메터

파 라 메 터	표 시 기 호	단 위
조도	G	W/㎡
주위 온도	T_{amb}	℃
모듈 온도	T_{mod}	℃
풍속	S_w	m/s
PV어레이 출력전압	V_{DC}	V
PV어레이 출력전류	I_{DC}	A
PV어레이 출력전력	P_{DC}	kW
전력계동 전압	V_{AC}	V
전력계통 유입전류	I_{AC}	A
전력계통 유입전력	P_{AC}	kW
시스템 고장 시간	t_{outage}	s

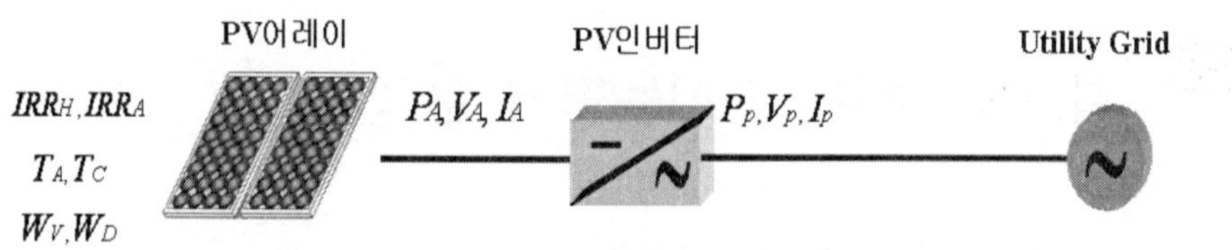

IRR_A : 경사면일사강도(kW/m²), IRR_H : 수평면일사강도(kW/m²)

T_A : 외기온도(°C), T_C : 모듈표면온도 (°C), Wv: 풍속(m/s), W_D: 풍향(degree)

P_A : PV Array 출력전력(kW), V_A, I_A : PV Array 출력전압(A), 출력전류(A)

P_P : PV인버터 출력전력(kW), V_P, I_P : PV인버터 출력전압(V), 출력전류(A)

[그림 10-10] 태양광발전시스템 계측항목

10.3.1.1 일사량의 측정

태양광발전시스템 성능분석에 사용되는 일사량 데이터는 모듈 어레이와 동일한 평면상에서 측정되어야 한다. 수평일사량은 다른 지역의 표준기상데이터와 비교하기 위해 측정이 될 수도 있다. 일반적으로 IEC 61724 표준에 따르면 일사량센서의 정확도는 시그널 컨디셔너를 포함해 5% 이상이여야 한다.

10.3.1.2 주위 온도 측정

주위 온도측정 센서의 경우 어레이 설치조건과 동등한 위치에서 측정되어야 하며, 온도센서의 정확도는 절대온도 1K 이내여야 한다.

10.3.1.3 풍속 측정

풍속의 측정 또한 어레이 설치조건과 동등한 장소에서 측정이 되어야 하며, 풍속센서의 정확도는 풍속 5 m/s 이하에서는 0.5 m/s 이상, 5 m/s 이상의 풍속에서는 측정풍속의 10% 이하여야 한다.

10.3.1.4 모듈온도의 측정

태양전지모듈의 온도측정방법은 하나 이상의 모듈 후면에 센서를 설치하여 측정하여야 한다. 또한, 센서로 인하여 태양전지의 온도가 전가되어 측정되지 않도록 하여야 한다. 센서의 정확도는 절대온도 1K 이내여야 한다.

10.3.1.5 전력 측정

전압 및 전류 파라메터는 AC 또는 DC이다. 전압 및 전류센서의 정확도는 시그널 컨디셔너 포함 1% 이내여야 한다. AC 전압 및 전류 값은 상시 모니터링이 필요치는 않다. DC 전력은 전압과 전류 샘플링 값을 곱하여 직접적으로 계산이 가능하다. AC 전력은 역률과 고조파 왜곡에 대한 계산이 가능한 전력센서를 이용하여 측정하여야 한다. 또한, 샘플링속도에 따른 에러를 줄이기 위해 전력량계(고속샘플링 기능이 있는)가 이용이 된다.

10.3.1.6 샘플링 주기

일사량과 같은 모니터링 파라메터의 샘플링주기는 1분 이하로 설정하여야 한다. 큰 시정수를 갖는 파라메터는 1분에서 10분 이내로 지정할 수 있다. 모든 파라메터는 지속적으로 측정이 되어야 한다.

10.3.1.7 측정 데이터의 분석

측정 주기 τ 동안 측정된 전력을 계산하기 위해서는 아래의 계산식을 이용하여 계산 할 수 있다.

$$E_{i,\tau} = \tau_r \times \sum_{\tau} P_i \tag{10.1}$$

τ_r 는 데이터 저장 주기이며, E_i는 kWh에너지량, P_i는 kW로 측정 전력이다. 하루평균일사량의 양 $H_{i,d}(kWh \cdot m^{-2} \cdot d^{-1})$는 측정된 데이터를 이용해 식(10.2)와 같이 계산이 되어 진다.

$$H_{I,d} = 24 \times \tau_r \times (\sum_{\tau} G_I)/(\sum_{\tau} \tau_{MA}\, 1\,000) \tag{10.2}$$

10.3.1.8 BOS 요소의 성능

BOS 효율은 어레이 추적에러, MCU 최적전력동작점 추종 에러와 같은 요소를 포함한 에너지변환효율이다. 즉 출력에너지량을 입력에너지량으로 나눈 몫이 BOS 요소효율이라고 할 수 있다.

10.3.2 태양광발전시스템 성능 평가 분석

10.3.2.1 성능계수 및 손실

성능계수는 태양광발전시스템의 전반적인 성능을 계산하기 위한 중요한 변수중 하나이다. 성능계수 PR(Performance Ratio)은 태양광발전시스템이 얼마나 효율적이고 신뢰할 수 있는지를 확인할 수 있는 척도이다. 성능계수는 다른 태양광발전시스템과의 출력에너지를 비교할 수 있으며, 장기간 시스템 상태를 모니터링 할 수 있다. 즉 성능비는 성능, 출력, 계절별 출력변동, 장기간 성능저하를 발전단지 운영자가 점검할 수 있도록 해준다. 최근에는 태양광발전시스템의 운전성능 지표인 PR 이외에도 전반적인 에너지변환효율이라고 볼 수 있는 AC효율을 시스템 평가지표로 사용하기도 한다.

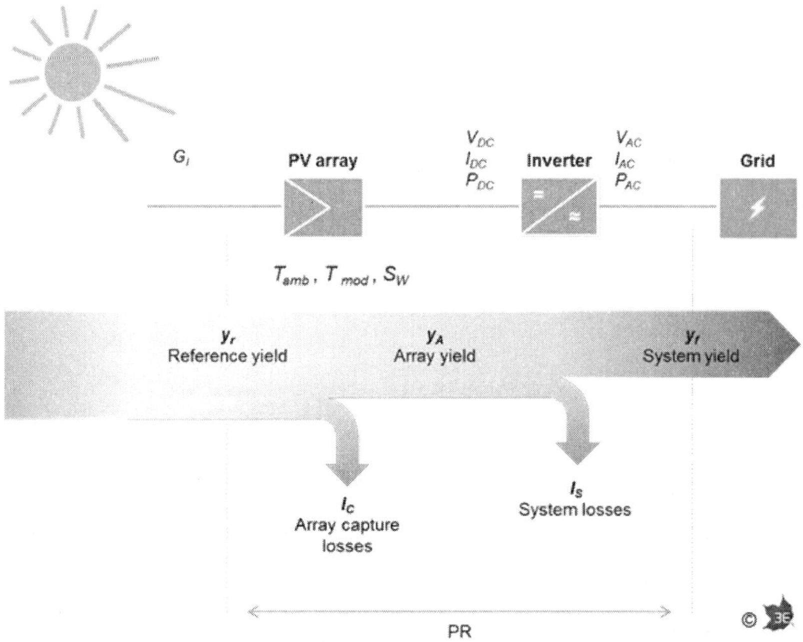

[그림 10-11] 계통연계형 태양광발전시스템의 에너지 흐름도

[그림 10-11]은 태양광발전시스템의 에너지 흐름도이다. 성능지수는 최초 생산에너지와 출력에너지의 비로 정해지는 것을 알 수 있다. 즉 성능지수는 시스템의 신뢰성을 나타내는 척도라 할 수 있다.

PR의 경우와 같이 AC 효율은 태양전지모듈의 정격출력이 아닌 어레이출력에 따라서 달라진다. 태양광발전시스템의 성능계수는 표준시험 조건인 일사강도 1 kW/m², 표면온도 25℃인 AM(Air Mass) 1.5 조건에서 손실을 고려하지 않은 태양광발전시스템의 성능과 실제 성능에 대한 비를 의미한다. 즉, STC 상태에서 에너지 손실이 없는 태양광발전시스템의 이론적 출력전력과 실제 태양광발전시스템의 출력전력에 대한 비이며 태양 등가 가동시간에 대한 식으로 표현할 수 있다.

$$PR = \frac{E_P \cdot IRR_{STC}}{P_{PV,nom} \cdot IRR_A} = \frac{Y_P}{Y_R} \qquad (10.3)$$

이때,

- E_P는 태양광 인버터 출력전력(kW)
- $P_{PV,nom}$은 PV어레이 공칭전력(kW)
- IRR_A는 경사면 일사강도(kWh/㎡)
- IRR_{STC}는 1kW/㎡
- Y_R은 태양 등가 가동시간
- Y_P는 PV시스템 등가 가동시간을 나타낸다.

태양광발전시스템의 출력성능은 설치위치, 일사량의 강도, 온도와 같은 기후조건, 여러 가지의 손실 매카니즘(예를 들어 모듈 전압 미스매칭, MPPT 손실, 변압기 손실, 인버터 손실 등)에 의하여 변동이 된다. 또한, 그리드 고장에 대한 손실과 모듈 노후화에 따른 경년변화로 손실이 발생될 수 있다. 성능계수에 특히 영향을 주는 요소는 다음과 같이 정리 할 수 있다.

- PV 모듈 온도 및 환기
- 태양 일사량 및 전력 소모
- 그늘 또는 오염상태의 일사량센서 또는 PV 모듈
- 데이터 저장 주기
- 전도 손실
- PV모듈의 효율
- 인버터의 효율
- 표준 셀과 PV 모듈사이의 공간적 불일치
- 일사량센서의 측정방향

10.3.2.2. 태양광발전에서의 손실

특정 태양광발전시스템에서의 손실은 시스템 손실(L_s)과 태양광원 취득손실(L_c)로 설명할 수 있다. 태양광원 취득 손실은 모듈단에서 입력태양광원(오염, 음영, 반사 등), 모듈표면온도와 관계, 전압 미스매칭, 기생저항과 불완전한 최대전력추종에 의해 발생이 된다. 시스템 손실은 배선, 인버터, 변압기 변환 손실, 정지시간 등에 의해 발생이 된다. 태양광발전시스템을 설계하고 설치 할 때에는 태양광 어레이로부터 에너지를 최대가 되도록 하여야한다. 즉 시스템 구성요소의 손실이 최소화하여야 한다는 것이다.

따라서, 태양광발전시스템의 손실은 〈표 10-11〉과 같이 손실계수로 정의할 수 있다.

〈표 10-11〉 필드에서 측정된 손실계수

원인	평균	최소	최대
PV 모듈 명판 DC rating	0.95	0.88	0.96
인버터와 변압기	0.92	0.88	0.96
미스매칭	0.98	0.97	0.99
다이오드 및 접속단	0.995	0.99	0.997
DC 배선	0.98	0.97	0.99
AC 배선	0.99	0.98	0.993
먼지 및 오염	0.95	0.30	0.995
시스템 이용률	0.98	0.00	0.995
음영	0.95	0.00	1.00
태양 추종	1	0.95	1.35
노후화	1	0.70	1.00
전체 DC에서 AC	0.77	0.00	0.88

성능계수 저하의 주요원인은 다음과 같다.

(a) 온도

모듈의 온도가 증가할수록 모듈 출력전력은 줄어든다. 예를들어, 모듈이 지붕에 설치될 경우, 모듈은 일사량이 높은 시간대에는 약 80℃이상 상승하게 된다. 이때는 모듈의 출력은 급감하게 되므로 손실을 줄이기 위해서는 열배출을 위한 추가적 설계가 필요하다.

(b) 먼지 및 오염

(c) DC to AC 변환 손실

10.3.2.3 태양광발전시스템 성능 트랜드

일반적으로 성능지수는 과거보다는 지속적으로 증가되고 있는 것으로 보고되고 있다. 1980년대에는 성능지수가 0.5에서 0.75, 1990년대에는 0.7에서 0.8 그리고 최근시스템의 경우 0.8 이상의 성능지수를 확보한 것으로 보고되고 있다. 초기 태양광발전시스템은 실시간 예측발전량을 고려하지 않았다. 주도적인 성능 저하 조건 예를들면, DC 설치 결함, 인버터의 낮은 신뢰성 또는 최대출력점(MPP) 오류, 장시간 수리, 음영문제 등이 결함을 주로 발생시켰다. 그러나, 최근 시스템은 실시간 발전량을 예측하고, 예측발전량보다 20%이상 출력이 급감 하였을 때는 손실계수 증가, 고장으로 판단하고 관리자에게 보고하고 조치하여 시스템 성능지수를 높이도록 하는 모니터링 시스템을 탑재하여 운영하고 있다.

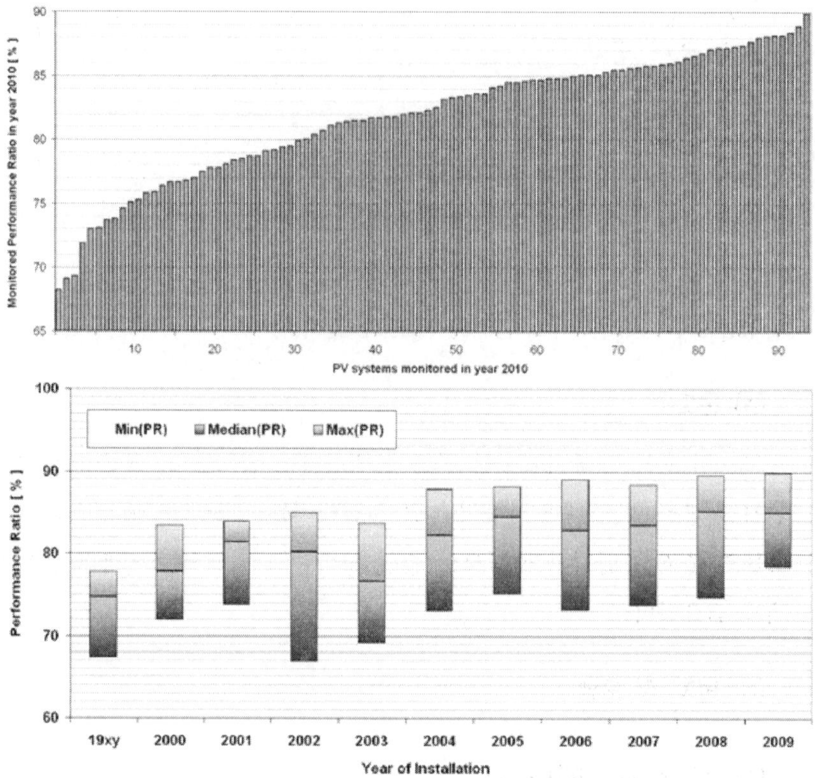

[그림 10-12] 독일에서 과거 10년간 PR의 성능 조사]

10.3.2.4 태양광발전시스템 고장률과 이용률

일반적으로 고장률(failure rate)은 태양광발전시스탬의 전체운전시긴에 대해서 시스템 혹은 구성기기의 고장 또는 이상으로 정상적으로 시스템이 운전되지 않은 비율을 나타낸다. 즉, 단위 시간당 불량률을 의미한다고 할 수 있다.

$$\text{고장률}(\%) = \frac{MTTR}{MTTF + MTTR} \times 100 \tag{10.4}$$

여기서, MTTF(Mean Time To Failure)는 다음 고장 발생까지의 시간을 나타내며 MTTR(Mean Time To Repair)은 고장 발생부터 고장완료 복구까지의 시간을 나타낸다.

태양광시스템의 성능 향상을 위해서는 시스템의 이용률에 주로 영향을 미치는 설치위치 조건에 따라서 성능이 상이하게 될 수 있다. 일반적으로 시스템 이용률은 아래의 식을 이용하여 계산이 된다.

$$\text{이용률} = \frac{\text{발전량}(kWh)}{\text{설비용량}(kW) \times \text{발전시간}(h)} \times 100[\%] \tag{10.5}$$

이용률에 가장 큰 영향을 미치는 것은 일조량이며 그 외 구성기기(BOS)의 가동시간이 영향을 미치게 된다. 이용률의 경우 태양광발전시스템을 정량화 하여 평가할 수는 없지만, 고장률과 성능지수는 시스템의 종합적인 성능을 정량화하여 평가할 있는 가장 중요 요소라 할 수 있다.

연습문제

1 정격용량 3kW 태양광 인버터의 출력용량별 효율이 다음과 같을 때 유로효율을 계산하시오. (소수점 둘째 자리에서 반올림)

($\eta_{EU} = 0.03\eta_{5\%} + 0.06\eta_{10\%} + 0.13\eta_{20\%} + 0.10\eta_{30\%} + 0.48\eta_{50\%} + 0.20\eta_{100\%}$)

인버터 출력(kW)	효율(%)
0.15	80
0.30	87
0.60	90
0.90	91
1.20	93
1.50	95
2.10	96
3.00	95

2 출력 기준전압이 220V일 경우, 허용되는 과전압 보호등급의 전압 범위와 부족전압 보호등급 전압 범위를 계산하시오.

3 모니터링 시스템의 주요측정 항목 및 측정이유에 대해 설명하시오.

4 총 태양광설비용량 250kW이고, 총 가동시간은 2.5년이다. 시스템의 고장은 인버터 부품 고장, 정전 등으로 6개월 징지, DC 접속반 화재 발생에 따라 2개월 정지 되었다.(가정. DC접속반은 총 5개로 구성, PV 어레이 변환효율 15%, PCS변환효율, 95%, 최초 1년 이용률 17%) 이때, 가동시간 2.5년에 따른 설비의 이용률, 고장률, 총 태양광발전 전력량을 계산하시오.

5 성능계수에 영향을 미치는 요소에 대하여 기술하시오.

참고문헌

[1] NR PV501, "소형 태양광발전용 인버터(계통연계형, 독립형), 신재생에너지 설비심사세부기준, 2013

[2] D. L. King, "More 'efficient' methods for specifying and monitoring PV system performance," presented at the 37th IEEE Photovoltaic Specialists Conference (PVSC), Seattle, WA, 2011, pp. 219–224.

[3] B. Decker and U. Jahn, "Performance of 170 grid connected PV plants in northern Germany–analysis of yields and optimization potentials," Sol. Energy, vol. 59, no. 4, pp. 127–133, 1997.

[4] B. Marion, J. Adelstein, K. Boyle, H. Hayden, B. Hammond, T. Fletcher, D. Narang, A. Kimber, L. Mitchell, and G. Rich, "Performance parameters for grid–connected PV systems," in Conference Record of the Thirty–first IEEE Photovoltaic Specialists Conference, 2005, pp. 1601–1606.

[5] U. Jahn and W. Nasse, "Operational performance of grid–connected PV systems on buildings in Germany," Prog. Photovolt. Res. Appl., vol. 12, no. 6, pp. 441–448, 2004

[6] B. Decker and U. Jahn, "Performance of 170 grid connected PV plants in northern Germany–analysis of yields and optimization potentials," Sol. Energy, vol. 59, no. 4, pp. 127–133, 1997.

[7] N. H. Reich, B. Mueller, A. Armbruster, W. G. J. H. M. van Sark, K. Kiefer, and C. Reise, "Performance ratio revisited: is PR 〉 90% realistic," Prog. Photovolt. Res. Appl., vol. 20, no. 6, pp. 717–726, 2012.

찾아보기

저/자/소/개

이준신

- 박 사 : 뉴욕주립대학교 1991~1994 ECE
- 현 재 : 성균관대학교 정보통신공학

강기환

- 박 사 : 건국대학교 2003~2009 전기공학
- 현 재 : 한국에너지기술연구원 태양광연구실

박원규

- 박 사 : 고려대학교 1997~2006 금속공학
- 현 재 : 한국나노기술원 소자기술개발본부

박진주

- 박 사 : 성균관대학교 2009~2015 태양광시스템공학
- 현 재 : 성균관대학교 정보통신대학 Post Doctor

이윤정

- 박 사 : 퍼듀 주립대학교 1991~1995 ECE
- 현 재 : 성균관대학교 정보통신공학

전용석

- 박 사 : 미네소타 주립대학교 1999~2004 화학
- 현 재 : 건국대학교 융합신소재공학과

최병덕

- 박 사 : 애리조나 주립대학교 1997~2001 전자공학
- 현 재 : 성균관대학교 정보통신대학

도서출판
그린

태양전지평가 및 분석론

1판 1쇄 인쇄일	2016년 1월 25일
1판 1쇄 발행일	2016년 1월 30일
저 자 ▶	이준신, 강기환, 박원규, 박진주, 이윤정, 전용석, 최병덕
발행처 ▶	도서출판 **그린**
발행인 ▶	윤 덕 우
출판등록 ▶	제8-161호(1995. 5. 3.)
주 소 ▶	서울특별시 서대문구 연희로5길 50(연희동) (우) 03716
전 화 ▶	02)333-2574, 2575
Fax ▶	02)333-2561
E-mail ▶	greenpress@greenpress.co.kr
Homepage ▶	http://www.greenpress.co.kr

정가 : 18,000원

ISBN : 978-89-5727-238-1